PATHOLOGIE CANINE,

OU

TRAITÉ

Des Maladies des Chiens.

IMPRIMERIE DE Mme Ve DELAGUETTE,
Rue Saint-Merry, n° 22, à Paris.

PATHOLOGIE CANINE,

OU

TRAITÉ

DES MALADIES DES CHIENS,

CONTENANT

Une dissertation très détaillée sur la rage ; la manière d'élever et de soigner les Chiens ; des recherches critiques et historiques sur leur origine, leurs variétés et leurs qualités intellectuelles et morales ; fruit de vingt années de pratique vétérinaire fort étendue,

PAR M. DELABÈRE-BLAINE.

Ouvrage orné de deux Planches représentant dix-huit espèces de Chiens.

TRADUIT DE L'ANGLAIS SUR LA DERNIÈRE ÉDITION, ET ANNOTÉ

Par V. Delaguette,

Chevalier de la Légion-d'Honneur, Vétérinaire.

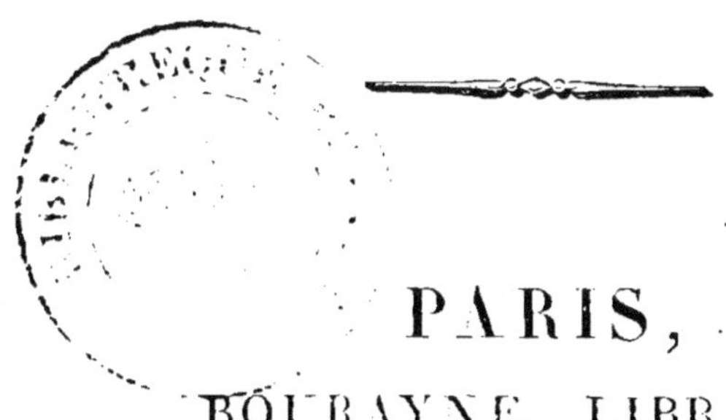

PARIS,

BOURAYNE, LIBRAIRE,

ACQUÉREUR DU FONDS DE LIBRAIRIE DE RAYNAL,

Rue de Seine Saint-Germain, N° 48.

1835.

PRÉFACE

Du Traducteur.

Cet ouvrage est le seul traité ex professo sur la Pathologie Canine. Il était donc intéressant de le faire connaître en France. Une traduction doit nécessairement se ressentir du style de l'original, et celle-ci a offert quelques difficultés par une recherche particulière de l'auteur dans beaucoup de ses expressions et par de nombreuses répétitions.

M. DELABÈRE-BLAINE, qui exerce la médecine humaine et celle vétérinaire, s'est beaucoup occupé de cette dernière, par un goût particulier pour les animaux. Il a publié un ouvrage sur la médecine des chevaux, dont la première édition est traduite en Français.

Dans le Traité dont je donne la traduction, l'auteur a consacré un grand nombre de pages à l'article Rage. Le lecteur appréciera ses hypothèses, particulièrement celle sur la manière dont se comporte le virus rabique. Je vais examiner ici les opinions émises dans son introduction.

L'auteur a parfaitement raison en admettant que le chien a une origine particulière, et qu'il ne peut être le résultat de l'accouplement ou de la dégénération d'autres individus *de la même famille. Je pense que peu de personnes croyent le contraire. Si cette particularité existait pour le chien, pourquoi n'en serait-il pas de même pour une infinité d'autres animaux, tels, par exemple, que ceux de la famille nombreuse des chats. Il faudrait alors réduire à un bien petit nombre les espèces de création primitive. Mais est-ce avec autant de raison, que M. Delabère-Blaine refuse à Buffon, que le chien de berger soit la souche dont sont dérivées toutes les variétés du chien. Cependant, si toutes les variétés que présente cet animal, découlent d'une seule source, tout porte à partager l'opinion de Buffon. En contemplant ses variétés si nombreuses et si différentes, depuis le chien de Terre-Neuve jusqu'aux petits chiens d'appartemens, comme le gredin, le petit carlin, quel est celui qui plus que le chien de berger réunit une plus grande intelligence et des formes physiques dont les proportions sont telles, qu'elles ont pu peut-être fournir celles des autres variétés, mais qui ne paraissent pas pouvoir être le résultat de leur combinaisons. Ce chien est bien un type original.*

Cependant, si l'on considère les caractères physiques et les qualités instinctives des nombreuses variétés du chien, je suis tenté d'adopter le système de ceux qui admettent plusieurs variétés primitives de cet animal. Par exemple, comment peut-on croire que l'influence seule du climat, des habitudes, a donné des doigts palmés aux chiens pêcheurs de l'Islande; il est probable que cette conformation particulière pourrait s'effacer à la suite de plusieurs croisemens, mais non qu'elle pourrait s'acquérir. Les chiens qui chassent continuellement au marais ne présentent pas, malgré leur séjour dans l'eau, cette expansion accidentelle de la peau entre les doigts. On peut donc, sans émettre un paradoxe trop fort, croire que plusieurs des variétés du chien sont d'origine primitive, et l'on pourrait, d'après ce système, reconnaître deux races principales, l'une des chiens qui vont naturellement à l'eau, l'autre des chiens de terre.

Qu'une seule race de chiens ait d'abord existé, ou que plusieurs soient d'origine primitive, il n'en résulte pas moins des variétés extrêmement nombreuses, qui s'augmentent tous les jours, et qui rendent par conséquent plus difficile une classification méthodique des différentes races du chien.

Quelques-unes de ces races sont très-rares, telle est celle du grand danois; celle du mâtin n'est pas non plus très-définie, et en examinant les opinions de l'auteur, opposées à celles de Buffon, on peut croire qu'il y a de l'analogie entre le chien grand danois et le véritable mâtin, qui, par ses formes, paraît être la souche des lévriers. Le fort dogue paraît distinct de ces espèces par les lèvres pendantes et le museau moins alongé.

Parmi les chiens sur lesquels il peut encore exister de l'obscurité dans cet ouvrage, sont ceux de berger, de pâtre, etc.

Le véritable chien de berger est celui ainsi dénommé par Buffon : ce chien possède le germe d'une très-grande intelligence, laquelle à peine a besoin d'éducation pour se développer; le chien de bouvier, de pâtre est une espèce de mâtin, près de terre, robuste, pourvu aussi d'une grande intelligence pour la conduite du gros bétail.

Je finirai par avertir que les Anglais donnent le nom de bassets, terriers, à des chiens qui ne ressemblent point à ceux que nous nommons ainsi. Chez eux, ce sont les chiens qui chassent le renard, et qui peuvent se glisser dans un terrier; ils sont bai-brun, avec des taches de feu. Ceux des chiens anglais que nous appelons fox (renard) sont des diminutifs de cette espèce.

INTRODUCTION.

Le chien a obtenu, de tous les naturalistes, une place distinguée dans l'échelle des êtres vivans qui couvrent le globe; et cependant une telle obscurité règne sur son origine directe, même comme animal domestique, que, pour en tracer l'histoire d'une manière convenable, on serait obligé de remonter aux premières périodes des sociétés humaines (1). Les qualités supérieures du corps et de l'intelligence se montrent tellement dans l'aptitude qu'a pour la chasse tout le genre *canis*, que l'homme, dans son état de primitive simplicité, n'a pu être long-temps sans les remarquer et sans chercher à s'attacher l'espèce qui lui paraissait la plus propre à lui aider à soumettre les autres animaux. Sans l'assistance du chien, on pourrait hardiment assurer que l'homme aurait eu beaucoup de peine à faire quelques conquêtes et à les conserver : la situation des contrées où le chien n'a pas été transporté le prouve. Là, les malheureux habitans sont obligés de se contenter pour leur subsistance de fruits sauvages, d'animaux peu rusés pris au piége, des

---

(1) Un grand auteur observe plaisamment « que le chien était proba» blement le premier objet qui, après la femme, avait partagé l'at» tention de l'homme, et qui s'y était attaché ». LASCELLES. *On Sporting*.

coquillages que le reflux laisse sur le rivage, et souvent, faute des soins protecteurs du chien, les animaux sauvages viennent partager leur proie.

En cherchant à esquisser l'histoire naturelle d'un animal, les premiers regards doivent naturellement se porter sur son origine immédiate, et il serait bien intéressant de tracer exactement la généalogie de celui qui est devenu notre compagnon constant et notre fidèle ami. Cependant nous avons à regretter que l'obscurité de notre sujet soit telle, que les zoologistes les plus distingués sont d'avis différens sur cet objet. Plusieurs de nos grands naturalistes, appréciant justement l'importance du chien, lui donnent une origine particulière; et d'autres, non moins célèbres, le font descendre de l'une des espèces du genre auquel il appartient; tandis qu'une troisième classe regarde son origine comme totalement bâtarde, et l'effet de la réunion accidentelle d'animaux différens du même genre. Parmi les partisans zélés du chien, qui pensent que son origine est essentielle, les uns croyent que les différentes variétés viennent d'une même souche, altérée par les influences du climat, des habitudes, de la nourriture, de la domesticité; d'autres, au contraire, soutiennent que ces différentes variétés sont de première formation, et propres aux différentes contrées où elles sont placées. Pour les amateurs de cet animal, ce ne sera pas sans intérêt si nous donnons quelques instans à l'examen de ce sujet, et quoique le poids des autorités contraires et la plausibilité des argumens opposés puissent nous empêcher d'arriver à une conclusion entièrement satisfaisante, cependant notre travail peut jeter quelques lumières sur ce sujet, et au moins donner à d'autres la facilité de décider la question.

Dans la classification zoologique du grand naturaliste, LE CHEVALIER CHARLES LINNÉ, le chien (*canis familiaris*) est la première espèce d'un genre qui comprend des animaux dont les formes extérieures et les habitudes sont considérablement variées, mais dont les caractères génériques portent sur la ressemblance des organes intérieurs. Les animaux de ce genre sont le loup (*can. lupus*), le renard (*can. vulpes*), le chacal (*can. aureus*), et l'hyène (*can. hyæna*). Les caractères de ce genre sont établis sur le nombre et la conformation incisive des dents : les antérieures ou *incisives*, six à chaque mâchoire, sont pointues et côniques, les latérales étant échancrées et plus larges que les antérieures ; les dents molaires sont pourvues d'éminences pointues, et dans l'espace qui sépare celles-ci des incisives, existent à chaque mâchoire les dents caractérisées sous le nom de *dents canines* (1).

____

(1) On peut trouver singulier que ces dents aiguës, communes à tous les quadrupèdes, et à l'homme aussi, aient reçu le nom *caractéristique* de *canines*. Dans l'homme, le singe, le cheval, etc., elles ne

Buffon, qui a épousé chaudement l'origine essentielle du chien, a cherché à prouver que toutes les variétés provenaient d'une seule souche, *le chien de berger (canis domesticus.* Lin.*)* Pour confirmer son opinion, ce grand naturaliste a tracé les caractères des différentes variétés, en les ramenant toutes à cette première origine. Mais indépendamment des raisons pour croire que le chien de berger, lui-même, a différentes origines, suivant les coins du globe où on le trouve, nous avons des preuves directes que la plupart des races des chiens de l'Europe proviennent du chien appelé le grand danois : l'hypothèse de Buffon, par conséquent, paraît complètement dénuée de fondement.

Les célèbres zoologistes Blumenbach et Cuvier (dont les systèmes peu différens entre eux, et qui ne sont que des modifications de la classification linéenne), assignent au chien une origine distincte et particulière. Le premier divise l'ordre *feræ* en douze classes, au milieu desquelles le genre *canis* occupe la neuvième ; le dernier partage les *feræ* en deux petits ordres : dans l'un d'eux *(carnivora)*, il

---

paraissent simplement exister que pour conserver la beauté régulière si remarquable dans chaque anneau de la grande chaine de la nature ; tandis que dans l'éléphant, le sanglier, le chien et d'autres quadrupèdes, elles sont longues et pointues, et présentent une arme avantageuse pour la défense. Dans ces animaux, avec cette propriété, elles pourraient être appelées *dents de combat.*

place le genre *canis*. A la forme des dents incisives, ces auteurs joignent, pour caractères génériques, la simplicité et la brièveté du canal intestinal.

On pourrait ajouter un grand nombre d'autorités respectables à ces recherches que je présente aux partisans de l'origine spéciale du chien ; mais me contentant de celles-ci pour le moment, je passerai aux auteurs d'une opinion contraire, qui, quoique moins nombreux, sont assez importans pour mériter de l'attention.

M. PENNANT, naturaliste justement estimé, dans sa *Zoologie Britannique* fait descendre le chien du chacal. Indépendamment de faits cités, que ces animaux ont été vus s'accoupler ensemble et donner des produits, il n'est pas échappé à ce soigneux observateur, que les dents du chacal ont plus de ressemblance avec celles du chien que les dents du loup ou du renard. Beaucoup de ses habitudes sont tellement semblables à celles du chien, qu'il est fortement porté à considérer le chien comme rien moins qu'un chacal apprivoisé.

L'opinion de PALLAS, sur ce point, paraît un peu flottante : dans quelques-uns de ses écrits, il avance que le chacal est sans contredit la source de nos chiens ; il tire sa conclusion des ressemblances de la taille, de la figure, et aussi dans les manières et les habitudes ; dans d'autres, au contraire, il semble donner au chien une origine entièrement artificielle, en ne le considérant pas comme sorti d'une souche particulière, mais bien comme le produit d'une union accidentelle d'autres animaux, tels que le loup, le renard et le chacal.

GULDENSTÆDT attribue aussi l'origine du chien au chacal, dont il trouve les dents et le cœcum entièrement semblables à ceux du chien, un peu moins à ceux du renard, et différens entièrement des mêmes organes du loup et de l'hyène. Le chacal, comme il le remarque, urine de côté, ainsi que le chien ; il est facilement apprivoisé, et retient son nom ; il agite sa queue et témoigne de l'affection pour son maître. Les chacals chassent aussi en troupe, et on peut supposer par les sons qu'il font entendre, qu'il leur est naturel d'aboyer. Par la coïncidence des ressemblances personnelles, et plus particulièrement par l'ensemble des faits cités, relativement aux habitudes et aux mœurs du chacal, quelques autres naturalistes respectables sont portés à conclure de même.

On doit remarquer que les zoologistes des siècles précédens avaient un désavantage marqué pour établir des classifications. Ils ne pouvaient s'aider que des formes extérieures et des rapports de voyageurs peu instruits. Dans les grandes pages de la nature, il règne une grande harmonie ; les gradations (pour les animaux surtout) au lieu d'être parfaitement distinctes, n'ont, d'un objet à un autre, qu'une légère teinte. Cette uniformité a, par elle-même, contribué à augmenter les difficultés des classifications zoologiques, et à entraver les travaux des naturalistes. Heureusement pour ceux du temps présent, une connaissance plus grande de l'anatomie comparée, les favorise dans l'arrangement méthodique de leur sujet. Dans l'intéressante étude qui nous occupe, nous aurions pu tirer nos conclusions sur des analogies et des probabilités, cependant nous nous sommes guidés, pour nos observations, sur la construction invariable de certaines parties du corps, parmi lesquelles la charpente osseuse est la moins susceptible d'altération par les efforts de l'art. (1) Avec cet aide, je tenterai d'examiner les différentes opinions émises ci-dessus, et je me propose de rechercher premièrement les titres que chacun des individus classés dans l'ordre *canis*, comme le loup, le renard et le chacal, peuvent avoir pour être regardés comme la souche du chien; en second lieu, je tâcherai d'éclaircir s'il est plus probable que son origine soit entièrement factice,

---

(1) Les os ne sont pas exempts des influences de la vie artificielle, comme nous pouvons le voir dans la forme altérée de ceux de la tête du boule-dogue, du lévrier et de quelques autres. Les os coccygiens peuvent être aussi modifiés artificiellement, comme on l'observe dans quelques races, particulièrement celle des chiens de bergers, dont plusieurs naissent sans queue, ou avec une très-petite. Les dents néanmoins, comme partie des os, ne subissent aucuns changemens, leurs formes sont invariables, et deviennent par là notre base certaine.

(8)

et le produit de la rencontre des différens individus de ce genre.

Si nous examinons attentivement le loup, nous
trouverons qu'il diffère beaucoup du chien dans
les formes, ainsi que dans ses manières et ses habitudes. Les os de sa tête présentent une masse
plus anguleuse ; la portion auditive du temporale
est plus haute et plus enfoncée dans le crâne ; les
fosses orbitaires sont plus obliques, et ses dents
sont non seulement plus longues et plus fortes,
mais diffèrent encore dans leur forme générale (1);
le cubitus est plus long et plus obliquement placé,
et son cœcum est entièrement différent ; extérieurement, les formes ne ressemblent à aucunes des
espèces connues du chien ; avec une queue toujours pendante, un poil épais et rude, sous tous
les climats, c'est toujours un loup. Il est carnivore et vit de sa chasse, il ne s'associe jamais à ses
semblables que lorsque pressé par la faim, ses
forces ne sont pas suffisantes pour poursuivre sa
proie ; toujours féroce, toutes les tentatives pour
le réduire à une parfaite obéissance ont été inutiles ; cruel, rusé et soupçonneux, c'est un tyran

____

(1) Je suis incertain si le chien *domestique* peut être justement un
sujet propre pour cette comparaison. L'éducation a bien sans doute
opéré des changemens considérables dans toutes ses formes ; et il est
également vrai que les chiens sauvages, examinés par les zoologistes,
ont présenté une tête plus pointue, un front plus déprimé, et des
oreilles plus droites que ceux des races cultivées.

dans le pouvoir et un lâche dans le danger ; il ne paraît posséder aucunes des qualités qui distinguent le chien , et si , comme l'assurent les naturalistes, la femelle n'entre en chaleur qu'une fois par an , et que sa gestation soit d'environ cent jours, alors l'individualité du chien relativement au loup est bien établie.

Le renard , considéré avec soin , présente des lignes de démarcation , sinon aussi fortes, au moins suffisantes pour le séparer *spécialement* du chien. Même différence que dans le loup, mais à un degré moins fort, pour la disposition de ses os, la situation de ses orbites, la forme du cœcum ; l'odeur extrêmement fétide de son urine est un de ses principaux caractères , et appartient à toutes ses variétés, et tient tellement à son espèce, qu'elle ne peut être transmise, je le pense, à ses productions bâtardes (1). Conservant dans toutes les contrées un extérieur particulier, il ne peut être méconnu ; il est toujous seul, jamais en troupe ; il a une voix particulière qui , dans aucunes de ses modulations, ne ressemble à celle du chien.

____

(1) Si la production de l'accouplement du chien avec le renard n'a pas les urines d'une odeur fétide , ce qui, je crois, est ainsi, c'est une forte preuve que la nature a établi une ligne très-grande entre leurs organes. Il est remarquable que BUFFON ait pris tant de peine pour prouver que le chien ne pouvait produire avec le renard ; cette union n'est jamais recherchée, mais elle peut arriver quelquefois et être féconde.

Si le chacal est la source originale du chien, c'est une question, ainsi que nous l'avons vu plus haut, qui a été soutenue par des autorités d'un grand poids, et nous devons avouer avec franchise, que les raisons données rendent cette opinion plus vraisemblable que les précédentes. L'exacte ressemblance des squelettes de ces animaux, de leurs dents particulièrement, celle de leur cœcum et de tout le canal alimentaire, sont des argumens importans.

Cependant il existe assez de preuves que ces membres si rapprochés de la même famille, sont des animaux *spécialement* distincts. Le chacal, quoique généralement répandu sur l'ancien continent, n'a jamais pu être naturalisé dans le nouveau, et par quelques essais tentés pour le transplanter, il ne paraît pas avoir été destiné, comme le chien, à devenir exotique. On a observé que les tentatives faites pour apprivoiser les deux races d'Afrique et d'Asie, ne présentent pas de preuves de réussite, excepté sur une petite variété nommée *adive*, et encore bien imparfaitement. Quoique le nombre et la direction des os du squelette soient semblables à ceux du chien, il existe cependant une disproportion considérable dans la longueur des extrémités antérieures et postérieures, qui donne au chacal une tournure qui n'a aucune ressemblance avec celle des races maintenant connues du chien. Ces considérations paraissent prouver que le chien ne tire pas son origine du chacal, et s'il est vrai (ce dont on doit douter) que la femelle du chacal ne porte que quatre semaines, il n'y a plus de doute à ce sujet.

Les lignes de démarcation sont si grandes entre l'hyène et le chien, qu'il est inutile de chercher des preuves pour établir qu'ils ne proviennent pas l'un de l'autre.

Il me reste encore à examiner sur quelles autorités peut s'appuyer l'opinion qui donne pour origine au chien un mélange accidentel des animaux de cette famille. Les zoologistes du dernier siècle se sont accordés à regarder comme le cachet d'une espèce, la faculté de se joindre ensemble et de produire des êtres capables de se reproduire. CAMPER, DAUBENTON, PALLAS, BUFFON, HUNTER et d'autres célèbres naturalistes de cette époque ont adopté ce sentiment. Mais des dernières observations ont prouvé que ces règles ne sont pas infaillibles, car des animaux hybrides, dont la plupart sont regardés comme impuissans, ont produit lorsque des circonstances favorables se sont rencontrées. Le mulet a couvert des jumens, et dans des contrées chaudes, il n'est pas rare qu'il résulte de cette union un animal qui, ordinairement, ressemble plus au mulet qu'à la jument. Dans l'Orient, la mule elle-même a été fécondée. Le bouc et la brebis ont, par leur accouplement, donné des produits capables d'en

avoir d'autres ; et parmi les oiseaux, ces cas ne sont
pas rares. De ces faits, et d'autres nombreux
exemples semblables, nous pouvons décider ana-
logiquement que la capacité du chien de produire
par son union avec d'autres animaux de la même
famille des rejetons prolifiques, ne peut être considérée comme une preuve que son origine soit due
à pareille circonstance.

Pour ajouter à ce que nous avons déjà avancé
il nous reste à dire que les races de chiens sauvages,
trouvées jusqu'à présent dans quelques parties du
monde, présentent toutes des caractères communs,
surtout dans la tête et la face ; et que ces caractères diffèrent beaucoup de ceux du loup, du
renard ou du chacal ; de plus, on a pu observer
que ces races ayant été apprivoisées, puis par
circonstances, rendues à l'état sauvage, ont donné
à leur produit les mêmes formes du chien sauvage, quoique ces formes eussent été altérées dans
leur état de domesticité. Ces faits seuls paraissent
concluans, et prouver *que le chien a, dès la
création, existé comme un animal de pure origine
et sans mélange.*

Si je puis me flatter d'avoir satisfait, dans ce
court exposé, ceux qui aiment à trouver au chien
une origine personnelle, je puis également espérer qu'il ne sera pas plus difficile de prouver
que le pouvoir imprimé par ses habitudes, la
nourriture, le climat et la domesticité, a pu

former les différentes variétés de son espèce ; que, par conséquent, il est inutile de se rapporter à l'opinion moins raisonnable que les différentes variétés ont été originairement créées pour les lieux où elles sont placées.

Les effets du climat sur la structure animale, ont donné lieu à beaucoup de controverses parmi les naturalistes et les philosophes. Les uns ont admis une grande influence des climats sur les formes extérieures et souvent l'organisation interne de leurs habitans ; les autres, au contraire, ont soutenu que la machine animale est pourvue d'une force capable et inhérente de conserver son intégrité sous tous les cieux. Quelque contraires que ces opinions paraissent être, les partisans de chacune se sont efforcés d'apporter des preuves en leur faveur. Il serait aisé, jusqu'à un certain point, de concilier l'apparence divergente de ces opinions, et d'accorder à chaque théorie une certaine portion de réalité. Il ne faut pas un grand nombre de recherches, ni le rapprochement de beaucoup de faits pour prouver que les différentes branches vivantes de la nature ont reçu indubitablement une force inhérente pour conserver leurs caractères et la pureté originelle de leurs formes (1), lorsqu'elles ne sont pas soumises aux

______

(1) M. le docteur Lawrence, dans ses scientifiques *leçons d'anatomie comparée* (auxquelles j'ai beaucoup d'obligation), observe que cette

différens agens physiques et moraux des changemens de climats, de la domesticité, et d'une nourriture artificielle. Mais il est comme suffisamment prouvé, et il a été long-temps observé par les philosophes, que les mêmes agens, arbitrairement imposés, possèdent un pouvoir modifiant, énergique, sur l'organisation des corps vivans. De ces agens, le climat et la domesticité sont les plus puissans. Il est bien connu que le climat opère de grands effets sur les corps vivans soumis à son influence ; c'est à cette influence sur le genre humain que l'on attribue les deux races opposées, blanche et noire. Entre les tropiques, et près d'eux, les êtres vivans se distinguent par la force et l'éclat de leurs couleurs, tandis que ces mêmes êtres deviennent faibles et pâles en s'approchant des pôles. Le chevreuil de Sibérie, le lièvre varié, les variétés de coq de bruyère et de perdrix, même la petite souris, et de fait tous les animaux qui habitent les hautes latitudes du nord, blanchissent

---

tendance inhérente, préservatrice du caractère et des formes premières, « est démontrée par les descriptions zoologiques d'Aristote, qui, » quoique écrites il y a déjà vingt-deux siècles, cependant s'appliquent » en tous points aux individus du temps présent, et aussi par les ouvrages de l'art qui nous sont transmis de l'antiquité, tels que les » sculptures, peintures, momies, etc. ». On peut ajouter que la même tendance conservatrice se fait remarquer dans l'espèce humaine. La face juive, ou celle du Caucase, n'ont pas été altérées, quoique dispersées sur le globe ; on fait la même observation sur les Bohémiens, généralement considérés comme des descendans des Égyptiens.

lorsque l'hiver approche ; et ceux qui, comme l'ours polaire, le renard du nord, vivent constamment dans des régions très-rigoureuses, restent toujours blancs.

Les effets du climat ne se bornent pas à l'altération des couleurs ; ils s'étendent sur la texture et l'organisation des corps, en les appropriant aux circonstances sous lesquelles ils se trouvent placés. Dans les régions stériles et inhospitalières, où les glaces et la neige établissent leur dure domination, les quadrupèdes sont revêtus d'une couverture laineuse, courte, rendue plus chaude par des poils forts et crépus. Le plumage des oiseaux aquatiques des Alpes, cache un duvet épais, très-chaud ; et les oiseaux qui habitent les terres de ces montagnes, sont emplumés jusqu'aux ongles.

En poursuivant l'étude de l'influence des climats, nous verrons combien diffèrent, le poil fourni qui couvre le chien de la baie de Baffin, de la peau nue du chien de Barbarie ; la toison dense du mouton d'Europe, du poil fin de ceux qui habitent les contrées chaudes ; la robe lisse et brillante du cheval arabe de celle dure et épaisse du poney de Shetland. Nos animaux domestiques subissent aussi l'influence des saisons, et lorsque l'hiver approche, leurs poils sont plus garnis. Nos chevaux, dès l'automne, se préparent pour la saison froide, et leur robe devient plus épaisse. Cependant, en leur procurant un climat artificiel par des écuries chaudes et bien fermées, ils ne subissent de changemens en aucun temps de l'année. Par le même pouvoir de ces agens, les variétés les plus disproportionnés sont produites. Comparez le cheval pigmé de la Chine, ayant à peine trente pouces de hauteur, et le petit poney de Shetland avec les forts chevaux de carosse et de charettes de l'Angleterre. Placez ensemble le gigantesque urus de la Lithuanie, le monstrueux bison de l'Amérique, aux épaules surmontées d'une énorme loupe de chair, le doux zébu de l'Afrique, le taureau musqué des régions arctiques, le bœuf de l'Europe et le taureau nain de l'Inde, dont la taille n'excède pas celle d'un veau anglais; ayant ainsi sous les yeux les extrêmes de forme et de taille, on ne peut qu'être étonné du nombre et de la variété des ouvrages de la nature.

Si nous examinons le mouton et le cochon, nous verrons sur ces animaux les mêmes influences du climat comme sur le cheval et le bœuf. En Afrique, les moutons sont légers, hauts, souvent hardis, et ont un fanon pendant; en Turquie, ils ont la croupe très-forte et hors de proportion avec les autres parties du corps; en Perse, cette disproportion se trouve à la queue, on dit qu'elle pèse quelquefois quinze ou vingt livres; ceux d'Island ont trois cornes et plus; dans la Valachie seulement deux, contournées en spirales; et dans le Kamchatka, leurs cornes sont très-longues, mais

sans spirales; dans les contrées du nord, les
moutons sont petits, et ils acquièrent une forte
taille et du poids dans les climats tempérés. Le
cochon présente les mêmes différences. En Angleterre, lorsqu'il est parvenu à toute sa croissance,
il a trois verges (1) huit pouces de longueur, quatre
pieds et demi de hauteur, et pèse sept cents livres;
en Chine, il n'a que dix-huit à vingt pouces de
hauteur, et est encore plus petit dans quelques
parties de l'Inde; dans le Piémont, le cochon est
noir, rouge en Bavière et blanc en Normandie;
et pour preuve dernière des effets du climat sur ces
animaux, on a observé que les races transportées
dans l'origine à Cuba, ont augmenté du double.

Avec ces faits devant nous, nous devons penser,
par analogie, que les influences du climat, en agissant avec force sur le chien, ont produit les différentes variétés que nous connaissons de cet
animal.

La domesticité n'est pas l'agent le moins important sur les nombreuses variétés du chien. Outre
l'obéissance imposée à cet animal, l'homme choisit
encore sa nourriture, dirige ses habitudes et souvent règle son accouplement. Cette contrainte,
judicieusement employée, est appelée *éducation* (2),

---

(1) La verge a trois pieds, le pied anglais de douze pouces est plus
petit que celui de France.

(2) Voyez l'article éducation, où ce sujet est développé.

et c'est par ces moyens que s'opèrent les changemens les plus importans, non seulement dans les chiens, mais encore dans les autres animaux domestiques, et nous voyons que ces changemens sont plus ou moins forts, suivant l'état de domesticité plus ou moins complet auquel ces animaux sont réduits. Le chat, qui a conservé un caractère indépendant, diffère peu de son type originel, et offre peu de variétés; le chien, au contraire, entièrement dans la servitude, et dont la vie est toute artificielle, présente les variétés les plus nombreuses pour les formes, la taille et le caractère. Ces variétés offrent elles-mêmes des différences si grandes, des combinaisons si extraordinaires, qu'elles paraissent être plutôt le résultat des caprices ou du jeu de la nature, qu'établies sur des lois fixes. La forme caractéristique et originale se perd dans ces variétés infinies, et il ne reste de permanent que l'organisation anatomique des parties internes, qui paraît être toujours la même.

Avec des branches si étendues, il est évidemment difficile de se former une opinion concluante sur la taille, la forme et le caractère de la souche originale; mais à l'aide de l'analogie et des probabilités, plus encore particulièrement par l'étude des chiens sauvages que l'on a trouvés et qui ne paraissaient pas avoir jamais été apprivoisés, on peut espérer d'approcher de la vérité. De ce qu'en ont écrit et raconté les naturalistes et les voyageurs,

le chien sauvage, d'une taille moyenne, a la tête
plus allongée, les oreilles plus droites que les chiens
de race domestique, les jambes antérieures sont
basses, et les postérieures longues, mais les muscles
sont très-prononcés; que telles aient été la force, les
formes du premier chien créé, nous pouvons
conclure avec certitude que les chiens laissés accidentellement, ou placés exprès dans les pays
nouvellement découverts, et par conséquent re-
devenus sauvages, chasseurs et vivans en troupe,
ont été retrouvés changés dans leur postérité
qui avait repris tous les caractères des races naturellement sauvages. Le chien de l'Asie ou de
l'Inde, mangé par quelques-uns des naturels de
ce pays, et connu chez nous sous le nom de chien
de la Chine, est à mon avis le modèle exact du
chien de première origine.

Les formes et le caractère du premier chien
étant fondus dans des dimensions plus ou moins
grandes, l'homme a choisi, dans ces différentes
variétés, les plus convenables pour son utilité et
pour son agrément. Plusieurs de ces variétés sont
probablement l'effet du hazard, mais beaucoup,
et les plus importantes, sont le résultat des combinaisons de l'homme, qui a dirigé les accouplemens : ce sont ces accouplemens, ainsi dirigés,
qui ont constitué les différentes races ; on a tenté
d'en former des classes, mais beaucoup de difficultés se sont opposées et s'opposeront peut-être

encore long-temps pour arriver à une classification complète. Les produits du mélange de certaines races, les caractères peu déterminés de quelques autres, les altérations qui surviennent, sont autant d'obstacles peu faciles à lever.

Buffon a décrit quatorze variétés du chien, mais quoique plusieurs se soient conservées, les signes caractéristiques de quelques autres sont indécis et effacés ; de nouvelles races se sont formées, et il serait actuellement tout aussi facile de reconnaître vingt-quatre que quatorze variétés.

Le docteur Caius, écrivain anglais sur l'histoire naturelle, nous a aussi laissé une classification des chiens connus en Angleterre. Ses divisions sont établies sur les habitudes de cet animal. Quelques-unes des races qu'il a décrites sont éteintes, et de nouvelles se sont formées.

Après avoir tenté de remonter à la souche originelle du chien, il faut revenir sur nos pas et chercher à suivre sa dispersion sur le globe, et déduire les causes probables qui ont opéré les altérations du type et les nombreuses variétés que l'on observe tous les jours. Dans ces climats rudes où l'on ne peut nourrir le cheval, et où la culture peut à peine satisfaire aux besoins des habitans , on peut supposer qu'il a fallu des peines plus qu'ordinaires pour choisir et élever une race de chien dont la force, le courage, puissent victorieusement s'é—lever au-dessus de ces difficultés. C'est à ces causes

que l'on doit sans doute les races habitant Terre-
Neuve (1), le Kamschatka, le Groenland, l'Islande, la Laponie, la Sibérie et la Poméranie ;
races qui ont toutes une grande ressemblance.
Ces races ont eu pour origine celles de l'est (2),
comme elles-mêmes se sont étendues vers le nord
où, soumises aux influences du climat, et de nouvelles habitudes, elles ont reçu graduellement de
nouveaux caractères, et ont finalement formé les
variétés qui sont devenues indigènes dans chaque
contrée. Lorsque cette grande race s'est étendue
dans les vastes contrées de la Russie, du Dane-
marck, de la Norwège, de la Suède et de l'Allemagne, elle est devenue, par les effets du climat
et de l'éducation, un gigantesque animal, couvert
d'un poil moins rude, doué d'une plus grande

---

(1) *Le chien de Terre-Neuve*, maintenant si commun chez nous, ne
commença à être connu que vers le milieu du dernier siècle : il est
hardi, courageux, fidèle et docile à l'extrême. La passion pour l'eau le
rend comme un animal amphibie. Par ses qualités aquatiques, il peut
plonger à une grande profondeur, et peut rester, sans en souffrir,
plusieurs heures à l'eau : et il ne paraît jamais plus satisfait que lorsqu'il
est employé à cet exercice. Ce chien exotique, par sa grande taille, sa
beauté supérieure, et ses intéressantes qualités, a banni l'ancien dogue
Anglais. On importe quelquefois une variété du chien de Terre-
Neuve, plus petite, recouverte d'un poil plus doux : qui est en même
temps aussi propre à nager, et qui, dit-on, plonge mieux que la race
à poils plus durs.

(2) Nous ne pouvons hésiter à croire que les premiers chiens n'aient
été trouvés en Asie. L'histoire sacrée et profane s'accorde sur ce
point.

vitesse et prêt, au commandement, à défendre son maître des incursions des animaux féroces qui dévorent les enfans et les troupeaux, et souvent capable de disputer avec eux la possession du terrain. Ce chien a été long-temps connu sous le nom de *grand danois* (1). Il est plus que probable que le choix du chien de berger (*canis domesticus*, Lin.) date de l'époque où l'on s'occupa du danois. Le chien de berger s'étant aussi répandu, présente plusieurs variétés ou races distinctes (2). Buffon s'est trompé (ainsi que j'ai

---

(1) *Le danois* est regardé comme le plus grand chien que l'on connaisse. Marc Paolo dit en avoir vu d'aussi grands que des ânes. Il paraît qu'originellement, ils étaient d'une couleur fauve claire ; mais actuellement on les trouve mouchetés, rayés, bariolés de teintes brunes sur le fond premier de la robe. Les chiens d'Épire, si célèbres par leur force et leur courage, étaient de cette espèce. Aristote, *liv.* 3, *c.* 21. Pline en parle aussi avec admiration, *liv.* 8, *c.* 50.

(2) *Le chien de berger*, ou *de bouvier*, (*le chien de berger de Buffon*,) est probablement le plus répandu des chiens connus, et l'on peut raisonnablement penser qu'il a différentes origines. En Afrique et en Amérique, les variétés du chien de pasteur sont si nombreuses, qu'il y en a de toutes les tailles, de toutes les formes et de toutes les couleurs; en Asie et en Europe, les différences dans la taille et la forme sont de même nombreuses: mais la robe ou les poils, particulièrement en Europe, sont presque toujours longs et rudes. Dans les hautes latitudes du nord, on le trouve très-fort, robuste et bien garanti par une robe épaisse et grossière à longs poils; dans le midi de l'Angleterre, où cette race est particulièrement cultivée, le chien de berger est plutôt gros, et ordinairement blanc et noir, avec des poils fort grossiers et crépus, ou plus longs et forts. Ces chiens ont toujours la queue courte, parce qu'on la leur coupe aussitôt leur naissance; et telle est la force de l'habitude, et cette pratique est si ancienne, que quelques races donnent des productions sans queue.

tenté de le prouver) en le présentant comme la souche de beaucoup de nos chiens ; mais nous avons l'analogie, la probabilité et les faits historiques pour prouver que la plus grande partie de nos fortes races descendent immédiatement du danois. Le grand lévrier de l'Allemagne a été probablement le premier fruit retiré de l'éducation heureuse tentée sur le danois. Les races du nord ayant acquis une augmentation de forces et de qualité par leur accouplement avec le grand danois, sont devenues les aggresseurs, et ont, à leur tour, donné la chasse aux ours, aux renards, etc. ; et, dans le fait, pour en venir là, il était nécessaire de former une race qui, à la taille et à la force du danois, joignit la hardiesse du chien à poil rude des Alpes, et un degré de vitesse capable de lui faire atteindre, dans leur fuite légère, le loup, le sanglier et le renard (1). En prenant les plus légers de cette

----

Le chien de berger d'Écosse est une race distincte de celle d'Angleterre : il est petit, mais extrêmement actif et rempli de sagacité. En vérité, on remarque une si grande intelligence dans toutes les espèces de chiens de berger, lorsqu'ils sont auprès des troupeaux, qu'on ne peut les observer sans surprise et sans admiration.

1 Les espèces du *grand lévrier* (bear hound) ont été conservées en Allemagne, et j'en ai rencontré quelques-uns en Irlande, ainsi que dans l'Écosse en Irlande où les nomme lévriers irlandais (*can. gratus hibernicus* lin.). Ceux que j'ai vus étaient d'une taille majestueuse, et particulièrement propres chassés pour la force et la vitesse ; leurs poils [...] Le peu d'individus [...] à poils longs [...] probable que dans les

race, en les soumettant à un soin particulier, et par un choix suivi des pères, joignant le svelte des formes à la hauteur des membres, le grand lévrier a donné graduellement le lévrier (*canis graius*, Lin.) (1), lequel fut d'abord un animal

---

montagnes du nord, il existe des sujets plus parfaits que ceux que j'ai vus. Le grand lévrier allemand est communément décrit comme étant d'une couleur fauve, et comme très-doux, généreux et fidèle, quoique très-dangereux pour ses ennemis. Les races premières ne sont pas toutes recouvertes d'un poil long ; au contraire, je crois que le plus grand nombre ont le poil court et lisse, mais fort et épais. Il faut remarquer qu'il est difficile de savoir quel est le chien que Buffon a nommé *le mâtin*. Beaucoup de naturalistes qui suivent la classification de cet auteur, le considère comme le danois ; d'autres placent le grand lévrier sous ce nom. Voici ce que Buffon dit : « le mâtin, transporté au nord, est » devenu grand danois, et transporté au midi, est devenu lévrier. Les » grands lévriers viennent du levant. »

(1) *Le lévrier* (de Buffon) *the greyhound*, occupe maintenant un des premiers rangs parmi les chiens de l'Angleterre, et nous avons des preuves incontestables qu'il y est très-ancien. Au temps du roi Canut, les lois forestières défendaient à toutes personnes n'ayant pas la qualité de *Gentleman*, de posséder de ces chiens; et un très-vieux proverbe breton, encore existant, dit : « qu'un Gentleman se reconnaît à son cheval, son faucon et son lévrier. » Sur la base de beaucoup de tombeaux et dans les portraits de beaucoup de personnes distinguées, un lévrier est sculpté ou peint comme le compagnon favori du défunt. L'espèce du lévrier est généralement répandue, et cependant il est probable que les différentes races ne descendent pas d'une même souche ; celles trouvées dans le midi peuvent descendre de la culture des chiens de l'Asie, tandis que celles du nord proviennent immédiatement du grand lévrier. Comme les autres branches de l'espèce canine, le lévrier s'est accommodé aux influences externes et présente des particularités sous les différens climats. Sur l'autorité de M. Dallaway, nous pouvons assurer qu'en Turquie les lévriers sont forts et blancs, avec la queue et les jambes tachées de rouge. Suivant M. Hobhouse, ils sont dans la Laconie également forts et à longs poils. Le lévrier à longs

robuste, avec de forts membres et généralement un long poil. On trouve encore ces races
dans le nord de l'Europe. Dans quelques parties
de l'Irlande, et dans les montagnes de l'Ecosse
(outre quelques échantillons du grand lévrier)
il n'est pas rare de voir cette espèce de lévrier. Dans les premiers temps, le lévrier (par-
ticipant aux qualités de ses producteurs) chassait
aussi bien à l'odorat qu'à la vue, et avec ces qualités réunies, il devait détruire une grande quantité
de gibier, comme daims, gazelles, bouquetins,
renards, etc. Mais comme le lévrier fut dans la
suite particulièrement destiné à la chasse des
animaux très-vites, surtout du lièvre ; le sens de

---

poils n'est pas confiné dans les climats du nord ; mais dans les pays
méridionaux, les robes à poils longs sont fines, soyeuses, claires, ainsi
qu'on le remarque sur les autres animaux, tels que le chat, le lapin,
la chèvre d'Angora, etc. L'élégant animal, appelé le lévrier de Perse,
joint à la beauté des formes et au poli de son corps, la particularité remarquable d'avoir ses oreilles, ses jambes, la queue, garnies de longs
poils fins. Comme l'épagneul dans les climats tempérés, et particulièrement en Angleterre, où l'éducation du lévrier est portée au dernier
point de perfection, il présente le modèle de la beauté et de la
vitesse réunies. Buffon pense que leur souche était de couleur fauve-
clair : « *Ils sont de couleur fauve-clair pour la plupart.* » Les lévriers,
dans l'origine, paraissaient être remarquables pour leur fidélité et la
force de leur attachement, et cette propriété paraît se conserver dans
les races à poils rudes. Mais dans nos races améliorées, toutes les
qualités semblent être absorbées par celle d'une extrême vitesse ; tant
il est vrai que la supériorité marquée d'une faculté est un obstacle au
perfectionnement des autres : par cette sage prévision, la nature a
établi un grand équilibre dans tous ses ouvrages.

l'odorat que contrarie cette extrême vitesse dans la poursuite, se perdit, étant moins exercé.

Il nous sera nécessaire de retourner au danois qui a produit d'autres variétés importantes, en outre du grand lévrier (boar hound) et du lévrier. Une des premières est celle du mâtin, *mastiff* (*canis mollossus*, Lin.), qui est reconnue pour être d'une très-grande antiquité : ce chien tenait autrefois un des premiers rangs parmi ceux de l'Angleterre (1). Le chien de Dalmatie (chien de voiture moucheté) (2) descend immédiatement

---

(1) *Le mâtin* ou *dogue* de Buffon (*the mastiff*) descend indubitablement du danois, probablement par quelques individus accidentellement difformes et rachitiques, dont on a continué la propagation. Cette race de dogue était, anciennement, une branche importante de commerce en Angleterre. Lorsque cette île était sous le joug des Romains, ces chiens étaient si recherchés, qu'on créa un officier sous le nom d'inspecteur des chiens, pour en surveiller l'éducation, et en fournir l'amphithéâtre romain. Strabon nous apprend que ces chiens ont été menés à la guerre, et que les Gaulois s'en servaient contre leurs ennemis. Le boule-dogue doit incontestablement son origine au mâtin. Un mâtin de cette race, que l'on voit encore dans les fermes, est connu, dans les vieux ouvrages sur les chiens, sous le nom de *ban dog*, mais le mâtin lui-même est rarement rencontré, ayant fait place à la race de Terre-Neuve, beaucoup plus belle, mais qui n'est certainement pas meilleure.

(2) Le chien de Dalmatie ou de voiture, moucheté, *spotted coach dog*, est appelé par Buffon *le braque de Bengale*, ou *lévrier de Bengale*, *Bengal harriers* : cette épithète nous paraît extraordinaire quand nous considérons que cette race n'a point d'inclination naturelle pour la chasse, et que l'on ne trouve pas de ces chiens dans l'Inde. Le chien de Dalmatie est évidemment une petite variété du danois, auquel il ressemble pour la forme et les habitudes; avec une robe d'un poil blanc,

du danois. De ces races, dérivèrent graduellement, soit par hasard, soit par combinaison, les
différens chiens courans et limiers pour la chasse
du cerf, du renard ; le vieux chien anglais (*canis
sagax*, Lin.), le basset, et enfin toutes les espèces
de chiens de chasse dont on se sert en Europe et
autres parties du monde. Le choix et la culture du
chien d'arrêt, *pointer* (*canis avicularis*, Lin.)(1),
vint après, et, vers le même temps probablement,
parut le boule-dogue qui dérive particulièrement
d'une petite et robuste espèce du mâtin.

Le grand basset, le barbet, et toutes les races

---

doux et poli, régulièrement moucheté de taches noires, de belles proportions dans les formes, il présente un accessoire très-élégant aux
équipages de luxe, et un gardien utile dans les écuries.

(1) On pense que le *chien d'arrêt* (the pointer), a primitivement
été élevé en Allemagne et en Espagne : c'était dans l'origine un chien
fort hagard, mais plein de sagesse. Le chien d'arrêt de Russie paraît
être d'une race distincte et décèle dans ses caractères robustes une
origine immédiate des races du nord. Il ne ressemble au chien d'arrêt
du midi, ni par ses caractères généraux ni par ses habitudes ; la propriété d'*arrêter* dans ces chiens, aussitôt qu'ils voyent ou sentent
quelques-uns des animaux, et de ceux-là seulement qui ont reçu le
nom de gibier, est une *qualité* totalement *cultivée*, et qui appartient
à tous les chiens. Par le seul instinct, tout chien se rapetisse et *pointe*
avec instinct envers l'objet sur lequel il médite une attaque. De cette
manière il cache sa force pour tromper son adversaire ou surprendre
sa proie, ou bien il fatigue son attention dans le même dessein.
Dans ce but on a cultivé deux espèces métisses capables d'arrêter.
Comme cette faculté est commune à tous les chiens, le chien d'arrêt,
[illegible] et [r]établissement d'[un] choix paraî[t] [illegible]
[illegible] *Le chien* [illegible] d'origine [illegible]
[illegible]

de l'épagneul d'eau (*canis avarius aquaticus,* Lin.), doivent également leur origine au chien du nord, et ont, par la rigueur du climat et par leur séjour près des côtes de la mer, des lacs, des marais, des rivières, reçu une robe plus épaisse, et contracté une plus grande aptitude pour l'eau.

Tandis que le chien de l'Asie s'étendait dans le nord par les races dont nous venons de parler, les régions méridionales étaient aussi peuplées par la même source, mais probablement par une autre voie. Ici, pareillement, les effets du climat furent sensibles dans la production d'une quantité de variétés d'un naturel moins hardi et d'une construction plus délicate ; en donnant aux unes une robe plus fine, plus brillante, à d'autres des poils soyeux, enfin en refusant à d'autres toute espèce de poils, comme le chien de Barbarie. Ces variétés sont le lévrier du levant, plusieurs de ces races de chien de chasse employées en Afrique et dans l'Amérique méridionale, le chien de berger du midi, l'épagneul de terre (1), le chien cou—

____

(1) Aucun chien ne présente de variétés plus nombreuses que *l'épagneul*; elles se rapportent toutes cependant à deux divisions : l'épagneul de terre et l'épagneul d'eau, les derniers viennent des chiens du nord, les premiers des chiens de l'est. Les épagneuls de terre sont tous caractérisés par une robe à longs poils soyeux, et soit qu'ils aient une forte taille et des muscles prononcés, ou qu'ils présentent une constitution plus petite, ils sont également élégans et intéressans. Leur fidélité est passée en proverbe, et les chasseurs en font grand cas pour la finesse de leur odorat. On dit que le roi Charles II aimait à l'excès les

chant (1), le petit basset, et une grande quantité d'autres, cultivées pour l'usage ou l'agrément.

Après avoir donné une faible description de l'histoire naturelle du chien, je vais consacrer quelques pages à faire connaître ses qualités morales, espérant par là plaider plus efficacement sa cause, et exciter pour lui l'intérêt de ceux qui, jusqu'ici ne l'ont considéré qu'avec indifférence. Pour ceux qui s'occupent des chiens, tout ce que je dirai à leur avantage, ne paraîtra pas exagéré, et à leurs yeux je n'aurai que rendu justice à

---

chiens épagneuls, et l'on en voit deux variétés peintes sur ses nombreux portraits et sur ceux de ses favoris. L'une de ces variétés était petite et de couleur blanche et noire, avec des oreilles d'une longueur extrême; l'autre était forte, noire, mais le noir était relevé par des marques de feu, exactement semblables à celle du chien anglais *terriers*, noir marqué de feu. Le duc de Norfolk conserve cette race avec un soin jaloux.

(1) *Le chien couchant* the setter, descend entièrement du chien épagneul, et non, comme on l'a supposé, du mélange de l'épagneul et du braque. Robert Dudley, duc de Northumberland, passe pour être le premier qui ait dressé (au filet) *un setter*, c'est-à-dire un épagneul, ainsi appelé de ce qu'il reste couché devant le gibier jusqu'à ce qu'on les ait couvert l'un et l'autre d'un filet. Cette aptitude une fois connue, il est probable que cette race a été soignée, et qu'une éducation suivie en a augmenté les qualités. Le chien couchant a conservé le nom d'épagneul jusqu'au dernier siècle, et actuellement on le nomme en Irlande, *l'épagneul anglais*. Gay l'appelle *épagneul rampant*. L'ancien chien couchant anglais est rare actuellement, et est remplacé par une race moins docile et soumise, mais plus grand et plus fort. Ils sont généralement roux et d'origine irlandaise. L'épithète d'*ancien* que l'on avait donnée au chien couchant, lui convient moins qu'au chien d'arrêt *pointer*.

l'aimable compagnon de l'homme, qui, par sa
grande intelligence, ses qualités admirables, les
services qu'il rend, provoque la protection et l'attachement. On ne saurait trop faire connaître les
bonnes qualités de cet animal pour lui acquérir la
bienveillance et le bon traitement qu'il mérite,
étant trop souvent victime de la brutalité et de
la haine que l'on a pour tous les animaux, et
particulièrement pour lui. Il est probable que
cette conduite erronnée dépend moins de l'impulsion naturelle du cœur que du rang peu élevé
que l'on accorde dans l'échelle de la nature au
compagnon fidèle de l'homme sur terre. Si l'on
se conforme à l'usage, on ne regardera la plus
grande partie des animaux que comme de simples
machines, pourvues seulement de l'instinct de leur
conservation et de leur reproduction ; mais au
contraire, si l'on est dans le véritable point de vue,
on les considérera comme capables d'intelligence,
mus par de nobles passions, susceptibles de mémoire et de réflexion, disposés à l'imitation,
profitant par l'expérience, acquérant par l'instruction ; alors on peut espérer de les avoir examinés sous leur véritable point de vue, souhaiter
d'en faire connaître toute l'importance, et conséquemment de servir à l'amélioration de leur situation. Ces propriétés intellectuelles, communes
sous quelques rapports aux animaux qui nous en-
tourent, se trouvent au plus haut point dans le

chien, et je n'ai pas peur de hasarder cette opinion, qu'il les possède au-delà des autres animaux, et qu'il est au-dessus, tant pour sa conformation physique que par son intelligente capacité. Et cependant, nous avons à déplorer l'erreur populaire qui place cet animal au dernier rang des brutes, et qui fait dire comme la plus forte marque de mépris : chien ! (*you dog!*) Nos vieux écrivains, pour lesquels toute chose basse et abjecte tient du chien, sont remplis de cette figure. Souvent les écrivains sacrés, pleins de sublimes principes d'humanité ont ajouté leur appui à ces dénominations métaphoriques. Pour détruire ce faux jugement populaire, j'ai dû présenter le chien sous son véritable jour, en l'élevant de l'état d'une simple machine instinctive, à celui d'un être intelligent.

Il y a tant de preuves que le chien est un animal intelligent, qu'il est surprenant que l'on en puisse douter un seul instant. Un grand nombre de nos philosophes distingués lui ont accordé ce mérite, mais ils ne sont pas d'accord sur l'étendue de son raisonnement. Beaucoup d'entre eux ont cherché à établir la différence qui existe entre l'instinct et la raison. Il n'est pas dans mon dessein d'entrer dans de profondes recherches métaphysiques sur la faculté de la *raison*. Je serai satisfait si je puis analyser la propriété de *l'instinct* ; et si, en y procédant, je puis prouver que des faits nombreux, appartenant aux chiens et à d'autres animaux, ne sont pas dépendans de cette seule propriété ; j'aurai atteint mon but et prouvé logiquement que de telles actions ne sont pas *instinctives*, mais qu'elles doivent être guidées par le *raisonnement*.

L'instinct, sous le point de vue populaire, peut être défini : la propriété qui règle les actions des animaux et les porte à leur conservation et à la reproduction de leur espèce ; c'est une propriété que l'on peut considérer comme inhérente à l'organisation des corps, et c'est pourquoi (différente de la raison) cette propriété commence avec l'organisation du corps lui-même ; comme nous pouvons le connaître par le mouvement et les autres actions du fœtus dans *l'uterus*. L'instinct (contrairement à la raison) se développe dans la perfection, aussitôt qu'il devient nécessaire. Le petit poussin, dès qu'il a brisé sa coquille, pique sa nourriture, et la choisit judicieusement ; le faible petit chien, immédiatement à son entrée dans le monde, cherche le mamelon et en épuise le lait avec plus d'adresse que ne pourait le faire le plus habile mécanicien aidé des meilleurs instrumens. Les opérations de *l'instinct* étant dirigées vers la conservation de l'existence et la propagation de l'espèce, a dû nécessairement être donné *parfait*, ou le but aurait été manqué. Mais comme ces opérations ne tendent qu'à ces fins, elles ont dû être établies sur une petite échelle.

Dans les animaux domestiques, comme dans les sauvages, les actions de l'instinct étant dirigées vers les lois essentielles de la conservation et de la propagation, elles restent toujours uniformes. Les mêmes aptitudes générales, la même dextérité pour le choix de la nourriture, pour l'éloignement de leurs ennemis, et le soin de leurs petits, étaient telles, il y a deux mille ans, qu'elles le sont aujourd'hui. Le principe instinctif, comme purement conservateur, leur a été donné originellement parfait; il n'a pas besoin d'un plus grand développement, et n'en a pas reçu.

Si cette définition de l'instinct peut être regardée comme correcte, il faudra peu d'argumens pour prouver que, comme une grande quantité d'actions sont journellement perfectionnées par les animaux, surtout ceux réduits à l'état domestique, lesquelles actions sont étrangères totalement aux lois de la vie organique, il est plus qu'évident que ces actions ne peuvent qu'être rapportées à une haute faculté intellective, et doivent être regardées comme *extra instinctives*.

Cette opération, *extra instinctive,* se présente dans les animaux sous beaucoup de variétés, et dans des buts si différens, qu'il est difficile de faire un choix. Cependant, pour prouver ce que j'ai dit, je présenterai deux ou trois exemples particuliers, que je regarde comme le produit de l'intelligence, et comme tout-à-fait hors du rang de l'instinct.

Tous les animaux captifs ont une tendance à faire partager leur sort aux autres. Si cette disposition n'existait que parmi ceux qui vivent en troupe, on pourrait l'attribuer au seul instinct, mais elle se rencontre également dans ceux qui sont solitaires, c'est-à-dire qui ne s'associent que par paire. L'oiseau en cage cherche à y attirer les autres ; le canard domestique, en traversant un étang, jette un cri particulier qui attire l'attention des sauvages, et lorsqu'il se voit entouré d'un grand nombre, il les conduit dans les filets, où il les laisse pour retourner en rassembler d'autres. Les éléphans privés sont envoyés à la recherche des sauvages, et lorsqu'ils en ont rencontré, ils les conduisent dans des enclos où ils se trouvent prisonniers ; chaque éléphant sauvage, ainsi pris, est placé entre deux éléphans privés qui, de suite, le soumettent à une instruction plus ou moins sévère, suivant que leur captif est plus ou moins docile : quelques jours de diète, conjointement avec les coups de trompe des instituteurs, sont généralement suffisans pour rendre l'élève doux et traitable. Certainement les éléphans privés souffrent aussi de cette éducation ; cependant on observe qu'ils s'y livrent avec plaisir, et se conduisent si judicieusement, qu'ils excitent l'admiration de ceux qui en sont témoins. On peut regarder sûrement ces faits comme hors du simple instinct.

Je possédais un singe qui, dans les mois d'été,

était placé à la chaîne sur l'appui d'une croisée donnant sur un passage de derrière, dont la largeur pouvait être de quatre à cinq pieds ; de cette fenêtre au côté opposé, ce singe sautait et revenait pour son amusement ; dans un de ses sauts, il fut soudain arrêté par sa chaîne qui s'était mêlée et raccourcie ; il fit une forte chute. Sa mémoire lui rappelait son accident, et ses réflexions lui en apprirent la cause : instruit par l'expérience, son jugement le détermina, avant de se livrer au même jeu, à faire passer la chaîne dans ses mains, après quoi il sautait sans crainte ; ce qui est surprenant, et qui sert à démontrer combien il combinait ses idées, c'est que c'était seulement pour s'élancer de la fenêtre qu'il prenait cette précaution ; à son retour il n'avait pas d'inquiétude, parce que chaque portion de la chaîne était tendue et développée à ses yeux, ce qui n'était pas dans l'autre cas.

J'ai eu aussi un autre singe qui, pour s'amuser, se balançait à une corde, dans un lavoir où il était enfermé. Dans la même maison, logeait le docteur HAIGHTON, dont les domestiques, qui n'aimaient pas le singe autant que moi, voulurent lui jouer un tour, et pour cela tailladèrent la corde, en laissant quelques fils intacts pour tromper cet animal. Comme ils s'y attendaient, le singe étant venu prendre sa récréation, tomba. Lorsque la corde fut remplacée, le singe eut bien le désir de renouveler son jeu, mais non d'éprouver une nouvelle chute. Avant de se balancer, il avait soin d'examiner la corde et de la tirer aux deux bouts ; après s'être ainsi prémuni contre le danger, il recommençait son jeu, et ce fin animal prenait les mêmes précautions chaque fois. Ces preuves extraordinaires de réflexion peuvent-elles être rapportées à l'instinct ? La frayeur et la douleur, dans ces deux cas, furent *remémorées*, mais les moyens employés pour éviter leur répétition, furent *réfléchis*.

Feu le révérend Robinson, *de Cambridge*, aimait beaucoup les abeilles, et en faisait son amusement. Un matin, qu'il les visitait de très-bonne heure, il fut étonné de trouver un crapaud qui s'était introduit dans le rucher. Le premier mouvement de M. Robinson fut de retirer ce crapaud, mais remarquant qu'aucunes des abeilles de la ruche immédiatement exposée à la vue du crapaud n'en sortaient, il fut curieux d'attendre ce qui allait se passer, d'autant plus que par un bourdonnement extraordinaire des abeilles, il conclut qu'elles tenaient conseil sur leur hôte étranger ; ce qui était vrai, car, en quelques minutes, elles sortirent toutes pour attaquer le crapaud, qui fut tué promptement ; elles rentrèrent ensuite dans leur ruche et parurent de nouveau délibérer probablement sur ce qui leur restait à faire. A leur nouvelle sortie, elles furent, sans doute, d'un commun accord, à la quête d'une substance plus emplastique que leur cire ordinaire, dont elles couvrirent le corps du crapaud, et par ce moyen, prévinrent toutes les exhalaisons funestes qui auraient pu les incommoder. Je tiens ce fait de M. Robinson lui-même, et je ne doute pas que cette curiosité ne soit conservée dans sa famille. Cette anecdote prouve, je pense, que ses insectes peuvent *comparer*, *combiner*, et peut-être *raisonner abstractivement*. Il est évident, par ce qui est arrivé, qu'elles peuvent converser, et leur conduite ultérieure annonce un guide supérieur à celui de l'instinct. On ne peut supposer l'instinct capable de s'opposer aux différens accidens, résultat d'un état de domesticité; et la capacité d'échapper aux événemens improbables et surnaturels suppose réflexion et prévoyance. Le principe instinctif a pu porter les abeilles à tuer le crapaud, sans doute; mais on peut regarder comme un haut degré d'intelligence le moyen unanimement employé pour s'opposer aux résultats funestes de cette mort. Les pages suivantes donneront des preuves certaines d'une intelligence au moins aussi grande dans le chien.

Ayant, je l'espère, prouvé suffisamment que le chien, notre but, a de l'intelligence, il nous reste à voir comment, par l'éducation, on a pu l'amener à ce degré d'obéissance et d'utilité qui le distingue si éminemment. Si le chien n'eut été doué que d'un simple instinct, son éducation eut été fort peu intéressante. Nous avons déjà fait connaître que la faculté de l'instinct n'était susceptible que de très-peu de progrès, si même elle en pouvait faire, et qu'au contraire les facultés intellectuelles pouvaient augmenter à un haut degré. Dans les animaux sauvages, c'est l'amélioration de leur faculté raisonnante qui leur donne cette *connaissance traditionnelle*, si généralement observée parmi eux, par laquelle ils améliorent leur état, varient leur nourriture, et multiplient leurs plaisirs ; ce qui, toutefois est peu de chose, comparé avec ce qu'ils peuvent acquérir par l'éducation. Cependant le plus haut degré de l'éducation donné à un individu, n'opère que peu sur cet individu. Il peut être une conquête, mais il reste indomptable, son naturel sauvage est caché sous les apparences qu'opèrent sur lui la crainte et la faim. S'il peut s'échapper un moment, son naturel sauvage se remontre de suite. Par une prévision extraordinaire de la nature, les facultés intellectuelles de l'esprit sont, comme les formes du corps, également capables d'une *culture héréditaire*, et la force et l'énergie, provenant de l'éducation, sont transmises du père au fils, et en reçoivent une augmentation.

Cette transmission héréditaire des qualités cultivées, cette accumulation généalogique de connaissances, n'ont jamais été assez considérées des philosophes et des naturalistes, et cependant beaucoup de phénomènes observés dans nos animaux domestiques, capables d'exciter l'admiration, et qui souvent paraissent douteux, quoique réels, en dépendent. Des faits nombreux nous prouvent tous les jours que les facultés intellectuelles peuvent être cultivées dans les animaux et leur progéniture. La crainte de l'homme, si générale dans les animaux, est simplement une qualité cultivée; si nous devons ajouter foi aux récits des nombreux voyageurs : GMELIN nous dit que les renards, en *Sibérie*, venaient volontiers près de lui; BOUGAINVILLE en dit autant des animaux des îles FALKLAND; les Européens qui visitèrent les premiers Dusky-Bay, dans la *Nouvelle-Zélande*, furent entourés d'oiseaux qui se perchaient sur eux, et qui devinrent une proie facile pour les chats venus avec les vaisseaux. Chez nous-mêmes, dans nos parcs fermés, les faisans, les perdrix et les lièvres viennent manger près de nous. La hardiesse du rouge-gorge, du roitelet, du martinet et de l'hirondelle, provient d'une sécurité *traditionnelle*, qui n'a jamais été interrompue. Nos moineaux francs et nos corbeaux apprennent à regarder l'homme comme un constant ennemi, et savent distinguer, dès qu'ils peuvent sortir du nid, s'il est armé d'un fusil. L'action de guetter, d'arrêter, est une qualité commune à toute l'espèce du chien; mais cette qualité est cultivée et augmentée dans les races destinées à la chasse. Dans ces races, cette propriété devient naturelle dans leurs descendans, et quelquefois si parfaite, qu'elle n'a pas besoin d'éducation. Sans doute la nature a donné au chien originel la férocité que l'on trouve dans le dogue anglais, mais cette persévérance déterminée dans le combat, le mépris du danger, de la douleur, de la mort, qui caractérisent le boule-dogue, est entièrement une qualité cultivée. Il en est de même de nos coqs de combat ; car, dans l'Orient, dont ils sont originaires, ils ne sont pas courageux. Par ce qui précède, on peut donc avancer que l'éducation raisonnée du chien a porté ses qualités corporelles et mentales au point de perfection où elles sont maintenant. Il plait à l'œil par la beauté de ses formes, et se fait aimer par son utilité et ses aimables qualités.

Si je puis établir une comparaison entre les caractères de l'homme et des animaux, j'espère prouver que si celui de l'homme est noble, généreux et aimable, ces mêmes avantages se trouvent dans celui du chien.

Le *courage* est-il une vertu humaine généralement estimée? Où le trouvera-t-on porté au plus haut degré que dans l'espèce canine? Le boule-dogue attaque tous les animaux indistinctement, et son courage est tel que, jusqu'à ce qu'il ait terrassé son ennemi, rien ne pourra lui faire lâcher prise. Le plus petit chien, lorsqu'il est irrité, et souvent pour peu de choses, en attaquera un bien plus fort que lui, et l'on peut alors observer la *bravoure* la plus noble qui fait *grâce* au roquet ; car il est très-rare qu'un gros chien en combatte un plus faible. M. Diedin dit : « J'avais un fort chien qui avait toute la ressemblance d'un loup, hors la férocité ; il était doux comme un mouton, il ne s'offensait de rien pour lui-même, mais la colère du lion peut à peine égaler la sienne lorsque quelqu'un de la maison, ou d'autres chiens étaient insultés. »

La constance et *la fidélité* sont-elles des vertus? Le chien en est l'emblême avoué; sa fidélité est entièrement désintéressée, et elle ne peut être corrompue. Il n'est pas d'appas, si tentans qu'ils soient, qui puissent lui faire trahir la confiance que l'on lui a accordée. Dans les rues de *Londres*, on voit tous les jours des charrettes et des chariots surveillés par ces fidèles gardiens, en l'absence de leurs conducteurs, et malgré les nombreux stratagèmes employés par les voleurs pour détourner l'attention des conducteurs, on a jamais appris qu'ils aient réussi lorsqu'un chien était de garde.

Pendant la nuit, cette vigilante sentinelle ne cède pas au sommeil, et fait toujours le guet : un bruit ordinaire ne l'alarme pas, mais le pas le plus léger, un souffle, qui lui paraîtront surnaturels, lui font craindre un danger pour son maître, et il se met en mesure pour repousser ce qui peut le menacer. Le chien du paysan garde son habillement et sa nourriture aux champs. Le boucher, confiant dans la *fidélité* de son chien, laisse sa viande sous sa garde, et quoique la nourriture de cet animal ne se compose que des rognures de cette viande, et qu'il puisse dans ce cas satisfaire son appétit, il ne touche à rien, et attend patiemment ce que l'on veut bien lui accorder.

Je fus dérangé une fois de mon dîner par un bruit inattendu, et je sortis pour en connaître la cause : sans y faire attention, je laissai dans la salle un chat favori avec un chien que je n'aimais pas moins ; lorsque je rentrai, je trouvai mon épagneul, d'assez forte espèce, étendant toute sa patte le long de la table, à côté d'un gigot de mouton ; il ne témoigna pas de crainte à mon retour ; j'étais assuré qu'un bon motif avait déterminé cette position extraordinaire, et de suite j'en fus convaincu. Le chat était caché dans un coin, et quoique le mouton n'eut pas été touché, cependant sa conscience timorée témoignait clairement qu'il avait été chassé de la table, lorsqu'il cherchait d'en dérober la viande, et que la position du fidèle chien était pour l'empêcher d'y retourner. Ici, la *fidélité* était unie à une grande intelligence, et dégagée entièrement de l'aide de l'instinct.

L'exemple suivant d'une *constance* invariable peut-il être égalé. Il m'a été rapporté, il y a plusieurs années, par un vieil habitant de la paroisse où le fait se passa, et dont la probité m'est si connue, que je réponds de la véracité.

Dans la paroisse de Saint-Olare, le cimetière est séparé de l'église et entouré par de hauts bâtimens, de sorte que l'on n'y peut pénétrer que par une porte toujours fermée ou par les fenêtres qui donnent dessus. Un pauvre tailleur de cette paroisse, en mourant, laissa un petit vilain chien qui fût inconsolable de sa perte ; ce petit animal ne voulait pas abandonner son maître mort, même pour manger, et l'on fut obligé de lui porter de la nourriture dans la chambre où était le corps. Lorsque l'on partit pour l'enterrement, ce fidèle serviteur suivit le cercueil ; après la cérémonie, il fut renvoyé du cimetière par le fossoyeur qui, le lendemain, y retrouva cet animal qui avait trouvé le moyen d'y rentrer, et qui s'était creusé un lit sur la tombe de son maître. Il le fit sortir encore une fois, et le jour suivant il le retrouva au même endroit. Le ministre de la paroisse, instruit de ce fait, le prit, le porta chez lui, et chercha à se l'attacher par un bon traitement, mais le chien ne put oublier son premier maître, et à la première occasion, il retourna à son poste. Le bon pasteur le laissa suivre son inclination, lui fit construire une cabane sur la tombe, où on lui portait à boire et à manger tous les jours. Il donna deux ans cet exemple de *constance* et de *fidélité*. La mort vint terminer ses peines, et le pasteur philanthropique le fit enterrer auprès de son bien-aimé maître.

J'ai vu un chien caniche, appartenant au marquis de WORCESTER, qu'il avait ramassé sur la tombe d'un officier français tué à la bataille de *Salamanque* et enterré sur le champ de bataille. Ce chien était resté sur la tombe de son maître, où il était mourant de faim, et encore, malgré sa faiblesse, eut-on encore beaucoup de peine à l'en arracher.

Quelques chiens ont une philanthropie universelle, si je puis m'exprimer ainsi, un *attachement* général pour le monde ; d'autres ne sont pas indistinctement les amis de l'un et de l'autre, mais seulement, et avec force, de ceux qu'ils affectionnent. Peut-être que la durée de l'attachement dans les animaux, élève nos idées du pouvoir intellectuel plus que l'ardeur de cet attachement, car cette constance prouve de la mémoire, de la réflexion et du sentiment, complètement développés par une impulsion supérieure instinctive. Ce sentiment, pour quelques personnes, est si grand, qu'il lui fait oublier les soins naturels qu'il doit à ses petits. Des chiens séparés forcément de leur maître, refusent fréquemment de manger pendant plusieurs jours ; d'autres languissent, et finissent par mourir de faim. Il en arrive souvent de même, lorsqu'ils sont éloignés l'un de l'autre.

Deux épagneuls, la mère et le fils, furent seuls

chasser dans les bois de **M. Drake**, proche *Amersham* ; le garde-chasse tira sur la mère ; le fils effrayé s'éloigna une heure ou deux, et puis retourna auprès de sa mère. Ayant trouvé son corps mort, il se coucha dessus, et fut trouvé le lendemain dans cette situation par son maître, qui le rapporta dans sa maison avec le corps de sa mère. Pendant six semaines, cette excellente bête refusa toute consolation et nourriture. Il mourut dans des convulsions.

J'ai vu aussi des chiens qui, dans plusieurs circonstances, firent l'office volontaire de nourrisseurs d'autres chiens qui avaient été malades. Quand on considère la douceur de leurs caresses et de leurs regards, ces faits ne seront pas étonnans entre ceux qui vivent ensemble ; cependant j'ai observé la même chose entre des chiens étrangers les uns aux autres. Un cas, véritablement particulier, se représente à ma mémoire, dans lequel un fort chien, de la race des dogues, et ayant atteint tout son accroissement, s'attacha à un petit épagneul, attaqué de *la maladie*, dont ce gros chien venait d'être guéri. Il s'intéressa à cet épagneul du moment qu'il le vît, et, pendant plusieurs semaines, lui prodigua ses soins, le tenant propre, le suivant partout et le protégeant : lorsqu'on donnait à manger au gros chien, il en mettait une portion à part et sollicitait le petit de manger, et l'on remarquait que c'étaient toujours des morceaux choisis. Dans le fort de la maladie, le petit chien ne pouvant pas se remuer, le gros se tint à la porte de sa cabane, y restait et lui servait de garde. Ici, ne se trouve ni instinct, ni intérêt, c'est l'action des meilleures qualités de l'âme.

Dans l'homme, la *reconnaissance* a toujours été regardée comme la plus haute vertu. Où se montre-t-elle au plus haut point que dans cet intéressant animal ? Un bienfait n'est jamais perdu pour la plupart d'eux, et aucunes créatures vivantes oublient plus facilement une injure.

Un fort chien d'arrêt ayant *la maladie*, fut tendrement soigné par une dame l'espace de trois semaines ; le mal empirant, on le plaça dans un lit, où il resta trois jours comme mort. Après une courte absence, cette dame observa en rentrant dans la chambre, que le chien avait les yeux fixés sur elle, et qu'il faisait des efforts pour aller du lit à elle, dans le but probable de lui lécher les mains, ce qu'ayant pu faire, il expira sans plainte. Je suis convaincu que cet animal pressentait ses derniers momens, et qu'il employait ses dernières forces pour témoigner sa reconnaissance.

L'anecdote suivante tend à mettre au jour la *sagacité* du chien, dont sont déjà persuadés ceux qui vivent entourés d'eux.

Un allemand, amateur de voyage, parcourait la Hollande, accompagné d'un fort chien ; marchant le soir sur la chaussée d'un canal, son pied glissa, et il tomba dans l'eau ; ne sachant pas nager, il perdit promptement connaissance ; quand il revint à lui, il se trouva dans une chaumière, sur le bord opposé de celui où il était tombé, entouré par des paysans qui avaient employé les moyens usités en pareil cas. Ils lui contèrent que l'un d'eux, retournant à la maison après son travail, observa, à une grande distance dans l'eau, un fort chien qui nageait, et qui, tantôt tirant à lui, tantôt poussant devant lui, paraissait avoir beaucoup de peine à se soutenir ; mais qu'enfin ils le virent atteindre une petite baie du côté opposé où ils étaient.

Lorsque l'animal eut déposé le fardeau qu'il avait eu tant de mal à sauver, le paysan découvrit que c'était le corps d'un homme. Le chien l'ayant agité lui-même, léchait les mains et la face de son maître. Pendant ce temps, le paysan se hâtait d'arriver, et ayant eu du secours, le corps fut transporté à la maison voisine où l'on employa les remèdes qui le rappelèrent à la vie. Deux fortes meurtrissures avec empreinte des dents furent remarquées, l'une à l'épaule, l'autre sur le derrière du col. Son maître jugea que ce bon animal le saisit d'abord par l'épaule, et nagea ainsi quelque temps, mais que sa *sagacité* le porta à le prendre par le col, pour pouvoir mieux soutenir la tête au-dessus de l'eau. Je dois rendre la justice à la reconnaissance de ce voyageur, dont je tiens personnellement ce récit, que depuis il a regardé ce chien comme son ami, et qu'il avait pour lui le plus grand soin et la plus grande bonté.

Les faits suivans pourront paraître un peu exagérés; cependant je désire que l'on sache que je n'altérerais pas volontairement la vérité. Ces faits m'ont été communiqués par plusieurs personnes sur la bonne foi desquelles on peut compter, et toutes les circonstances paraissent bien connues dans les environs.

Un boucher et marchand de bestiaux, qui demeurait à environ neuf milles de la ville d'ALSTON, dans le *Cumberland*, acheta un chien d'un bouvier. Ce boucher achetait ses bestiaux dans les environs et les conduisait au marché d'*Alston*. Dans ses courses, il fut souvent étonné de l'adresse de son chien, et de son habileté à conduire les bestiaux. Convaincu de la *sagacité*, autant que de la fidélité de son chien, il n'hésita pas à parier qu'il lui confierait un troupeau de bœufs et de moutons pour les conduire, sans être accompagné, au marché d'*Alston*. On convint que les personnes que le chien pouvait connaître, soit de vue ou à la voix, ne se trouveraient pas sur son chemin, et qu'aucun spectateur n'interviendrait de près ou de loin. A l'épreuve, cet animal extraordinaire se conduisit avec la plus grande fermeté et la plus grande dextérité, et quoiqu'il eût fréquemment des troupeaux paissant à traverser; cependant il ne perdit aucune de ses bêtes, et les conduisant par le même chemin qu'il avait coutume de suivre avec son maître, il les remit directement à la personne chargée de les recevoir, en aboyant à sa porte. Ce qui marqua particulièrement la *sagacité* de ce chien, c'est que lorsqu'il traversait un champ où se trouvait d'autres troupeaux, il courait en avant, arrêtait le sien, et après avoir éloigné les autres bêtes, continuait sa route après avoir rassemblé ses bestiaux. Je crois qu'il répéta plusieurs fois ce voyage, à la demande des curieux. Il fut acheté une somme considérable par un *gentleman* voyageant dans le voisinage. J'ai demeuré un an dans ces lieux, et tous les rapports sur ce fait étaient d'accord.

Je me rappelle un jeune berger, en Écosse, qui se reposait sur le bord d'un ruisseau large et peu profond ; une brebis s'était éloignée à une assez grande distance de l'autre côté de l'eau. Le jeune berger appelant son chien, lui ordonna de ramener cette brebis, mais avec douceur, car elle était prête d'agneler ; je ne sais si le chien comprit pourquoi il lui était recommandé d'user de douceur, mais il devina bien comment il devait se conduire, car il marcha aussitôt à travers l'eau, se mit doucement à côté de la brebis, la fit retourner et l'accompagna tranquillement côte à côte jusqu'au troupeau.

La sagacité du chien et ses dispositions pour être instruit ont été mises à profit dès les premiers temps. Dans l'Histoire ancienne, on trouve des relations de leurs talens et des anecdotes extraordinaires sur leurs actions. Quelques races paraissent douées d'une plus grande intelligence; mais toutes sont dociles : le barbet ou caniche est mis au premier rang. J'en ai vu plusieurs qui faisaient les fonctions de domestiques : ils chassaient les vagabonds, fermaient la porte, sonnaient la cloche, etc. ; on en a envoyé à des distances considérables, porter des lettres, des paquets. La farce du *Déserteur*, donnée il y a quelques années par Asteley, et jouée par des chiens, a donné la preuve la plus étonnante de leur disposition à s'instruire.

Je terminerai cet exposé des qualités morales du chien , en faisant connaître chez lui une propriété qui, si elle n'a pas échappée aux observations des philosophes et des naturalistes, n'a cependant pas été examinée bien attentivement. C'est cependant un sujet digne des plus grandes recherches pour les métaphysiciens et les zoologistes; et quand on considère son importance par la nature extraordinaire des phénomènes qui en dérivent, on est surpris que l'on n'en ait pas encore fait un plus grand examen. Cette propriété peut, à juste titre, être appelée un *sixième sens* (1), quoiqu'il n'y

____

(1) Le docteur Roget, dans une lecture à l'Institut Royal, a donné quelques notions sur ce qu'il appelle *un sixième sens*, qu'il a observé dans les chauve-souris et quelques autres animaux. Lequel sens lui

ait pas d'organes extérieurs qui y répondent. Tous les animaux, l'homme excepté, le possèdent ; il est tout-à-fait étranger à tout principe d'intelligence spirituelle dans l'homme, et entièrement distinct des cinq autres sens externes, communs à

---

paraît totalement distinct de la faculté de connaître les distances. Cette propriété, que le docteur Roget signale, est celle par laquelle quelques animaux sont capables de juger la situation d'objets extérieurs, sans les voir ou être en contact avec eux. SPALLANZANI en avait parlé long-temps auparavant.

M. JACOBSON a dernièrement découvert, à la partie inférieure et antérieure des naseaux, dans quelques quadrupèdes, certains organes qui communiquent avec la bouche, et qui sont amplement fournis de nerfs et de vaisseaux sanguins : ils lui paraissent être le siège de quelques facultés, mais il ne peut décider si c'est celle annoncée par le docteur Roget, ou celle qui fait juger les distances, ou enfin quelqu'autre.

Quant à ce qui regarde la perception des objets extérieurs « sans la » vue, (j'aimerais mieux dire sans lumière apparente,) ou le contact, on peut rendre compte de cette propriété autrement que par l'intervention d'un sixième sens. Lorsque nous savons que le condor (*vultur gryphus*, LIN.) peut voir ou sentir une charogne éloigné d'un ou deux milles, nous pouvons facilement concevoir que l'œil des animaux nocturnes est susceptible de percevoir des rayons lumineux si faibles, que les nôtres n'en pourraient être affectés. Cette perception peut encore être établie sur la finesse de l'odorat, que nous connaissons si grande dans quelques animaux, qu'elle peut les prévenir de la proximité de certains objets sans le secours de la vue. L'ouïe peut aussi aider à faire juger la situation des objets que l'on ne voit pas, ou avec lesquels on n'est pas en contact. On peut facilement s'accoutumer à marcher le long d'un mur, ou au milieu d'un passage obscur, sans se heurter contre le mur, ou quitter le centre du passage : les rayons sonores, réfléchis par les murs, venant frapper l'oreille, font connaître la distance des objets par la force des sons et celle relative de leur réflexion.

l'homme et aux animaux. Il ne dépend pas de la mémoire, est purement instinctif, et cependant il se trouve rarement en défaut ; et étant instinctif, il est universellement distribué. Ce sixième sens est la faculté qu'a le chien, lorsqu'il a été transporté à une distance quelconque, de pouvoir revenir seul, quoique le chemin qu'il ait à parcourir lui soit inconnu, et que dans son retour il est évident qu'il ne peut être aidé par la vue, l'ouïe, l'odorat ou la mémoire.

Si un voyageur, traversant une plaine étendue, est surpris par une forte neige, qui lui dérobe le chemin tracé et les objets qui peuvent lui servir de guide, il se trouvera de suite égaré, tous ses sens lui deviendront inutiles, et il ne saura plus de quel côté tourner ; s'il dévie un instant de son chemin, il ne saura plus se remettre sur la voie, et suivra tout aussi bien la route qui lui fera tourner le dos à sa maison. Il n'en arrivera pas de même au chien ou au cheval ; au contraire, lorsque toute trace est perdue, quand aucun objet n'est apercevable à travers la masse de neige tombante, tournez l'un ou l'autre de ces animaux, d'un côté ou d'un autre, cherchez à l'égarer ; et cependant aussitôt qu'il sera en liberté, sans hésitation marquée, il tournera la tête du côté du logis, et y arrivera bientôt sain et sauf. Il est bien évident que dans cette situation, le chien ou le cheval ne peuvent voir à travers l'épaisseur de la neige ; il est également impossible que l'odorat lui indique son chemin ; et cependant, à une distance de cent, deux ou trois cents milles, cette faculté est aussi active et certaine. Aucuns souvenirs ne servent, car les objets environnans ne peuvent les aider. Les chameaux, qui font plusieurs centaines de milles à travers les déserts de sable, ne se trompent pas de chemin. Les pigeons, portés de leurs colombiers à des distances qu'il n'ont jamais atteints, retournent aussitôt qu'ils sont mis en liberté. Lithgow nous assure que des pigeons portent des lettres de *Babylone* à *Alep*, en trente heures, trajet qu'un homme ne peut faire qu'en trente jours. Les abeilles et d'autres insectes retournent sans hésitation aux demeures que l'on leur a données. Réellement toute leur existence se consume en voyage, et sans cette faculté ils ne pourraient rentrer chez eux.

Un gentleman amena de *Terre-Neuve* un chien de la véritable race, pour son frère qui demeurait près de *Thames-Street*, et celui-ci n'ayant pas d'emplacement pour le loger, l'envoya à un de ses amis en Écosse. Le chien, qui était débarqué à *Thames-Street*, fut rembarqué à la même place, sur le petit bâtiment le *Berwick* ; pendant son séjour à Londres, il ne s'était pas écarté du logis, de la distance d'un mille ; il avait contracté une forte affection pour son maître. Quand il fut arrivé en Écosse, les regrets qu'il éprouva lui firent saisir la première occasion de s'échapper, et quoiqu'il ne put connaître son chemin, cependant il arriva en très-peu de temps chez son maître, mais si harassé, qu'il n'eut que le temps de lui témoigner sa joie. Il expira une heure après.

Des chiens qui perdent leurs maîtres dans les quartiers de Londres les plus éloignés de leurs logis, les retrouvent guidés par cette faculté instinctive.

Avant de terminer ce sujet intéressant, je dois faire remarquer que le chien est encore capable de connaître les périodes du temps.

Un chien était visité tous les dimanches par son maître, et seulement ce jour-là. Tous les dimanches il se plaçait à la porte de la maison, et attendait en silence l'arrivée de son maître. « Un chien » faisait, tous les samedis, deux milles pour se » rendre dans un marché, pour y faire sa propre » provision, et ce jour, ce jour-là seulement, il » ne manquait pas de s'y rendre. » (*New-York post.*) On cite encore beaucoup de faits semblables qui prouvent que la durée du temps est aussi bien connue de ces animaux que la direction des lieux et le jugement de leurs distance.

On pourrait écrire des volumes sur ce sujet ; des anecdotes nombreuses qui peuvent démontrer les propriétés utiles et les qualités aimables du chien abondent dans ma collection. Je craindrais de fatiguer la patience du lecteur en en citant une plus grande quantité. Cependant j'espère avoir assez prouvé que cet animal était digne de la plus haute estime, et de l'intérêt et des soins qu'il mérite pour ses grands services.

PATHOLOGIE CANINE

OU

DESCRIPTION

DES

Maladies des Chiens.

MALADIES DES CHIENS.

Un ouvrage de cette nature ne nécessite pas une description anatomique des organes internes, ni une recherche minutieuse de l'économie animale du chien dans l'état présent de la médecine canine ; il suffira de savoir qu'il y a beaucoup d'analogie entre la structure anatomique de l'homme et celle du chien, de sorte que celui qui a étudié la première connaît aussi la seconde.

La ressemblance existe particulièrement dans les organes digestifs ; ce dont on ne doit pas être étonné, puisque l'homme et le chien sont omnivores, et c'est à cette ressemblance qu'il faut attribuer l'affinité que l'on remarque dans leurs maladies. Celle des autres animaux domestiques n'ont pas cette même analogie, et comme elles sont plus particulièrement l'objet de l'étude des vétérinaires, les maladies de l'espèce canine ont été négligées et sont moins bien connues. La médecine humaine regarde cette matière comme au-dessous d'elle , et la médecine vétérinaire croit qu'elle est au-dessus de sa sphère.

J'ai souvent eu l'occasion de regretter que la médecine canine ne fut pas mieux connue, même des meilleurs vétérinaires , et elle restera sans doute au même point , tant qu'elle ne sera pas étudiée comme une branche particulière de l'art.

Non seulement les maladies de l'espèce humaine ressemblent beaucoup à celles de l'homme , sous le rapport de leurs causes, de leurs symptômes, de leurs effets, etc. , mais encore sous celui de leur nombre et de leurs variétés ; ce dont on peut se convaincre par la table, où l'on trouvera beaucoup d'affections qui ne se rencontrent pas dans les autres animaux domestiques. On doit être peu surpris de cette grande analogie, si l'on considère que, outre la ressemblance anatomique, la domesticité complète des chiens leur impose une vie toute artificielle, et , dans beaucoup de circonstances, des habitudes toutes contraires aux lois de l'hygiène.

Cependant, malgré ce grand rapprochement entre les maladies de l'homme et celles du chien , il y a beaucoup de circonstances qui mettraient en défaut le médecin le plus exercé , ainsi que le vétérinaire le plus capable , s'ils n'avaient fait une étude particulière de la pathologie canine , comme une branche distincte de l'art de guérir. Dans beaucoup de cas , tout dépend de l'expérience et de la pénétration du praticien, pour reconnaître le siége immédiat du mal. Le chien a des affections qui lui sont entièrement particulières, et quelques médicamens ont des effets différens sur les hommes et ces animaux.

Dix grains de calomélas *(proto-chlorure de mercure),* quoique dose forte, ne sont pas dans le cas de tuer un homme, cependant j'ai vu mourir un fort chien d'arrêt par cette quantité prescrite par un habile chirurgien. Trois dragmes d'aloès, qui seraient funestes à neuf personnes sur dix, seront administrées sans inconvéniens à beaucoup de forts chiens. Un de ces animaux pourrait prendre impunément une dose d'opium qui serait fatale à un homme : tandis que la quantité de noix vomique capable de détruire le chien le plus fort, ne suffirait pas pour faire périr un homme.

Les effets que quelques médicamens produisent sur l'estomac du chien, ou sur ceux des animaux domestiques, offrent des contrastes encore plus marqués. Il est donc évident que ni le médecin, ni le vétérinaire praticien ne pourront pratiquer avec succès la médecine sur les chiens, sans avoir acquis une grande expérience et s'y être appliqués particulièrement.

Enfin, quand la maladie est bien connue, et que le traitement convenable est prescrit, il se présente une autre difficulté : celle d'administrer les médicamens. Souvent les chiens sont récalcitrans, et il faut de l'adresse et de la force pour les leur faire prendre.

***

Méthode la plus convenable pour administrer les médicamens.

Le chien, posé sur ses extrémités postérieures, placez-le entre les genoux d'une personne assise, le dos tourné vers la personne (un petit chien peut être tenu sur les genoux), nouez une serviette autour de son col, rabattez-là sur les extrémités antérieures pour vous en rendre maître : la bouche étant maintenue ouverte par la pression de l'index et du pouce sur les lèvres et les mâchoires, le médicament sera facilement introduit avec l'autre main , et poussé assez avant pour éviter son retour. On tiendra alors la bouche fermée et on ne lâchera le chien que lorsque l'on sera sûr que le médicament est dégluti. Lorsqu'un de ces animaux est trop fort pour être maintenu par une seule personne , une seconde est nécessaire pour aider. Dans les chiens tout-à-fait indociles , on se servira avantageusement d'une forte pièce de ruban de fil , placée en arrière des dents canines de chaque mâchoire, pour maintenir la bouche ouverte.

La différence d'administration entre un médicament liquide ou un solide est petite. Un bol ou pilule peut aisément passer sur le frein de la langue, et être poussé au-delà avec adresse. Si c'est un liquide que l'on donne, et que la quantité soit plus forte qu'une simple gorgée, il faut interrompre à chaque déglutition, pour prévenir la suffocation.

Les bols d'une consistance molle , et ceux qui contiennent des substances nauséabondes, doivent être enveloppés d'une feuille d'argent ou de papier très-fin. Les médicamens sans goût et sans odeur, comme les mercuriaux, les antimoniaux , etc. , peuvent être mélangés dans le manger ; mais il en résulte un grave inconvénient , qui est que, si le chien s'aperçoit de la supercherie , il refusera pendant long-temps toute espèce de nourriture. Les sels neutres peuvent aussi être dissous dans leurs alimens, et l'animal en pourra attribuer le goût à celui du sel commun.

Non seulement les chiens sont très-sujets aux maladies ; mais encore , lorsqu'ils sont malades , il faut leur apporter beaucoup de soins et d'attentions pour qu'ils puissent recouvrer la santé , tant ces animaux sont devenus délicats par leur réclusion et leurs habitudes artificielles. Cependant, lorsqu'ils sont malades, il est très-commun de les voir négligés et abandonnés dans une chambre froide ou sous un hangar , avec de l'eau et de vieux restes placés devant eux, en ajoutant, quelquefois peut-être, comme remède, quelque chose d'une efficacité douteuse. La chaleur paraît surtout nécessaire aux chiens malades ; et beaucoup de leurs maladies sont accompagnées de convulsions lorsqu'ils sont exposés au froid. La propreté et le changement de litière leur sont indispensables, surtout dans les cas de putridité, comme dans *la maladie*. Les affections purement inflammatoires doivent évidemment être traitées par l'abstinence, mais celles accompagnées de faiblesse, le seront par des alimens nutritifs.

Il ne suffit pas, comme on se l'imagine souvent, de placer devant le chien malade des alimens d'espèce commune. Dans beaucoup de cas l'appétit manque entièrement, et souvent, si l'animal malade peut manger, une nourriture grossière ne peut se digérer. Des bouillons, des jus de viande, du gruau, voilà ce qui doit constituer leur régime diététique, ou le mieux est encore un gruau épais, uni à une forte gelée animale ; car j'ai toujours remarqué que les liquides simples ne nourrissaient pas aussi bien que ceux épaissis par de la fleur de farine ou d'autres grains.

Les chiens malades sont souvent capricieux, et il faut user d'artifice avec eux comme avec les enfans pour les faire manger. Des viandes fraîches de toutes espèces, un peu grillées, pourront les tenter. Quelques-uns aiment surtout le porc, d'autres préfèrent la viande crue ; mais, pour peu qu'il reste de l'appétit, rien ne leur plaît tant que la chair du cheval. Leur appétit, très-capricieux dans les maladies, exige un choix particulier dans les alimens, parce que l'estomac digère bien plus facilement ce qu'il prend avec plaisir que ce qu'il prend avec répugnance. Cependant, dans les maladies fort longues, lorsque le malade refuse opiniâtrement toute nourriture, il faut lui en faire prendre de force.

Lorsque les cordiaux sont indiqués, on les joint au bouillon ou au gruau. Le vin, comme disposant à l'inflammation des intestins, doit être rarement mis en usage. Je l'ai cependant fait donner avec avantage dans les cas de disposition putride de *la maladie* ; dans la même circonstance un bol de viande, donné de force, produisit l'effet d'un bon cordial nutritif.

En tout temps la sensibilité est très-grande dans le chien, mais elle paraît doublée lorsque cet animal est malade. Tout ce qui l'entoure peut agir sur lui avec force, un traitement doux calme ses maux : des manières brusques et dures exaspèrent ses souffrances. Dans beaucoup de maladies, son irritabilité est bien plus évidente. *La maladie* en est un exemple frappant. J'ai plusieurs fois observé qu'en parlant durement à un chien bien portant, on donnait des convulsions à un autre malade placé près de là ; et les accès qui se déclarent spontanément dans les chiens affectés de *la maladie*, cessent souvent de suite lorsqu'ils sont caressés, tant leur esprit est impressionnable. La joie et la surprise peuvent aussi être nuisibles à ceux qui sont bien malades.

Il est bien probable que ceux qui s'occupent des chiens dans la campagne (où ses animaux jouissent d'une nourriture saine et d'un exercice convenable), regarderont toutes ces précautions comme inutiles ; le nombre et les variétés des maladies exciteront sûrement leur surprise, et sans faire attention à l'existence de beaucoup, ils considéreront la diversité des symptômes décrits, et les détails minutieux de traitement comme superflus. Cependant un examen approfondi doit d'autant plus satisfaire, qu'aucun animal n'est plus différent de lui-même, que le chien accoutumé à la vie champêtre et celui qui est né, élevé dans les villes, qui y réside constamment, ou dans d'autres lieux aussi renfermés. Ces instructions ne sont pas seulement utiles dans un seul cas, elles conviennent tant aux animaux qui habitent les lieux les plus sains, qu'aux petits chiens favoris qui sortent à peine une heure dans la journée, et qui, renfermés dans un endroit clos, respirant un air malsain, sont nourris abondamment et ne prennent l'air que dans une voiture. Une existence tellement artificielle altère leurs facultés intellectuelles et corporelles et les rend plus disposés à une infinité de maladies.

NOTE DU TRADUCTEUR. — Les regrets que l'auteur témoigne du peu de connaissance qu'ont les vétérinaires sur les maladies du chien, sont une preuve de la supériorité que conservent les écoles vétérinaires françaises, berceaux de l'art, sur celles des autres pays, et plus particulièrement peut-être sur celle de Londres. Dans les écoles de France, l'instruction a toujours été complète sur toutes les parties de l'art : et l'anatomie comparée des divers animaux domestiques, démontrée toujours avec beaucoup de soin, en faisant connaître les différences de leur organisation interne, met à même les élèves de juger celles qui doivent exister dans leurs maladies, et les modifications que leur traitement exige : aussi, les élèves qui obtiennent leurs diplômes peuvent-ils pratiquer avec succès la médecine vétérinaire, quels que soient les animaux domestiques des contrées où ils s'établissent.

C'est presque toujours sous la forme liquide que l'on doit administrer les médicamens au chien. On y parviendra plus facilement que l'auteur ne l'indique, si l'animal placé, ainsi qu'il le dit, entre les jambes d'un aide, celui-ci, en lui maintenant la tête élevée et penchée un peu de côté, maintient, rapprochées l'une contre l'autre, les lèvres de l'un des côtés de la gueule ; en même temps, une seconde personne écarte la lèvre inférieure du côté opposé, en la soulevant, et lui fait faire ainsi l'office d'un entonnoir dans lequel il verse par cuillerée le breuvage.

Si l'on a à faire quelque opération douloureuse sur un chien, il faut se garantir de ses dents et l'assujettir par une muserolle de cuir, ou mieux encore par un bâillon, ou morceau de bois placé en travers de la gueule. On le fixe au moyen d'un cordon ou ruban de fil, lequel, après avoir fait un ou deux tours sur les mâchoires, se croise sous la gorge, et vient se rattacher par ses bouts sur le cou. Le bâillon est préférable à la muserolle, parce qu'il maintient la respiration plus libre, et que ses extrémités, qui dépassent la gueule, servent à maintenir l'animal : les pattes peuvent être réunies deux ou trois, toutes les quatres, suivant la nécessité, par des cordons.

Si l'opérateur a occasion de revoir souvent le chien, il faut lui couvrir les yeux avant l'opération, afin qu'il ne le reconnaisse pas comme celui qui l'a fait souffrir, et dans la crainte qu'il ne cherche à se venger des douleurs qu'il a éprouvées.

Affections nerveuses. *Fits.*

Les affections nerveuses auxquelles les chiens sont habituellement sujets, quoique peu différentes entre elles en apparence, ont des causes diverses, et par conséquent doivent être traitées suivant ces causes. Les attaques d'épilepsie qui surviennent aux chiens de tout âge, et qui d'ailleurs paraissent bien portans, peuvent être idiopathiques, ou provenir de *la maladie*, de constipation ou de vers, etc. Dans les contrées où se trouvent des mines de plomb, les chiens ont de fréquentes attaques d'épilepsie, par l'effet du plomb sur l'eau. Les bœufs, les moutons, les chèvres et les chevaux, placés sous cette même influence, partagent ce sort. Le mercure paraît être le meilleur antidote dans ce cas : on l'emploie à l'extérieur en frictions, ou on l'administre intérieurement.

Il est évident qu'il faut bien connaître la cause qui produit les attaques d'épilepsie, pour en opérer la cure. Un accès peut bien, pour une fois, dans certaines circonstances, cesser en plongeant le chien dans de l'eau froide, ou en en aspergeant souvent la face. Quand un chien, en apparence de bonne santé, a éprouvé une attaque d'épilepsie, on doit lui donner de suite un purgatif actif, parce que les attaques sont souvent dues à une simple constipation, et dans le cas même où l'on se serait trompé sur la cause, ce traitement ne serait pas nuisible. Si l'on peut soupçonner que les vers donnent lieu à cette maladie, on suivra le traitement indiqué à ce chapitre. Quelques chiens sont si irritables, que la plus petite passion qui s'élève chez eux, peut produire une attaque d'épilepsie. Delà, les chiens privés d'exercice y sont exposés fréquemment. C'est cette irritabilité nerveuse qui produit également cette maladie aux chiens d'arrêt, couchans ou courans, car on l'observe plus fréquemment dans les races distinguées et vives, que dans les communes et que dans les chiens d'un tempérament froid. En règle générale, dans ce cas on doit donner un exercice régulier ; et dans les chiens de chasse de premières races ou de formes délicates, il faut autant que possible fortifier la constitution du corps par une bonne nourriture, un air pur et la liberté : car les affections nerveuses sont les effets d'une trop grande énergie de l'esprit dominant les forces du corps, d'où il résulte souvent une débilité particulière. On doit aussi chercher à diminuer cette irritabilité pour les chiens de chasse ; on y parvient en les habituant à voir beaucoup de gibier, ce qui calme leur susceptibilité.

J'ai conseillé, pour un chien de prix appartenant à un gentleman du comté de Kent, et affecté d'épilepsie toutes les fois qu'il chassait, de le conduire dans un canton bien plus giboyeux que celui qu'il habitait : il en résulta, pour les premiers jours, des accès d'épilepsie plus fréquens, qui diminuèrent graduellement, et disparurent à la fin totalement. Cependant cette maladie se déclare quelquefois chez les chiens qui font beaucoup d'exercice, surtout dans ceux qui sont chargés de graisse ; la cause en est alors dans la plénitude des vaisseaux sanguins de la tête. Dans ce cas, la saignée, quelques purgatifs, un séton sur le col, seront utiles. Il faut ajouter que lorsque les accès deviennent fréquens, l'usage continu d'un séton est avantageux. La peur est encore une des causes fréquentes des affections nerveuses dans les chiens irritables. J'en ai vu plusieurs exemples.

Une très-dangereuse et souvent mortelle espèce d'épilepsie, est celle qui survient quelquefois aux chiennes qui nourrissent et auxquelles leurs maîtres font nourrir une plus grande quantité de petits que leurs forces ne le comporteraient. La dentition donne souvent des convulsions aux petits chiens, et plus souvent encore elles sont produites par les vers, ou bien elles sont précurseurs de *la maladie*.

Les convulsions qui sont les conséquences de *la maladie*, sont accompagnées d'autres symptômes ; cependant quelquefois une attaque en est le premier signe, et il y a alors cela de remarquable que pourtant ce n'est pas d'un augure défavorable, tandis que les convulsions qui paraissent lorsque *la maladie* est prononcée, offrent peu d'espoir pour la guérison. Ces convulsions sont plus fréquentes en hiver qu'en été, ce qui nous annonce que la chaleur est un des meilleurs préservatifs de ces attaques. Cette espèce d'épilepsie commence ordinairement son invasion par la tête, qui est tremblante, les muscles de la face et des joues ont des mouvemens convulsifs, la bouche mâchonne et il en sort une salive épaisse; les attaques qui succèdent sont ordinairement plus fortes et plus violentes : d'autres fois elles se présentent sous une autre forme : les chiens tournent en rond sur eux-mêmes, et souvent du même côté, tout le corps étant affecté de fortes contorsions : dans d'autres cas, il y a un spasme universel et continuel des muscles externes : toutes ces variétés sont souvent mélangées, ou prennent tour à tour ces différens caractères.

L'épilepsie idiopathique, ou ces convulsions, qui paraissent habituelles et indépendantes de quelques causes temporaires, telles que la constipation, les vers, *la maladie*, sont en général très-difficiles à guérir. Dans les chiens pleins de santé, la saignée, les émétiques, les purgatifs, doivent être mis en usage; dans les autres on aura recours aux formules suivantes :

Sous-muriate de mercure (calomelas)..... 12 grains.
Digitale pourprée en poudre........... 12 grains.
Gui en poudre..................... 2 dragmes.

Mêlez et divisez en neuf, douze ou quinze parties, suivant la force du chien. On en donnera une chaque matin.

Si après avoir employé cette formule, les accès continuent, essayez ce qui suit :

Nitrate d'argent....................... 2 grains.
Toile d'araignée...................... 5 grains.
Conserve de rose.

Suffisante quantité pour faire neuf, douze ou quinze pilules, selon que le chien est fort ; donnez-en une chaque matin.

Spasme.   Spasm.

Par spasme, on entend un mouvement irrégulier de la fibre musculaire, occasionné par quelqu'excitation du *sensorium* ; il peut être partiel ou général : lorsqu'il est général, il est ordinairement appelé *convulsion*. Plusieurs causes différentes peuvent donner lieux aux affections spasmodiques, très-communes dans les chiens ; elles sont quelquefois inhérentes à plusieurs maladies idiopathiques. Le rhumatisme produit des affections spasmodiques des intestins, et souvent du cou, des extrémités antérieures, etc. *La maladie* est aussi une source fertile de spasmes, souvent sous la forme de tiraillement partiels ou généraux, semblables à ceux de la danse de Saint-Gui dans l'homme ; quelquefois dans les affections intestinales, et quelquefois enfin dans des convulsions générales. Dans la rage, les convulsions spasmodiques sont fréquentes. Les coliques spasmodiques ne sont pas rares dans les chiens ; les intestins des petits chiens en sont parfois affectés d'une manière toute particulière.

Les chasseurs désignent par le terme familier de crampes, les spasmes soudains qui surviennent, soit généralement, soit tour à tour, aux membres. Le tétanos est aussi une affection spasmodique.

Les meilleurs antispasmodiques externes, sont les bains chauds et des flanelles pour sécher et couvrir l'animal. Dans quelques cas, un fort degré de chaleur et des embrocations volatiles sur la partie douloureuse ont été employés avec succès. Intérieurement on peut donner ce qui suit :

Ether sulfurique .... de 20 à 60 gouttes.
Teinture d'opium (laudanum) ..... 20 à 60 gouttes.
Camphre .... 3 à 6 grains.

(69)

Mêlez ensemble, et donnez dans une cuillerée de bière ou
de vin et d'eau, selon les symptômes. Il ne faut pas être
effrayé d'une forte dose d'opium, un chien peut prendre le
quintuple d'opium qu'un homme ne pourrait le faire. Quand
les intestins sont affectés de spasmes, on emploie avec avantage les lavemens, dans lesquels on ajoute une dragme de
laudanum. Les bains chauds, ainsi que nous l'avons dit, sont
utiles dans les spasmes de toutes les parties, mais dans quelques circonstances d'affections spasmodiques long-temps
continuées, dépendant de la paralysie, comme sont les trem-
blemens à la suite de *la maladie*, des remèdes toniques et des
bains froids sont indiqués. De fortes saignées ont guéri
quelques spasmes soudains, et dans d'autres cas le traitement indiqué pour l'épilepsie a réussi.

Note du Traducteur. — Le mot *fits* signifie également *attaque*, *accès*, et par conséquent, peut être appliqué à tous
les cas où une affection quelconque se montre avec violence,
et pour ainsi dire soudainement. Le peuple emploie aussi
ce mot pour signifier le mal caduc, l'épilepsie. C'est à peu près
pour désigner cette dernière maladie que M. Delabere-
Blaine s'en sert: mais comme l'article n'est pas uniquement
consacré à l'épilepsie, j'ai cru pouvoir le traduire par *attaques
nerveuses*.

La médecine humaine a peu de moyens curatifs pour les
attaques d'épilepsie. Si l'on connait bien les causes qui disposent à cette affection, on est encore bien loin d'en connaitre
les causes essentielles. Cependant le malade peut rendre
compte de son état, de ce qu'il éprouve dans les momens
qui précèdent les accès, et il est au moins au pouvoir du
médecin de les rendre moins terribles, et même d'en éloigner
le retour: on concevra facilement combien la médecine vétérinaire doit rester en arrière sous ce point, dépourvue

comme elle est de pouvoir être prévenue par le malade de ce qu'il éprouve avant les attaques. Un chien ne saurait dire ni témoigner, par quelques signes, quel est le lieu, plus particulièrement le siége du mal, d'où s'élève *l'aura epilœtica*.

Un des inconvéniens les plus graves de cette maladie, dans les chiens, est la crainte qu'elle inspire aux personnes, et surtout aux enfans qui sont témoins des accés. Quelquefois ces accès sont pris pour des symptômes de rage, et beaucoup de chiens ont été tués à cause de cette méprise. Lors donc que les chiens qui sont affectés de cette maladie ne sont pas d'un grand prix, ou que l'on n'y est pas très-attaché, je pense que l'on aurait raison de les détruire.

Age du chien.

La connaissance de l'âge du chien n'est pas établie sur des règles aussi certaines que celle de l'âge du cheval et des bêtes à cornes. Cependant, si l'on fait attention aux renseignemens suivans, on pourra en juger à peu près.

A environ quatre ans, les dents de devant perdent leurs pointes, et chacune d'elles présente une surface émoussée, qui devient encore plus obtuse, à mesure que l'âge augmente; elles perdent également leur blancheur. Les dents s'altèrent et sont souvent cassées dans les chiens qui mangent beaucoup d'os, même dès leur jeunesse : ces mêmes causes rendent les dents canines obtuses. A sept ou huit ans, les poils près des yeux deviennent gris, graduellement une teinte grise s'étend sur la face ; mais ce n'est qu'à dix, onze ou douze ans, que les yeux perdent leur lustre. Lorsque la vue devient trouble, l'animal décline rapidement, quoique quelquefois il aille jusqu'à la quinzième, la seizième ou dix-septième année, et j'ai vu une chienne et son fils être encore vigoureux à vingt et vingt-un ans. Cependant ces exemples sont rares.

De temps à autre il se présente de rares exceptions; j'ai vu un petit chien français, que je savais parfaitement avoir vingt-quatre ans, et qui était encore vigoureux et agile. Je ne pense pas qu'il y ait parmi les différentes races de chiens une grande différence pour l'âge auquel elles peuvent atteindre. Je crois cependant que les épagneuls vivent plus long-temps, et que c'est le contraire pour les bassets. La durée de l'existence du chien peut être jugée comme de quatorze à quinze ans. La domesticité a dû, jusqu'à un certain point, raccourcir cette période, mais non pas autant que l'on pourrait le croire (1), en considérant l'influence des habitudes artificielles.

Note du Traducteur. — Les dents incisives qui remplacent celles dites de lait, ou caduques, sont trilobées à leur bord tranchant. On a comparé leurs formes à celles de fleurs de lis, et l'existence des fleurs de lis est une preuve de jeunesse. C'est ordinairement à deux ans que les pinces de la mâchoire inférieure rasent, c'est-à-dire que les lobes disparaissent; à trois ans, les mitoyennes; à quatre ans et demi

---

(1) « La durée de la vie est, dans le chien comme dans les autres » animaux, proportionnelle au temps de l'accroissement : il est environ » deux ans à croître, il vit aussi sept fois deux ans. » Buffon, *Hist. nat.*

Œlian regarde quatorze ans comme la période naturelle de la vie des chiens. *Nat. animal., lib.* iv, *ch.* 41.

Quelques auteurs anciens ont avancé qu'il existait une différence de longévité entre les deux sexes, mais l'expérience ne justifie pas cette assertion. Arrianus *de venatione , c.* 32.

cinq ans les coins. Il n'y a plus ensuite de renseignemens certains pour connaître l'âge, et il faut s'en rapporter à des données approximatives, telles que celles indiquées par l'auteur.

Aggravée.　　　　Feet sore.

Lorsque les pieds des chiens deviennent douloureux, ou sont écorchés à la suite de la marche, on a l'habitude de les laver avec de l'eau salée, mais ce n'est pas toujours une bonne pratique, il vaut mieux les bassiner avec quelque liqueur grasse, du lait, ou du lait de beurre, et ensuite les envelopper de toile pour éviter le choc des pierres ou les effets de la boue. Lorsque les pieds sont ulcérés par quelque affection morbide des ongles, il faut suivre le traitement indiqué à cet article.

NOTE DU TRADUCTEUR.—L'aggravée, dans le chien, répond à la fourbure du cheval, elle survient aux chiens qui ont couru long-temps sur un terrain sec et caillouteux, principalement lorsque le soleil est ardent, et que le sol est échauffé, ou encore sur un sol couvert de neige et de glace.

Dans cette maladie, les pattes sont douloureuses, chaudes et tuméfiées, la plante des pieds est amincie et se crévasse, le chien a les jambes roides, il ne peut se tenir debout, et se plaint lorsqu'il est forcé de marcher.

Quelquefois, lorsque le mal est très-grand, la sole se détache, les ongles tombent.

Cette maladie est plus ou moins accompagnée de fièvre, et ne deviendrait dangereuse que dans le cas où d'autres organes seraient en même temps affectés.

Lorsque le mal est léger, la nature a pourvu le chien d'un baume efficace, il lèche ses pattes, et l'inflammation et la douleur cessent; on peut encore envelopper les pattes avec des compresses imbibées d'eau-de-vie, affaiblie par l'eau. L'extrait de Saturne conviendrait bien, mais le chien, en se léchant, pourrait s'empoisonner.

Lorsque les accidens sont graves, *Chabert* conseillait des jaunes d'œufs battus, avec addition de vinaigre ou de suie de cheminée.

S'il se forme des plaies, on pansera avec le digestif simple.

Amputation des oreilles. Crooping.

Cette coutume barbare est une de celle que l'on verrait avec plaisir tomber en désuétude. La nature n'a rien fait en vain: des différentes parties constituantes du corps, les unes ont un but d'utilité, les autres servent d'ornement. Ce n'est que par un mauvais goût que l'on a pu penser que des mutilations ajoutaient à la beauté, quoiqu'il n'en résultât aucun avantage: cependant, comme l'habitude se maintient, il est nécessaire de donner la meilleure méthode de faire l'opération, but de cet article.

Les jeunes chiens ne doivent pas avoir les oreilles coupées avant qu'ils aient atteint quatre ou cinq semaines; plutôt, elles repoussent de nouveau, et l'amputation ne peut être aussi bien dirigée que lorsque les oreilles sont plus développées. C'est une barbarie de les arracher en faisant faire une culbute au chien sur ses oreilles maintenues dans les mains, et l'opération ne réussit jamais aussi bien que lorsqu'elle est faite par des ciseaux qui doivent être grands et forts. Pour couper les oreilles d'un basset, commencez de la base du bord postérieur de l'oreille, tout près la tête, et, quand cette incision est terminée, faites-en une pareille au bord antérieur; si vous opérez avec dextérité, cela sera suffisant, et vous aurez fait un très-beau *fox*, sans avoir torturé l'animal par de nombreuses taillades; moins la seconde incision sera oblique, plus l'oreille sera droite et pointue, et semblable à celle du renard. L'opération sur les petits carlins est la plus douloureuse de toutes; les incisions doivent être faites en plus d'une fois, et près la base de l'oreille; l'absence totale de l'oreille externe (ce qui rend la tête toute ronde) étant supposée constituer la beauté parfaite de cet animal. Il vaut mieux faire ces opérations aux petits chiens, en les éloignant de leurs mères, car c'est une erreur de penser que leurs plaies sont moins douloureuses, lorsqu'elles sont léchées, au contraire, elles le sont davantage et dépourvues d'un baume balsamique, le sang.

On pratique aussi une autre opération (*rounding*), espèce d'amputation pratiquée sur les oreilles des chiens d'arrêt et des chiens courans, dans le double but de guérir ou de prévenir les chancres; c'est une amputation arrondie d'une partie de la conque de l'oreille. Lorsque cette opération est devenue nécessaire pour guérir un chancre, les autres remèdes ayant échoué (voyez *Chancre*), il faut avoir soin de couper au-delà de la racine du chancre, ou il reparaitrait. Lorsque l'on opère une certaine quantité de chiens, on se sert ordinairement d'un instrument fait exprès (*rounding iron*).

(*Tailings.*) Quand un chien a les oreilles coupées, on lui fait aussi l'amputation d'une portion de la queue. Les guérisseurs de chien (*dog fanciers*) la coupent ordinairement avec les dents, mais il serait à souhaiter que ces gens aient une plus ample dose de connaissance et d'humanité; la queue ne repousse presque pas après l'opération, de sorte qu'il est bon d'en laisser la longueur nécessaire. On doit se servir de forts ciseaux. Si les oreilles et la queue sont opérées en même temps, il faut faire une ligature au bout de la queue, pour éviter une hémorrhagie dont la force pourrait affaiblir l'animal. Lorsque l'on se sert de la ligature, il ne faut la laisser que douze heures.

Note du Traducteur. — L'inconvénient le plus grand que peut occasionner l'amputation des oreilles, c'est la surdité, ce qui n'a lieu cependant que lorsque l'on arrache les oreilles, ou que l'on les coupe trop près de la base; les bords de la plaie se réunissant et se cicatrisant, ferment tout-à-fait le conduit auditif; quelquefois aussi il en résulte une plaie fistuleuse très-longue à guérir. Ces accidens deviennent d'autant plus rares, que la race des carlins que l'on opérait ainsi, passe de mode, et l'arrachement des oreilles ne se fait plus aussi fréquemment.

On conserve l'habitude de couper les oreilles assez près de la tête aux chiens de défense, afin que les autres chiens ou autres animaux, tels que les loups, ne puissent les saisir par cette partie très-sensible.

Il faut se rappeler que les Anglais appellent bassets, *terriers*, ceux que nous appelons *chiens anglais*, et que ces chiens sont probablement une race de leur création.

Asthme   *Asthma.*

Les chiens sont sujets à une altération morbide des poumons, qui, quoique différente de quelques variétés de la maladie de ce nom dans l'homme, et offrant quelques disparités dans son origine, ses progrès et sa terminaison, cependant, a assez d'analogie avec la maladie nommée asthme sec de l'homme, pour que ce terme vulgaire lui soit acquis. Les habitans de la campagne ne peuvent se faire une juste idée de la nature destructive de cette affection dans les villes ou autres lieux fermés ; dans ces endroits, c'est un mal très-commun et qui abrège la vie de milliers d'animaux. Les chiens ne paraissent pas naturellement disposés à cette maladie, aussi est-elle toujours due à des circonstances accidentelles, telles que le manque d'exercice, une nourriture abondante, un embonpoint excessif, et qui peuvent être regardées comme la cause *immédiate* de la maladie. Suivant la force des causes disposantes, cette affection se déclare dans quelques chiens à trois ou quatre ans, dans d'autres, seulement à sept ou huit ; mais plus tôt ou plus tard, beaucoup de chiens renfermés, privés d'exercice et nourris abondamment, y deviennent sujets, et en ont leur existence abrégée.

Cette maladie est très-insidieuse dans son origine, commençant par une toux faible à retours irréguliers, et, par conséquent, difficilement remarqués ; cependant, la toux devient graduellement plus fréquente et importune, et a un caractère particulier d'âpreté, de sécheresse et de son, qui souvent fait croire qu'un os est arrêté dans le gosier, ou qu'une éponge a été donnée à mauvais dessein ; la toux est alors excitée à chaque changement de température, et enfin, devient si fréquente, que le sommeil en est interrompu. A ce degré, la respiration s'affecte et devient quelquefois très-laborieuse et pénible. L'irritation de la toux excite fréquemment des nausées et le vomissement d'un mucus écumeux qui ne provient pas de l'estomac, comme on le suppose, mais des bronches où sa présence est une cause irritante. Lorsque la maladie est entièrement développée, ses progrès sont prompts ou tardifs, suivant que les causes sont continuées ou arrêtées. Ses terminaisons fatales sont aussi variées.

Dans quelques cas, l'irritation de la toux et une fièvre

hétique consument l'animal et le rendent semblable à un squelette ; dans d'autres, la congestion qui se forme à la poitrine
les tue par suffocation subite, ou l'engorgement du sang dans
le cœur produit l'accumulation à la tête, et des convulsions précèdent la mort ; quelquefois, la rupture du cœur
ou de quelques gros vaisseaux les détruit soudainement ;
mais la terminaison la plus commune est l'hydropisie de la
poitrine ou de l'abdomen, quelquefois des deux, mais surtout
de l'abdomen. Dans ces cas, les membres et l'extérieur du
corps, à l'exception du ventre, enflent ; le poil est hérissé,
la respiration devient très-laborieuse, et enfin la mort survient.

L'ouverture ne présente pas toujours les mêmes altérations
morbides, mais il est à remarquer que l'on trouve toujours des
lésions organiques. Dans la plupart des cas, les viscères sont
toujours fortement affectés ; dans un petit nombre, la rupture
des cellules aériennes, comme on le voit dans la pousse, a
lieu ; alors, l'air se répandant dans le parenchyme du poumon, il devient emphysémateux et crépite sous les doigts ; souvent, le mucus remplit les bronches ; dans d'autres individus,
il y a un transport de la graisse externe à l'intérieur, et les
gros vaisseaux, le diaphragme, les membranes internes du
thorax étant entourés d'une substance graisseuse, la respiration est à la fin totalement interceptée ; mais la lésion la plus
fréquente que les poumons des chiens morts asthmatiques
présentent, est une infinité de petits points durs, tubercu-
leux dans leur substance.

La cure de cette maladie est fort incertaine, à moins qu'elle
ne soit prise dès le principe, avant que les altérations des organes respiratoires ne deviennent assez considérables pour
pouvoir être atténuées ; mais lorsque les progrès sont considérables, si la maladie peut être palliée, on ne peut la
guérir radicalement.

Comme le défaut d'exercice ou une nourriture abondante sont les causes communes de cette affection, il est évidemment nécessaire d'y faire attention pour le traitement. Il est malheureux que l'accumulation de la graisse soit, dans quelques chiens, assez naturelle, pour que souvent une nourriture peu abondante la produise. La nourriture, quoiqu'il en soit, doit être beaucoup diminuée pour opérer l'absorption de la graisse, ou ce serait en vain que l'on pourrait espérer un amendement à la maladie : à cet effet, voyez l'article *Nourriture*. Une place aérée sera donnée au chien pour dormir ; mais, par dessus tout, on le soumettra à un exercice régulier et convenable, point violent, mais doux et long-temps continué. L'absorption de la graisse sera favorisée par une ou deux purgations dans la semaine. La saignée donne quelquefois un soulagement momentané et est indiquée dans le début du mal, lorsqu'il y a inflammation active, mais elle convient rarement dans un état avancé.

Dans les différens plans de traitemens que j'ai suivi pour guérir cette maladie, celui dont j'ai éprouvé les meilleurs effets, est une administration régulière d'émétique à intervalles réguliers, comme deux fois par semaine ; dans l'intervalle, on donnera des altérans et des purgatifs, pourvu que le chien soit fort, gras et pléthorique ; il faut s'en abstenir dans le cas contraire. Les émétiques et les altérans doivent être long-temps continués pour en obtenir un succès réel ; les altérans suivans peuvent être choisis avec espérance de succès ; pour les émétiques, voyez cet article.

Sous-muriate de mercure (calomel)........	½ grain.
Nitrate de potasse (nitre)................	5 grains.
Sus-tartrate de potasse (crême de tartre).....	10 grains.
Antimoine en poudre....................	2 grains.
Mélangés.	

Donner en poudre ou en faire une pilule avec du miel ; cette dose doit être répétée tous les matins, et, dans quelques cas, le soir aussi. La quantité de ces substances peut être augmentée ou diminuée relativement à la force du chien, mais l'ordonnance ci-dessus est en proportion moyenne. Le matin où l'on donne l'émétique, l'altérant doit être omis, et dans les cas où l'on donne l'altérant matin et soir, il sera prudent de nétoyer la bouche, afin que la salivation ne vienne pas surprendre soudainement ; si ce cas arrive, on doit cesser les médicamens quelques jours. Lorsque le calomelas est devenu inconvenant, j'ai substitué avec succès l'altérant suivant.

Nitrate de potasse (nitre) .... 3 grains.
Tartrate de potasse antimonié (émétique)... ¼ grain.
Digitale en poudre .... ½ grain.
Mêlés.

Celui-ci peut être donné comme l'autre, et alterné aussi avec l'émétique.

Dans quelques cas d'accès, où la toux a été très-rude, bruyante et avec angoisse, j'ai ajouté avec avantage dix, vingt ou trente gouttes de teinture d'opium (laudanum), ou la huitième partie d'un grain d'opium à chaque dose d'altérant. Dans quelques circonstances, la toux a été bien soulagée par un opiat donné le matin à dose double de la prescription précédente.

J'ai quelquefois obtenu du succès de l'emploi des gommes balsamiques, qu'il faut cependant réserver aux cas opiniâtres. La formule suivante, donnée tous les matins, a réussi.

Poudre de squille....................... ½ grain.
Gomme ammoniaque en poudre........... 5 grains.
Baume du Pérou....................... 3 grains.
Acide benzoïque....................... 1 grain.
Baume de soufre, assez pour former une pilule.

Ou la suivante.

Jus blanc épais de laitue de jardin....... ½ dragme.
Teinture de baume du Pérou........... 1 dragme.
Gomme arabique en poudre et jus de réglisse. 1 once.
Faites une pilule et donnez tous les matins et soirs.

M. YOUATT a, je crois, éprouvé d'heureux résultats de l'acide prussique, mais les qualités de ce médicament requièrent une main habile pour l'administrer.

NOTE DU TRADUCTEUR. Cette maladie est, à bien dire, la phthisie pulmonaire, maladie commune dans les chiens tenus renfermés et bien nourris. J'ai eu occasion d'en traiter quelques-uns, et surtout un fort beau chien de chasse appartenant à une dame qui le tenait toujours renfermé; les vésicatoires sur la poitrine et quelques médicamens adoucissans ont servi à prolonger son existence. Je ne crois pas que les émétiques et les purgatifs soient convenables dans ce cas, comme le pense M. Delabere-Blaine.

⟹

Bains.   *Bathing.*

Les bains chauds ou froids produisent, dans beaucoup de circonstances, de très-heureux effets sur les chiens. Le bain chaud est utile dans beaucoup de maladies et est souvent de lui-même un remède souverain. Dans les inflammations, particulièrement celle des intestins; dans le lombago et les autres rhumatismes si communs dans les chiens, le bain est suivi de succès; dans les constipations opiniâtres, il relâche souvent les intestins, lorsque tous les autres remèdes ont été inutiles; dans les parts difficiles, le bain chaud assouplit et favorise la sortie des petits; dans les convulsions, les spasmes, dans les rétentions d'urine causées par l'inflammation du col de la vessie, c'est encore un remède des plus efficaces.

Lorsque l'on donne un bain chaud, la chaleur doit être réglée suivant le cas. Dans les inflammations et les rhumatismes, elle doit être plus forte; 100 ou 102 degrés du thermomètre de Fahrenheit (30° Réaumur) donnent une chaleur très-forte pour les chiens, qui ne peut être employée que dans les violentes inflammations et les rhumatismes aigus; 96 à 98 degrés (28° Réaumur), c'est la chaleur convenable dans la plupart des circonstances. La durée du bain est aussi relative à l'espèce de maladie. Dix minutes sont suffisantes dans le cas de partirution difficile, dans les spasmes légers, dans le cas où l'animal est très-faible, ou bien encore, lorsque le bain doit être répété tous les jours; mais, dans les suppressions d'urine, les spasmes violens, la constipation, les inflammations, surtout celle des intestins, quinze ou vingt minutes ne sont pas de trop. On doit le retirer de l'eau si l'on s'aperçoit, par la respiration accélérée, que le chien souffre, et surtout dans les cas comme celui de part, où un état de syncope serait dangereux. Tout le corps de l'animal, à l'exception de la tête, doit plonger dans l'eau: et lorsque quelque partie est particulièrement affectée, cette partie doit être frottée avec la main pendant la durée du bain. En retirant le chien de l'eau, il faut avoir le plus grand soin de lui éviter le froid ; on le frottera d'abord, autant que possible, pour le sécher, avec des linges souvent renouvelés; alors, on le mettra dans un panier garni de linge, enveloppé d'une couverture, et on l'y laissera jusqu'à ce qu'il soit entièrement séché.

Le bain froid est aussi, dans quelque circonstance, très-convenable, surtout dans les mouvemens spasmodiques, suites de la *maladie*, dans quelques autres cas d'une constitution faible, comme le rachitisme, etc. Mais, à l'égard des chiens en bonne santé, je suis persuadé que le bain froid n'est pas aussi souvent avantageux que l'on se le persuade.

Lavage des chiens.   *Washing.*

Dans quelques circonstances, le lavage des chiens est une pratique utile et nécessaire, lorsqu'on en use judicieusement ; mais autrement, il en résulte souvent beaucoup plus d'inconvéniens que l'on ne s'en doute. C'est une source fertile de maladies pour les chiens, que de laisser le poil de ces animaux mouillé après le bain ou le lavage ; pour ceux qui ne sont pas accoutumés aux bains froids, il en résulte fréquemment la *maladie,* des inflammations, l'asthme ; et pour ceux qui en ont l'habitude, les effets en sont moins pernicieux ; mais, à la fin, la gale, les chancres en sont le résultat. Les chiens qui vont à l'eau habituellement et qui ont ordinairement quelques-unes de ces affections, peuvent servir de preuve. Le chancre est plus particulièrement le partage ordinaire des chiens qui se baignent beaucoup ou que l'on lave souvent, sans être bien essuyés après. Les petits chiens doivent être enveloppés dans une couverture, et les chiens forts, après avoir été bien frottés, doivent être rentrés dans une écurie, sur de la paille fraîche, ce qui est des meilleurs moyens de les sécher.

Il faut se rappeler que si on se sert d'eau chaude pour laver un chien, on risquera de le brûler, en ne s'assurant de la chaleur que par la main. On ne doit laver un chien que tout au plus une fois par semaine, et toujours avec beaucoup de soin, car le lavage dispose certainement à la gale et au chancre ; il vaut mieux frotter la peau avec des flanelles et du son sec. Dans les légères inflammations de peau, on pourra se servir, avec avantage, d'esprit de genièvre commun étendu dans l'eau. Dans ces cas, du savon jaune étendu et frotté sur la peau, et ensuite bien enlevé avec de l'eau, est une assez bonne pratique.

Cependant, quoiqu'un lavage trop souvent répété puisse être nuisible à la santé des chiens, cependant, dans leurs maladies, les bains chauds ou froids peuvent être très-utiles.

Cancer. Cancer.

Les chiens sont sujets à des tumeurs, particulièrement des parties glanduleuses, qui ont toutes le caractère de véritables squirrhes, étant dans le principe dures et circonscrites ; dans leur accroissement successif, la peau devient luisante, décolorée, se distend, et alors l'ulcération suit promptement : et quoique les progrès subséquens n'aient point cette force virulente des ulcérations carcinomateuses de l'homme, cependant la ressemblance est trop frappante pour ne pas lui accorder également le nom commun de cancer. Le cancer de l'espèce canine, non-seulement a une marche plus lente, mais encore il dérange peu la santé générale, attaque très-rarement, ou même jamais, les poumons, et ne paraît pas occasionner ces douleurs lancinantes de celui de l'espèce humaine. Cependant, quelquefois un caractère plus violent marque ses progrès. J'ai souvent vu l'affection ulcéreuse, appelée *chancre de l'oreille*, après une longue existence, prendre un véritable caractère carcinomateux, s'étendre rapidement sur les muscles de la face, et après avoir détruit un œil, et s'être montré sur la langue et le gosier, faire périr l'animal. J'ai aussi vu dans le chat, des cancers de l'espèce la plus maligne, attaquant d'abord les mamelles, et s'étendant ensuite sur les muscles abdominaux et les parties environnantes. Quelques parties peuvent devenir le siége d'un squirrhe, et par conséquent du cancer. Les chiens ont quelquefois les testicules affectés de squirrhe, rarement du cancer, mais il est plus commun dans les mamelles, l'utérus et le vagin des femelles.

Les cancers du vagin et de l'utérus sont fréquens, et sont souvent occasionnés par la folle pratique d'exciter prématurément la *chaleur* par des injections stimulantes, et encore plus fréquemment par la brutalité que l'on emploie pour séparer l'union des chiens, soit par la force, soit en les couvrant d'eau froide; et le cancer a quelquefois son siége sur les lèvres ou sur la surface interne de la vulve, et gagne l'utérus. Il présente une excroissance fongueuse, tantôt d'un rouge obscur, ou d'un ton livide, avec des ulcères à bords inégaux; un ichor sanguin coule constamment de la surface.

Lorsque les ulcérations cancéreuses se sont développées dans ces parties, j'ai rarement réussi à rétablir la santé générale, ou à guérir les ulcères, sans les exciser. Parfois, cependant, j'ai obtenu de bons résultats de l'application journalière de cataplasmes de feuilles de ciguë et de l'administration de pilules composées d'un, deux ou trois grains d'extrait de ciguë (selon la force et la taille du chien), et de dix, quinze ou vingt grains d'éponge brulée. On les donnera une ou deux fois le jour, suivant l'état des forces. L'extirpation est cependant le meilleur remède.

Si le cancer affecte seulement une glande, il n'est pas difficile d'enlever toutes les parties malades, mais lorsque son siége est sur les muscles, ou à l'extérieur, comme sur la face, les parois de l'abdomen, le scrotum, la vulve, ou l'utérus, il faut la plus grande attention pour enlever tout ce qui est affecté; il faut aussi savoir que, quoique dans l'espèce canine l'ulcération ne reparaisse pas fréquemment à l'endroit malade, lorsque l'opération a été bien faite; cependant lorsque la constitution générale a été affectée par la longueur de la maladie, le mal est susceptible de revenir dans une partie voisine.

Chancre dans l'oreille.   Canker in the ear.

Par le défaut d'exercice, et avec une nourriture abondante, les chiens sont sujets à diverses maladies qui viennent évidemment d'une trop grande quantité de sang et d'autres humeurs, qui, n'étant pas employée pour l'entretien de la machine, trouve d'elle-même une autre issue. Le chancre de l'oreille est évidemment produit par cette disposition constitutionnelle à se débarrasser du superflu. Dans ces cas, on observe que le chien gratte fréquemment son oreille ; en regardant dans l'intérieur, on aperçoit des petits grains rouges, ayant l'apparence de la gale, formés par le sang desséché. Si le mal n'est pas arrêté à ce moment, l'ulcération a lieu ; on le reconnaît lorsque les parties internes de l'oreille, au lieu de présenter du sang desséché, sont humectées par de la matière. Le chien, tourmenté par une cruelle démangeaison, secoue continuellement sa tête, et si l'on presse la base de l'oreille, la matière en sort, et l'animal témoigne de la douleur. Lorsque le chancre dure long-temps, l'oreille interne se bouche, et le sens de l'ouïe se perd ; quelquefois l'ulcère pénètre dans l'intérieur, et fait périr le chien ; j'ai vu aussi quelques cas où l'ulcère s'est étendu sur la face, et a pris un caractère cancéreux.

Cette maladie paraît avoir encore d'autres causes que celles d'une trop forte nourriture, de la chaleur ou du défaut d'exercice : c'est l'action de l'eau sur l'intérieur des oreilles. Il est à remarquer que tous les chiens qui vont souvent à l'eau, sont plus sujets que les autres au chancre ; toutes les espèces de chiens peuvent le contracter ainsi, surtout s'ils sont soumis à un mauvais régime, mais le chien de *Terre-Neuve*, les barbets et les épagneuls d'eau en sont fréquemment affectés, même lorsqu'ils ne sont pas soumis à un régime vicieux : peut-être que les longs poils qui garnissent leurs oreilles, tiennent ces parties chaudes, y conservent l'eau, et déterminent ainsi un afflux de fluides ou d'humeur. Les effets de l'eau, dans ce cas, sont certains, car j'ai vu fréquemment opérer des cures, lorsque l'on avait l'attention scrupuleuse d'éloigner ces chiens de l'eau, et surtout lorsqu'ils étaient soumis à un bon régime, et que l'exercice ne leur manquait pas.

Le traitement doit être plus ou moins compliqué, suivant les causes de la maladie. Il faut corriger les écarts de régime suivant que le malade a été fortement nourri, ou tenu dans une grande réclusion. L'abstinence et les purgatifs combattront le trop d'embonpoint ; un logement frais, aéré, de l'exercice, contribuent à donner une direction convenable aux fluides. Lorsque la rougeur de la peau, une transpiration puante, des éruptions sporiques, annonceront une mauvaise constitution ; alors, à l'exercice on joindra une diète végétale, l'administration d'altérans et de quelques purgatifs.

Lorsque la santé est tout-à-fait altérée, on peut retirer un grand avantage d'un séton placé sur le cou. La saignée est utile lorsque le chien est trop gras.

Des topiques externes sont pareillement nécessaires pour la cure, et dans beaucoup de cas, ils suffisent lorsque le mal n'est que le résultat de bains ou de lavages souvent répétés. Sur la fin, une lotion composée d'une demi-dragme d'acétate de plomb (*sucre de plomb*), dissout dans quatre onces d'eau de rose ou de pluie, est tout ce qui convient. On en introduira une cuillerée à café, à la température du corps, dans l'oreille, matin et soir, en ayant le soin de frotter la racine de l'oreille, en même temps, pour en faciliter l'entrée. Dans les cas rebelles, il est prudent d'ajouter dans la lotion quinze ou vingt grains de sulfate de zinc (vitriol blanc), et l'on obtiendra de meilleurs effets si l'on se sert, pour laver, d'une décoction d'écorce de chêne en place d'eau. Dans certaines circonstances, on a obtenu du succès en introduisant, de la même manière, de l'acétate de cuivre (vert-de-gris), mêlé avec de l'huile ; dans d'autres, le sous-muriate de mercure *(calomelas)* et l'huile ont produit de l'amendement. Une très-faible injection de muriate sur-oxigéné de mercure *(sublimé corrosif)* a triomphé lorsque toutes les autres applications avaient été infructueuses.

Chancre sur le bord de l'oreille.

Quoique cette maladie porte le même nom que la précédente. elle en diffère cependant : elle consiste dans un ulcère de mauvaise nature, dont le siége est au bord inférieur de l'oreille externe, divisée par une fente ; elle paraît occasionner une démangeaison intolérable, et les secousses continuelles de la tête du chien, aggravent continuellement ce mal. C'est une remarque singulière que, tandis que les chiens à long poil (comme ceux de Terre-Neuve, les chiens couchans et les épagneuls d'eau), sont plus sujets au *chancre interne* de l'oreille : ceux à poil ras (comme les chiens d'arrêt, et les chiens courans) soient en général les seuls qui se trouvent affectés des *chancres externes*. Les chiens d'arrêt et les chiens courans qui ont eu les oreilles arrondies *(rounded)* y sont moins sujets que ceux qui ont l'oreille dans toute sa longueur : aussi est-on dans l'habitude de les arrondir lorsque ce mal paraît ; mais on ne réussit bien que lorsque l'opération se fait bien au-dessus du chancre. On emploie aussi la cautérisation sur l'ulcère , soit par le feu , soit par quelques substances caustiques ; mais les succès en sont aussi incertains.

Lorsque l'on peut croire qu'une trop forte nourriture, le défaut d'exercice, sont les causes de cette maladie , on suivra les mêmes règles indiquées pour le chancre interne. Autrement le traitement externe doit suffire : un onguent fait avec parties égales de nitrate de mercure et de cérat de cadmie peut être appliqué une fois par jour, en ayant soin de garantir les oreilles du mouvement brusque de la tête, par une espèce de petit bonnet. On peut essayer du remède suivant :

Muriate sur-oxigéné de mercure (sublimé-corrosif), en poudre très-fine.................... 3 grains.
Cérat de cadmie............................. 1 dragme.
Soufre doux ou sublimé...................... 1 scrupule.

Dans quelques cas , le muriate sur-oxigéné de mercure , dissous dans quatre onces d'eau, à la dose de six grains , a agi efficacement en lotions ; celles fortement astringentes , comme l'alun dissous dans une décoction de tan , ont été employées avec utilité.

Tuméfaction de l'oreille externe.

Les mêmes causes que les précédentes peuvent produire cette maladie, qui consiste dans une tumeur qui paraît à la face interne du lobe de l'oreille. Quelquefois cette tumeur acquiert un volume énorme, devient d'un poids considérable, de sorte que le chien en souffre beaucoup. Ce mal est plus fréquent dans les chiens auxquels on conserve toute la longueur de l'oreille externe.

Il faut, pour guérir cette tumeur, donner sortie à l'humeur qui, dans le principe, est plutôt séreuse que purulente. Si l'ouverture est trop petite, et que la plaie se ferme promptement. elle peut reparaître par une nouvelle accumulation de fluide. On doit donc faire une ouverture assez grande, et introduire par la plaie une mèche de charpie, pour prévenir la trop prompte réunion des bords de la plaie. On peut aussi passer un séton d'un bout à l'autre de la tumeur. Par ces moyens, il se forme un véritable pus, suite d'une inflammation qui opère la réunion graduelle des parties séparées. On observe qu'il n'est pas prudent d'ouvrir la tumeur avant que l'on ne sente la fluctuation. Il est encore à remarquer que toutes les maladies de la conque de l'oreille sont fortement aggravées par les chocs qu'elle éprouve lorsque le chien secoue la tête : on doit toujours, dans ces circonstances, maintenir, pendant le traitement, les oreilles fixées par un espèce de bonnet.

Note du Traducteur. — Le chancre qui attaque les bords de la conque de l'oreille est le plus commun, et est souvent très-long à guérir. Il faut éviter d'appliquer dessus des substances corrosives trop actives, surtout lorsque l'inflammation est forte et s'étend. Le meilleur caustique à employer, d'après mon expérience, est le précipité rouge incorporé dans un onguent plus ou moins actif, suivant l'état d'inflammation. Chabert conseillait de cautériser le chancre avec des cautères d'étain chauffés dans de l'eau bouillante.

Goître.　　　　Bronchocele.

Le goître est une tumeur stéatomateuse des glandes de la partie antérieure du gosier. probablement de la thyroïde, et qui affecte fréquemment les chiens. Les carlins, les barbets, les chiens d'arrêt français y sont particulièrement sujets. Dans l'espèce humaine, cette maladie est commune dans les habitans des montagnes. Dans les chiens, ce mal ne paraît pas être endémique, et est borné à quelques races; il est rare parmi les autres espèces, telles que les bassets, les épagneuls, etc., ainsi que dans les grandes races. Cette tumeur se montre dès le bas âge, et continue à augmenter jusqu'à un certain degré; après quoi, elle reste stationnaire, augmentant rarement jusqu'au point de devenir dangereuse; cependant, elle est nuisible jusqu'à un certain point, par la compression qu'elle exerce sur les parties environnantes.

Le traitement n'est pas difficile et est souvent suivi de succès, lorsqu'il est employé dès le principe. Une des pilules suivantes sera donnée tous les jours, et deux fois le jour si le mal est plus considérable.

Éponge brûlée........................... 1 dragme.
Nitrate de potasse (nitre)................. ½ dragme.

En faire six, neuf ou douze pilules, suivant la force, etc.

Onguent de mercure doux..................... ½ once.
—   vésicatoire..................... ½ once.

Mêlez et frictionnez-en la tumeur, tous les jours, avec une partie égale à une noisette ou un peu plus, eu égard à la force du chien; on aura eu soin de couper le poil, et on enveloppera le col d'un bandage pour empêcher l'onguent de couler. Pendant ce traitement, on examinera souvent l'état de la bouche, pour prévenir une trop forte salivation; si cette méthode n'était pas suivie de succès, il faudrait avoir recours au nouveau remède de l'*iode* qui, dans l'homme, produit de très-bons effets. Administré intérieurement, il a occasionné des accidens funestes, et il faut en surveiller l'application extérieure ; il faudra donc n'en faire usage que sous l'inspection d'une main judicieuse.

Note du Traducteur. — Les préparations d'iode paraissent être un spécifique contre le goitre. M. Girard fils, enlevé si promptement à la médecine vétérinaire dont il était un des meilleurs soutiens, m'a dit les avoir employées avec succès dans cette circonstance.

Je n'en ai pas éprouvé des effets très-marqués pour un engorgement chronique des parotides d'un cheval.

Castration.

Il devient quelquefois nécessaire de pratiquer cette opération, soit pour des affections du cordon spermatique, soit pour des tumeurs squirrheuses des testicules. Lorsque ces cas se rencontrent, quoique la castration ne soit pas une opération dangereuse pour les animaux, il est bon cependant qu'elle soit faite par un homme de l'art. Chaque testicule doit être retiré séparément du scrotum, par une ouverture assez large, et l'on doit appliquer une ligature, serrée modérément, sur le cordon spermatique, à environ un travers et demi de doigt au-dessus du testicule. On fera l'ablation du testicule en coupant le cordon entre cet organe et la ligature. On peut se passer de ligature en faisant l'amputation au moyen d'un fer rouge : le premier mode est le meilleur.

Pour châtrer les chats, il suffit de faire une incision sur chaque côté du scrotum, de faire sortir les testicules et de les arracher avec les doigts. La seule rupture du cordon spermatique prévient l'hémorrhagie, et il n'en résulte aucun accident. Il est souvent difficile de fixer le chat pour cette opération ;

mais on y parvient par les moyens suivans : on fait entrer la tête et les pattes de devant dans une boîte ou un sac, ou bien on entoure tout son corps de plusieurs aunes de toile.

Castration des femelles. *Spayng.*

C'est une opération cruelle et inutile, qui est souvent pratiquée pour l'agrément des maîtres, et que l'humanité devrait faire rejeter, toutes les fois qu'elle n'est pas indispensable, comme, par exemple, lorsqu'il existe des causes qui mettraient en danger l'existence d'une chienne au moment de mettre bas, ou lorsqu'elle a été couverte par un chien beaucoup plus fort et plus grand qu'elle. Dans ces circonstances, comme probablement la chienne pourrait mourir dans le travail, il peut être avantageux d'expulser les petits à trois ou quatre semaines de la plénitude.

On fait une incision à un des flancs, et à ce moment les ovaires étant augmentés de volume par la grossesse, sont plus facilement distingués et amputés l'un après l'autre, après avoir assuré les extrémités par une ligature lâche, dont on laisse les fils au-dehors de la plaie. Les maréchaux ne mettent souvent pas de ligature, et il n'en résulte pas d'inconvéniens. Après cette opération, les chiennes engraissent, sont bouffies et perdent leur vigueur ; communément elles vivent peu de temps. La nature punit ordinairement toute infraction notable à ses lois, et on observe, surtout parmi les animaux, que lorsque le grand œuvre de la génération est artificiellement interrompu, particulièrement dans les femelles, elles cessent d'être sous la protection de la nature et meurent promptement.

Note du Traducteur. — Lorsque la castration se fait par la ligature, il faut la serrer aussi fort que possible, pour interrompre toute communication entre le mort et le vif. C'est à ce défaut de comprimer fortement les cordons, qu'il faut attribuer les accidens qui accompagnent souvent la castration pratiquée sur les différens animaux domestiques. Au surplus, la castration dans le chien doit se faire par arrachement, et alors les accidens ne sont pas à craindre.

La castration des femelles offre toujours plus de danger que celle pratiquée sur les mâles; celle des chiennes est très-rare en France et probablement aussi en Angleterre, quoiqu'en dise l'auteur. Ce serait, je crois, un très-mauvais moyen à employer dans le cas où il l'indique, et qui deviendrait pire que le mal. Effectivement, la castration faite pendant que la chienne est pleine, amènerait nécessairement une inflammation considérable de l'utérus et des viscères de l'abdomen, qu'il serait très-difficile de calmer. Néanmoins, si l'on avait à faire cette opération, il suffit d'arracher avec l'ongle les ovaires, sans poser aucune ligature; on se contente de faire quelques points de suture pour réunir la plaie des muscles incisés.

Coliques.   *Colic.*

Les coliques peuvent être l'effet de l'inflammation, de la constipation ou de la bile. Toutes sont traitées dans l'article Inflammation des intestins. Les douleurs les plus violentes peuvent être produites par les poisons. *Voyez ce mot.*

La colique spasmodique, dont il sera fait mention sous le nom de rhumatisme, est une des plus fréquentes dans le chien; mais outre celle-ci, il y a une *constriction spasmodique* des intestins, assez commune, très-alarmante dans ses symptômes, opiniâtre, et dont la terminaison est souvent fatale. J'ai attribué autrefois tous ces cas aux vers, et je suis encore porté à croire que ces insectes, particulièrement le *tœnia*, peuvent quelquefois produire ces symptômes, mais le plus souvent ils peuvent être regardés comme produit par une maladie *suigeneris*. Des personnes peu familières avec les maladies des chiens, peuvent conclure que la tête, dans ce cas, est le siége unique du mal, mais des faits nombreux m'ont convaincu que les intestins sont primitivement et principalement le siége de cette affection, qui est d'une nature particulièrement spasmodique, et souvent compliquée d'une grande inflammation.

Les symptômes sont la pesanteur, le défaut d'appétit ; le nez est chaud, et surtout le front ; il y quelques palpitations, et beaucoup d'inquiétudes ; dans quelques cas, il y a manifestation de douleurs très-aiguës, dans d'autres elles paraissent moindres, mais dans tous, on remarque une stupeur particulière et une grande inclination à tourner en rond et toujours du même côté. La vue semble affectée, et quelquefois tous les sens paraissent perdus ; dans d'autres cas, quoique la stupeur soit très-marquée, les facultés ne sont pas totalement obscurcies. Parfois la paralysie survient, et la tête reste penchée d'un côté, et j'ai toujours observé que c'était celui sur lequel le chien tournait, lorsqu'il pouvait se mouvoir. Les membres participent à cet état et se contractent.

La durée du mal varie ; quelquefois il tue l'animal en peu de jours, tandis que dans d'autres circonstances, il le traîne en langueur deux, et souvent trois semaines ; ordinairement, il meurt cinq malades sur six. A l'ouverture, on trouve quelques traces d'inflammation, et quelquefois l'invagination des intestins, dont quelques parties paraissent contractées et diminuées de diamètre, tandis que d'autres portions sont plus fortes, flasques, et ayant perdu tout leur ton. La dissection attentive de la tête n'a jamais présentée d'altérations morbides, excepté dans une ou deux circonstances, où les vaisseaux se sont rencontrés plus injectés, et d'un volume plus fort. Cette lésion cependant ne peut être regardée que comme symptomatique, et ne peut être rapportée à aucune affection spéciale du cerveau, et quoique la tête soit chaude tout le temps de la maladie, que les yeux soient rouges, et que la pression sur la tête soit douloureuse, et que l'animal paraisse éprouver du soulagement lorsque l'on lui frotte le front, cependant les applications directes sur la tête, comme fomentations, vésicatoires, sangsues, n'ont jamais apporté de soulagemens, tandis que les seuls remèdes qui ont réussi, sont ceux qui ont été appliqués immédiatement sur les intestins.

Le *traitement* que j'ai trouvé être le plus victorieux, consiste dans de promptes et fortes évacuations, combinées avec des bains chauds répétés, et des embrocations camphrées sur le ventre. On doit administrer des lavemens fortement anodins, et à l'intérieur, de fortes doses d'éther, de laudanum, de camphre, comme il est prescrit à l'article *Spasme*. De fortes commotions électriques ont eu du succès, et d'autres fois des ablutions réitérées d'eau froide ; mais le plus souvent ce dernier moyen a paru aggraver les symptômes. Une maladie des jeunes chiens a quelques rapports avec celle-ci, mais elle n'est pas accompagnée de stupeur, ni de disposition à tourner en rond.

Dans très-peu de cas, j'ai cru pouvoir attribuer cette maladie à l'action du plomb ; mais dans d'autres, il n'y avait pas de raisons suffisantes pour reconnaître cette cause.

Note du Traducteur. — La maladie que l'auteur expose dans cet article, ne peut être, ainsi qu'il le pense, une affection particulière. Les symptômes qu'il décrit appartiennent également à une infinité d'autres affections, sans pour cela

en présenter un seul caractéristique à une maladie particulière. C'est ce dont on peut se convaincre en lisant les maladies où le système nerveux est particulièrement intéressé.

Condition.

Le mot de *condition*, appliqué aux chiens, correspond au
même terme en usage pour les chevaux, et il sert à caractériser une apparence extérieure de santé unie à la capacité,
établie par une vigueur parfaite et une grande haleine, de
pouvoir fournir à tous les exercices que l'on sera dans le cas
de lui demander. Il est donc évident que la *condition* est d'une
conséquence essentielle pour les chasseurs, et réellement elle
est d'une bien plus grande importance que l'on ne se l'imagine généralement. Que penserait-on de l'amateur qui voudrait faire courir son cheval sans l'avoir soigneusement *en-
traîné*, et quelle chance aurait-il pour conserver sa distance,
sans cette précaution? Est-il moins raisonnable de supposer
que les chiens d'arrêt, couchans, les épagneuls, et plus
qu'eux encore les lévriers, n'aient aussi besoin d'être entraînés, ou en d'autres mots, d'être en pleine *condition?* Il est
de fait que les chiens d'arrêt, les épagneuls n'ont pas l'odorat
parfait, si comme on le dit, ils *crèvent dans leur peau*. Il est
également vrai qu'ils ne peuvent chasser avec vitesse et long-
temps, s'ils ne sont pas en haleine, et ils ne peuvent y être
complètement que par un *entraînement* judicieux. Ceux qui
attendent un service supérieur de leurs chiens en plaine,
doivent veiller attentivement à leur condition. Dans les lévriers destinés, soit à la chasse, soit simplement à la course,
une bonne condition est évidemment nécessaire pour assurer
leur succès. Dans une course, ils sont lancés avec un animal

d'une égale vitesse, et qui est toujours en *condition* par ses habitudes naturelles. Si cependant un chien, d'une bonté reconnue, est battu par un lièvre, surtout au commencement de la saison, il y a dix à parier contre un que le défaut de *condition* en est la cause. Cette qualité est également nécessaire pour celui qui doit chasser.

La manière de mettre un chien en condition est très-simple. Elle consiste à donner de la fermeté et moins de corps à ceux qui ont trop d'embonpoint et qui sont mous, et rendre de la chair, de la force et de la vigueur aux chiens maigres et affaiblis. Si un chien est trop gras, le traitement doit commencer par des purgatifs et de l'exercice, sans néanmoins retrancher beaucoup de nourriture, et les purgatifs doivent être doux, à petites doses et souvent répétés : d'abord l'exercice sera gradué et doux, mais long-temps continué, et vers la fin il sera graduellement augmenté au point nécessaire pour la chasse. Si l'animal est sale (c'est-à-dire si la sécrétion de la peau est mauvaise), outre les purgatifs et l'exercice, on lui donnera des altérans. Quelques chasseurs préparent régulièrement leurs chiens pour les saisons de chasse avec des préparations sulfureuses, et je ne pense pas que cette méthode soit mauvaise : d'autres brossent ou frictionnent la peau, qu'elle paraisse affectée ou non, et pour les lévriers c'est un moyen de maintenir l'équilibre de la circulation et de donner de l'élasticité aux muscles.

Quand on veut mettre en *condition* un chien *maigre*, il faut peu de purgatifs ; mais une bonne nourriture animale, un long exercice et des altérans : cependant une ou deux médecines douces pourront avancer la condition, et augmenter les chairs. Voyez Nourriture et Exercice.

Note du Traducteur. — C'est aussi dans l'intention de maintenir les chiens en *condition* que dans la vénerie du roi,

7

on a l'habitude de les passer à l'*onguent* dans les intervalles de repos. L'onguent dont on se sert est formé particulièrement de préparations sulfureuses, pour maintenir le bon état de la peau et prévenir la tendance à la gale qu'ont en général les chiens, et surtout ceux qui sont réunis en grand nombre.

———————

Constipation.   Costiveness.

Tous les animaux carnivores sont naturellement disposés à la constipation. Les chiens qui se nourrissent indistinctement de substances végétales ou animales, quoiqu'ils préfèrent les dernières, qui sont plus en rapport avec leurs habitudes de chasse, doivent en être moins affectés : cependant ils ont une tendance fréquente à la constipation, et cette tendance est plus ou moins forte, suivant qu'ils sont nourris en partie ou en totalité avec de la viande. Les chiens favoris y sont plus disposés que les autres, par leur état habituel de réclusion, la température élevée dans laquelle ils vivent et l'abondance de leur nourriture.

La *constipation* est la source de beaucoup de maladies; elle augmente la disposition à la gale et autres maladies cutanées. Elle produit des indigestions, favorise le développement des vers, rend l'haleine fétide et noircit les dents; on doit surtout chercher à la combattre, l'accumulation des matières dans les intestins donnant lieu à leur inflammation. Voyez *Inflammation des intestins.*

Lorsqu'un chien a été constipé trois jours, et que des moyens doux ont été insuffisans, il serait dangereux d'employer des purgatifs violens pour faire cesser cet état. Il serait à propos, dans ce cas, d'évacuer en une seule masse les matières durcies qui peuvent occasionner l'inflammation des intestins. Les évacuans doux doivent être continués ; mais les lavemens sont les principaux agens qui peuvent produire le but. L'introduction de la canule de la seringue fera souvent découvrir une masse dure d'excrémens : si l'action de la canule, ou l'opération du liquide ne peuvent faire sortir cette masse, il faut avoir recours à l'introduction du doigt; ou, dans les très-petits chiens, à quelques petites sondes, et diviser cette masse mécaniquement pour l'extraire.

On prévient facilement les rechutes par une nourriture végétale ; mais lorsque cette nourriture ne plait pas ou est obstinément refusée, du foie cuit, pour aliment, a souvent empêché le retour de cette affection.

Diarrhée.　　　　Looseness.

Les chiens sont sujets dans beaucoup de circonstances à la diarrhée. Il est rare qu'ils soient attaqués de la *maladie* sans qu'il y ait en même temps un flux morbide de matières alvines, qui, lorsqu'il est opiniâtre et violent, est une de ses plus fâcheuses complications. Dans la *maladie*, la couleur et la consistance du flux varient beaucoup ; quelquefois il est glaireux ou muqueux, souvent pâle et mélangé d'air ; d'autres fois il est tout-à-fait noir ; mais lorsque la diarrhée existe depuis quelques temps, la matière devient invariablement jaune. Une autre cause commune de cette affection est la présence des vers, alors les déjections sont moins liquides, mais plus glaireuses et écumeuses : l'état du ventre varie aussi d'un jour à l'autre, étant tantôt resserré, tantôt relâché.

Lorsque le flux persiste, le rectum s'enflamme et s'ulcère superficiellement, ce qui produit une irritation constante et des ténesmes ; et le pauvre animal, croyant avoir toujours quelque chose à évacuer , cherche continuellement à se débarasser. Delà , quelques personnes tombent souvent dans l'erreur , et pensant qu'il existe une constipation, donnent un purgatif qui augmente la maladie et souvent tue le chien. Si la diarrhée est grande , elle est toujours accompagnée d'une grande soif , et l'animal recherche avec ardeur l'eau froide , qui augmente le mal : c'est pourquoi il faut l'ôter et mettre dans sa loge du bouillon ou de l'eau de riz. Lorsque la diarrhée persiste, surtout dans la *maladie* d'un mauvais caractère, elle prend quelquefois une apparence dyssentérique, par une inflammation de la membrane muqueuse des intestins, et par la matière muqueuse qui accompagne les déjections.

Le traitement de la diarrhée est établi selon qu'elle est maladie essentielle, ou seulement symptomatique d'une autre affection. Parfois, une *diarrhée bilieuse* qui survient subitement avec un fort vomissement, peut être guérie par des évacuans qui chassent des intestins la bile viciée. Dans le relâchement occasionné par les vers, on doit employer les purgatifs et d'autres vermifuges, et non les astringens; mais si la diarrhée est essentielle, c'est-à-dire une affection morbide des intestins, ou encore si elle accompagne *la maladie*, il faut la faire cesser au plutôt, ou elle affaiblirait et détruirait en peu de temps le chien. Dans *la maladie* surtout, il est important de s'opposer promptement aux effets pernicieux du cours de ventre, qui, lorsqu'il continue trois ou quatre jours, amène le défaut d'appétit, et la faiblesse de l'animal double d'intensité.

Les remèdes à employer, lorsque la diarrhée est essentielle, sont dans la classe des absorbans ou des astringens, et une longue expérience m'a mis à même de connaître que, dans ce cas, les chiens pouvaient être soulagés par un mélange approprié de ces deux classes de médicamens. Le flux qui accompagne *la maladie* résiste souvent aux efforts de l'art. La graisse fondue dans le lait a été long-temps un remède domestique vanté, et dont on peut se servir dans les cas de peu d'importance; la dissolution d'alun a été mise en usage avec avantage, mais plus fréquemment en lavemens qu'en breuvage; on donne aussi avantageusement une infusion de l'écorce interne de l'épine-vinette, particulièrement lorsque les déjections sont accompagnées de glaires ou de mucus. Si le flux présente l'apparence d'abondantes matières bilieuses, et que le chien soit fort, j'ai cru prudent quelquefois d'administrer d'abord l'ipécacuanha comme vomitif, que j'ai fait suivre avec avantage des formules suivantes.

Elles sont placées dans l'ordre de l'efficacité que je leur ai trouvé.

N°. 1.

Cachou en poudre.......................... 1 dragme.
Gomme arabique en poudre............... 1 dragme.
Craie préparée .... 2 dragmes.
Faites des pilules avec de la conserve de rose, de la grosseur d'une noisette à celle d'une petite noix, et donnez-en deux ou trois par jour, suivant la force des symptômes.

N°. 2.

Rhubarbe en poudre...................... ½ dragme.
Ipécacuanha en poudre.................... 1 scrupule.
Opium en poudre .... 3 grains.
Craie préparée........................... 2 dragmes.
Mélangez, préparez et donnez comme ci-dessus.

N°. 3.

Magnésie............................... 2 dragmes.

Alun en poudre........ .... 1 scrupule.

Colombo en poudre.................... 1 dragme.

Mélangez avec six onces d'amidon bouilli, et donnez-en une cuillerée à bouche toutes les quatre, six ou huit heures. Dans les cas opiniâtres, essayez le remède suivant :

N°. 4.

Ipécacuanha en poudre .... 1 dragme.

Opium pulvérisé........................ 4 grains.

Amidon pulvérisé. .... 2 dragmes.

Conserve de roses.

Suffisante quantité pour faire quatre, six ou huit pilules, suivant la force du chien, et dont vous en donnez une toutes les deux ou trois heures. Dans pareil cas, on a donné avec certain succès de la résine pulvérisée à la dose d'une demi-dragme dans du bouillon, toutes les trois ou quatre heures.

Il est nécessaire de faire attention que l'action des astringens est variée et incertaine. Dans une circonstance, tel remède sera convenable, et dans un autre, ce sera un autre tout différent qui agira avec efficacité. Dans le relâchement qui accompagne *la maladie*, on doit observer comme règle générale que ce sont les absorbans astringens qui sont les plus convenables. Dans quelques cas vraiment désespérés de diarrhée, j'ai obtenu de grands effets avantageux de lavemens astringens, et cela si fréquemment, que dans pareilles circonstances, je recommanderais fortement leur emploi. Par les bons effets que j'en ai fréquemment retiré, et par les ténesmes et la nature des déjections dans lesquelles se trouvent souvent quelques gouttes de sang, je suis très-porté à penser que le rectum, et souvent le colon, sont, dans beaucoup de cas, le principal siége de la maladie.

Les lavemens astringens sont composés avec du lait d'alun, qui n'est autre chose que du lait caillé avec de l'alun. La graisse fondue dans le lait se donne aussi avec avantage en lavement dans ce cas. L'amidon bouilli est encore un bon lavement astringent, et peut-être le meilleur dont on puisse faire usage, si l'on y ajoute la poudre n°. 1. Dans la diarrhée, il est de la plus grande importance de conserver les forces par une nourriture sagement ordonnée ; et il ne faut pas oublier que, lorsque l'appétit cesse, il faut donner et faire prendre peu à la fois de l'amidon et du bouillon. On doit tenir chaudement et en repos l'animal malade. Dans quelques cas, j'ai vu de très-bons résultats d'un bain chaud pris tous les jours. J'ai observé aussi que la diarrhée symptomatique de *la maladie*, survenue à un chien tenu auparavant dans un endroit clos, se guérissait plus facilement si on le faisait passer dans un lieu dont l'air fut plus pur et plus frais.

———————

Dyssenterie.   Dysentery.

Comme affection essentielle des intestins, je n'ai point observé la dyssenterie dans les chiens : cependant, dans *la maladie* de mauvais caractère, il n'est pas rare qu'elle soit accompagnée de la diarrhée, qui prend alors l'apparence de dyssenterie : l'inflammation de la membrane muqueuse des intestins produisant une augmentation de sécrétion muqueuse, chassée au dehors et mélangée avec les déjections alvines.

Note du Traducteur.—La diarrhée et la dyssenterie sont presque toujours des affections symptomatiques dont le traitement est celui de la maladie existante.

La dyssenterie annonce , par ses déjections d'une couleur sanguinolente , ou contenant seulement des stries de sang, une inflammation plus intense que la diarrhée. Cette dernière maladie ne paraît être qu'une augmentation de sécrétion des sucs intestinaux , en même temps que la non-digestion des alimens , tandis que la dyssenterie offre toujours un aspect beaucoup plus grave. L'inflammation des intestins paraît portée au plus haut point , et tendre à la terminaison gan-gréneuse.

La dyssenterie a été regardée comme contagieuse , parce qu'elle est souvent le résultat de causes générales qui agissent à la fois sur un grand nombre d'animaux.

La diarrhée essentielle cède facilement dans son principe aux boissons adoucissantes et aux lavemens émolliens. Si elle devient chronique , il faut alors administrer quelques toni-ques, comme la rhubarbe, la gentiane , mais il faut se garder de donner l'alun , dont l'action , en arrêtant de suite le flux de ventre , pouraît occasionner une inflammation des poumons, ainsi que je l'ai vu arriver.

Il est toujours essentiel , je pense, dans la dyssenterie , d'a-jouter dès le principe , quelques légers toniques , comme les amers , aux adoucissans que l'on prescrit. Lorsque cette maladie se montre, l'état d'inflammation aiguë simple est presque toujours passé, et comme je l'ai dit , il y a tendance à la terminaison gangréneuse.

Des jaunes d'œufs , dans lesquels on fera dissoudre quel-ques grains de camphre, seront administrés avantageuse-ment sous forme d'opiat.

Education des chiens.

La reproduction de l'espèce est déterminée dans les chiens par des désirs dont le retour n'est pas régulier, mais qui,

dans les races sauvages , se montrent une fois l'an et à une
époque qui permet aux petits de naître dans les circonstances
les plus favorables pour eux : cette époque est le printems.
Dans les chiens domestiques, le pouvoir influent de l'éducation et des habitudes artificielles a altéré beaucoup
les phénomènes de la reproduction , et comme l'abri et la
nourriture leur sont assurés toute l'année , de même les périodes de l'*œstrum* ou chaleur , reviennent à des intervalles
irréguliers , comme six, sept ou huit mois, suivant que la réclusion ou une nourriture stimulante hâtent les désirs
sexuels (1).

La *chaleur* ou *œstrum*, dans les chiennes, est la conséquence de l'action sympathique des organes de la génération
entre eux , qui, à ce moment, deviennent plus sensibles et
plus vasculeux : ce qui est annoncé par la tuméfaction des
parties externes, et un écoulement par la vulve. Il existe
pareillement des signes d'une excitation générale du corps;
l'état pléthorique et irritable est tel , que celles des chiennes
qui ont été sujettes aux affections spasmodiques en sont
alors fréquemment affectées, et que des convulsions surviennent souvent à celles qui, jusque-là en avaient été exemptes. Il
est évident, par conséquent, que les précautions d'une nourriture rafraichissante , d'un exercice judicieux , de purgatifs
doux, sont nécessaires à cette époque, surtout pour les
femelles jeunes et délicates, et plus particulièrement encore
pour celles auxquelles on ne veut pas donner de chien , car
dans ce cas, les désirs se font sentir beaucoup plus long-temps

---

(1) On a tenté de développer l'*œstrum* dans les chiennes par des
injections stimulantes, et quelquefois avec succès ; mais comme c'est un
acte surnaturel, et que tous les organes ne peuvent être sympathiquement
d'accord, la fécondation n'a pas souvent lieu, ou lorsqu'elle a lieu ,
les productions sont ordinairement d'une chétive santé.

que lorsqu'ils sont satisfaits. Il n'est pas prudent, quoiqu'il en soit, par beaucoup de raisons relatives à la santé des animaux, de s'opposer à la fécondation des femelles. La nature punit toujours les infractions aux lois qu'elle a établies ; parmi elles le système de la reproduction est une des plus importantes. La fécondation est un acte si nécessaire à la santé, que les chiennes qui y sont soustraites, sont presque toujours mal portantes, et spécialement celles qui, nourries fortement ont besoin d'issues à la surabondance d'humeurs, issues qui existent naturellement pendant la gestation et l'allaitement des petits. Dans les chiennes, la stérilité est surtout à craindre, et les dispose fortement plus tôt ou plus tard, à d'énormes amas morbides de graisse, soit partiels soit généraux. Les collections partielles se dénotent souvent par des élévations de chaque côté des reins, qui proviennent de matière adipeuse déposée autour de chaque ovaire. Dans d'autres circonstances, particulièrement lorsque la stérilité n'est qu'occasionelle, les mamelles, ou glandes sécrétant le lait, sont affectées de petites indurations qui finissent par devenir squirrheuses, ou former des ulcères. (Voyez *Squirrhe.*) Une affection plus immédiate résulte souvent de l'opposition à la conception ; c'est une accumulation maladive du lait dans les mamelles, car les différens organes de la génération ont tant de sympathie entre eux, que lorsque l'on refuse le mâle aux femelles, et que la période de la gestation ou de la mise bas est passée, le lait n'en paraît pas moins dans les glandes qui le sécrètent ; quelquefois la sécrétion est très-abondante, et la chaleur et la tuméfaction sont très-fortes. Ces accidens sont plus fréquemment observés dans les femelles qui ont déjà porté et qui sont toujours plus souffrantes de la privation qu'on leur impose dans la suite. Dans ces occasions, on soulagera les femelles en faisant couler journellement le lait par une douce pression des mamelles , que l'on bassinera avec un mélange d'eau-de-vie et de vinaigre affaiblis par l'eau. La nourriture doit être donnée avec modération, et l'on *administrera quelques purgatifs* (1).

Les chiennes en chaleur sont très-rusées, et éludent la plus grande vigilance pour les éloigner du mâle. Lorsque l'on veut s'opposer à ce qu'elles soient couvertes, il faut la plus grande attention pour empêcher leur sortie. Le manque de précaution, dans cette circonstance, en fait périr un grand nombre chaque année ; car une chienne qui a pu se soustraire à sa réclusion, s'unira probablement avec le premier chien qui se présentera, qui, pouvant être beaucoup plus fort qu'elle, influe sur la taille des petits, d'où il résulte

---

(1) L'auteur du *Traité sur les lévriers* (dont l'opinion comme amateur et éleveur-observateur est d'un certain poids), remarque que lorsque la fécondation a *toujours* été prévenue, il n'a jamais vu qu'il en résultat des effets pernicieux. Il est indubitablement vrai, et cela est d'accord avec ma propre expérience, que la constitution ayant été une fois sujette à la reproduction, ou, en d'autres termes, que les chiennes, ayant déjà porté, sont plus susceptibles de maladie dans les privations futures que celles dont la constitution sympathique n'a jamais été excitée dans le système de la génération ; on doit remarquer aussi que les chiens de chasse et ceux, accoutumés à une nourriture modérée et à un exercice régulier (lesquels sont évidemment ceux dont sir W. C. tire ses conclusions), supporteront plus impunément ce te privation que ceux qui vivent renfermés, et dont les habitudes sont toutes artificielles. Mais comme loi, dans l'économie animale, et comme applicable à la constitution de l'espèce canine, la reproduction de l'espèce est une chose naturelle et nécessaire à la santé. Les faits fortifient la théorie : car, par une observation attentive sur les différentes races, nous voyons que les chiennes que l'on a laissé couvrir, non-seulement se portent mieux, mais que celles qui ont eu de nombreuses portées atteignent un plus grand âge que celles auxquelles on n'a jamais permis de porter. On peut ajouter que l'observation est de même dans l'homme, où la longévité est bien plus grande chez les femmes mariées que chez celles qui sont restées filles.

un part difficile dans lequel la chienne peut succomber. C'est pourquoi, lorsqu'une chienne s'est échappée, il sera prudent de la suivre, non-seulement pour prévenir un accouplement disproportionné, mais encore pour la garantir de la brutalité des enfans ou d'autres personnes qui, lorsque les chiens sont accouplés, jettent dessus de l'eau, ou les tirent avec violence pour les séparer. J'ai vu les organes de la femelle renversés, et d'autres accidens consécutifs à la suite de cette séparation forcée, qui n'est pas moins nuisible au chien par la rupture des vaisseaux sanguins (1) ou par d'autres dilacérations.

La conception a souvent lieu dès le premier accouplement, quelquefois seulement après le deuxième, troisième ou quatrième; et dans quelques cas que j'ai connus, j'ai eu la preuve qu'elle n'avait eu lieu qu'au septième. On doit laisser ensemble les chiens quelques jours pour être certain de la conception. Pendant la gestation, les chiennes ne paraissent pas avoir leur santé dérangée; quelques-unes cependant sont plus indifférentes, ont des nausées, ou marquent de l'aversion pour quelques alimens. Il n'est pas facile de reconnaître si une chienne est pleine avant la quatrième ou cinquième semaine qui suit l'accouplement. Vers ce temps, les mamelles augmentent de volume, les flancs se remplissent, et le ventre présente une rondeur extraordinaire. Vers la septième

----

(1) La jonction persistante du mâle avec la femelle, après que l'acte paraît avoir eu lieu, vient d'une conformation particulière dans les deux sexes. Dans le mâle, les corps caverneux ont deux fortes protubérances latérales, qui, lorsqu'elles sont distendues par le sang, retiennent le pénis dans le vagin de la femelle, jusqu'à ce que l'orgasme vénérien soit tout-à-fait passé. Le clitoris de la femelle participe à cette structure, et retient fermement le pénis dans le coït. Cette conformation est générale pour tous les animaux de l'espèce *canis*.

semaine environ, le ventre devient pendant, et l'augmentation qu'il peut prendre n'est plus aussi remarquable. Dans la dernière semaine de la gestation, les parties contenues dans le ventre semblent se porter en arrière, la vulve se gonfle, et il s'en écoule une matière visqueuse, destinée à lubrifier les parties. Le part commence ordinairement le soixante-deuxième, soixante-troisième, et au plus tard, le soixante-quatrième jour. Il y a, entre la sortie de chaque petit, un intervalle d'un quart d'heure, d'une demi heure, et quelquefois davantage. J'ai vu un seul petit venir le soixante-dixième jour après le dernier accouplement, et dans ce cas, il n'y avait pas lieu de penser qu'il y ait eu superfétation.

La superfétation peut certainement exister dans les chiens, c'est-à-dire qu'une nouvelle conception peut avoir lieu, lorsque déjà il en existe une, et cela par des mâles différens. Ce fait est depuis long-temps admis par les naturalistes et les physiologistes ; depuis, des faits nombreux, observés et notés par les chasseurs, confirment ce phénomène. Dans plusieurs circonstances, j'ai vu des petits chiens de la même portée, ayant les marques de différentes origines, et dont l'accroissement postérieur prouvait clairement, par les disproportions dans la taille et les qualités, et par tous les signes distinctifs d'espèces différentes, que plus d'un mâle avait contribué à leur formation. La superfétation peut être simulée, ou ses phénomènes sont quelquefois imités par des causes plus curieuses et inexplicables, et qui dépendent entièrement de la mère ; je veux parler des impressions sur l'esprit de la mère, qui agissent sur les fœtus qu'elle porte : ces impressions, qu'elle aura reçues antérieurement d'un chien particulier, seront empreintes en marques caractéristiques sur la progéniture créée par un autre tout différent de lui. Ce sujet sera amplement traité plus loin ; il suffira de remarquer ici, que, dans le cas de superfétation, la taille, les formes et les qualités des productions sur-ajoutées démentent clairement leur origine. Dans les cas de *déviation sympathique*, les formes, la taille, le caractère, sont entièrement de la mère ; mais la couleur est celle du favori , avec peut-être quelques marques légères de ses caractères.

Tout le monde connaît les soins extrêmes qu'il faut apporter pour perfectionner et conserver dans leur pureté quelques races de chien. C'est un sujet du plus grand intérêt pour les chasseurs , et qui n'est pas moins important pour ceux qui se livrent à l'élève des animaux domestiques en général. C'est pourquoi je me propose de traiter cet article sous le double but philosophique et pratique, d'une manière plus étendue que dans les précédentes éditions. Pour examiner ce sujet sous tous ses rapports, il faudra nécessairement commencer *ab ovo* (1), et suivre l'animal depuis le germe ou *ovum* de la mère , lequel étant vivifié et mis en action par l'influence sympathique du fluide séminal du père , prend une existence, et après une période de gestation , dont la durée est de soixante-trois jours , présente (conjointement avec les frères créés en même temps) un être organisé, marqué du sceau caractéristique de son espèce, et ressemble ordinairement à ses parens. Il faut cependant citer une exception curieuse à cette ressemblance de parenté, et qui arrive de temps en temps. Cette exception est probablement l'effet de quelqu'impression sur l'esprit de la mère. Cette impression agissant toujours sur son imagination , paraît s'imprimer comme un cachet sur un ou plusieurs des fœtus qu'elle porte. L'existence de cette curieuse anomalie dans le système de la gestation, est confirmée par des faits assez fréquens. J'avais une chienne carline dont le compagnon

---

(1) *Ex ovo omnia.* — Hervey.

constant était un petit chien épagneul presque blanc, de la race de LORD RIVERS, qu'elle aimait beaucoup. Lorsqu'il devint nécessaire de l'en séparer, étant entrée en chaleur, pour la renfermer avec un chien de son espèce, elle en eut beaucoup de chagrin, et malgré sa situation, elle fut très-long-temps à vouloir recevoir le chien que l'on avait placé auprès d'elle; enfin, elle y consentit : la conception eut lieu, et au terme ordinaire, elle mit bas cinq petits carlins, dont l'un était élégamment *blanc* et plus *petit* que les autres. L'épagneul fut donné au dehors bientôt après, mais l'impression subsista, car, dans deux portées suivantes (qui furent les seules qu'elle donna), elle eut un petit blanc, ce que les amateurs remarquèrent comme un fait très-rare (1).

---

(1) C'est une curieuse circonstance que chacun des petits chiens blancs était moins fort que son prédécesseur, quoiqu'ils fussent tous également blancs ; ce qui démontre, comme je l'ai dit précédemment, que l'influence mentale s'étend moins à la perfection des formes individuelles, qu'aux caractères extérieurs, particulièrement de la couleur, et que cette influence aussi s'affaiblit par le temps ou l'absence. Cependant, lorsque des petits d'une même portée diffèrent totalement de forme et de race, c'est à la superfétation qu'il faut l'accorder et non à l'influence de l'impression mentale. Le rév. R. LASCELLES, dans ses lettres sur la Chasse, p. 250, rapporte le cas d'une levrette confié aux soins d'un domestique, qui mit bas un petit lévrier pur et six autres vilains petits. Les vilains petits chiens ressemblaient à un chien qui habitait avec la levrette; le petit ressemblait au lévrier qui avait été donné à la mère lorsqu'elle était en chaleur. Il n'y a pas de raison pour douter que la chienne n'ait été d'abord couverte par le chien commun, et que l'unique petit lévrier ne fut le résultat d'une superfétation. Je cite ce fait pour montrer qu'il peut arriver de se méprendre sur deux causes différentes, et de quelle manière on peut les distinguer. Je n'ai pas été assez heureux pour élever aucun de mes petits chiens blancs. Feu lord Kelly, m'offrait quinze guinées pour un d'eux à l'âge de trois mois.

Lord MORTON fit couvrir une jument bai-châtain par un guagga. Cette

Feu le docteur Huga Smith (qui fut un chasseur d'une grande célébrité) a rapporté un fait semblable d'une chienne mouchetée qu'il aimait beaucoup et qui suivait sa voiture. Voyageant dans la campagne, elle se prit soudainement de passion pour un chien métis qui la suivait, et qu'il fut obligé de faire tuer pour les séparer, puis il continua son voyage. L'image de ce favori fut conservé par la chienne, qui se lamentait encore quelques semaines après, et qui refusait obstinément de se laisser couvrir par d'autres chiens. Enfin cependant, elle fut couverte par un chien couchant de pure race ; mais lorsqu'elle mit bas, le docteur fut très-mortifié que toute la portée portait des marques (surtout pour la couleur) de l'impression qu'avait produit le chien commun ;

---

jument fut couverte dans la suite par un étalon arabe noir ; mais lorsque le poulain arriva, il présenta, par la couleur et les crins, une ressemblance parfaite au guagga. D. Giles, esq., avait une truie de l'espèce blanche et noire, à laquelle on donna un sanglier d'une couleur châtain-foncé. Les petits qui en provinrent furent exactement mélangés, la couleur du sanglier prédominant dans quelques-uns. La truie fut ensuite accouplée avec deux verrats de M. Western's, et chaque portée, les marques couleur maron prédominaient, ce qui n'avait pas eu lieu dans les précédentes. *Phil. trans.* 1821.

Les cas précédens tendent à confirmer ce que j'ai remarqué plus haut, que l'excitation de l'imagination influait moins sur l'organisation intérieure que sur les caractères extérieurs tels que la robe, la couleur. Le fait suivant démontrera cependant que les impressions produites par la douleur peuvent être assez forte pour influer sur l'organisation des fœtus. Dans la société linnéenne de Londres, M. Milne, rapporta qu'une chatte pleine, à lui appartenant, eut le bout de la queue foulé avec force, ce dont elle ressentit une douleur violente. Lorsqu'elle mit bas, on trouva cinq petits chats bien conformés dans toutes leurs parties, à l'exception de la queue qui, dans chacun d'eux était tordue vers le bout, et portait une protubérance cartilagineuse.

il fit détruire cette portée. La même chose arriva dans les portées suivantes, qui avaient une teinte du souvenir du malheureux favori.

On peut, pour la pratique, déduire de la connaissance de cette curieuse anomalie dans l'économie animale, que l'on ne saurait apporter trop de soin dans les races premières, pour que le choix du mâle soit agréable à la femelle, et encore que lorsqu'une chienne de bonne race a été long-temps habituée avec quelque chien, si l'on ne doit pas se servir de ce chien, il faut l'éloigner quelque temps avant que la chienne n'entre en chaleur, si l'on veut prévenir le désappointement que l'on éprouve souvent en pareil circonstance.

Lorsqu'il n'y a pas eu d'impressions mentales, et que la gestation a eu lieu sans accidens, la production de deux chiens de même race porte les traits de ressemblance propre à chacun d'eux, et les formes caractéristiques de la race. Lorsque les père et mère sont de différentes races (1), leurs productions tiennent à peu près également des deux espèces (2).

---

(1) Le produit de deux chiens de races différentes est appelé *croisé* ou *métis*. Ainsi, les chiens d'arrêt sont souvent croisés avec les chiens pour le renard, afin d'augmenter leur vitesse ou leur ardeur. Les effets du croisement se remarquent encore à la septième ou huitième génération.

Les amateurs de course pensent que, parmi les chevaux, l'influence se fait encore apercevoir à la vingtième génération.

(2) Ce mélange des caractères individuels de chaque parent est démontré par les animaux hybrides. Où peut-on trouver aussi bien tracés, et en même temps aussi bien mélangés les caractères du cheval et de l'âne, comme ils le sont dans le mulet, leur hybride ?

Les hybrides détruisent complétement l'opinion de quelques physiologistes qui pensent que le père, dans la reproduction, se borne à donner le *stimulus* de la vie à l'œuf ou germe de la femelle ; car il est évident que le germe de la jument est d'espèce cavaline, et que si ce

Cependant ce mélange des caractères n'est pas toujours égal, et il arrive quelquefois que la production tient beaucoup plus du père, par les caractères de la forme, de la taille et des qualités (1); d'autres fois que c'est à la mère que se trouve

---

germe ne faisait que recevoir l'existence par l'accouplement, il serait indifférent que le père fut un âne ou un cheval.

(1) Quelques physiologistes (et parmi eux sir E. Home) ont supposé que l'œuf ou germe n'est d'aucun sexe avant l'imprégnation, et qu'il est formé et disposé à devenir également fœtus mâle ou femelle, et que c'est l'effet de l'imprégnation qui marque le sexe, et produit les organes mâles ou femelles. Quoique cette opinion paraisse établie par des faits, et qu'il se présente quelques cas qui puissent faire croire que le père a une grande influence sur la détermination du sexe; cependant un égal nombre de cas peuvent prouver que la femelle a également de l'influence dans cette matière. Il est vrai que quelques chiens, quelques étalons, et quelques taureaux sont remarquables, les uns pour donner un plus grand nombre de mâles que de femelles, et les autres un plus grand nombre de femelles que de mâles. Dans les *Trans. phil.* 1787, pag. 344, on fait mention d'un gentilhomme qui était le plus jeune de quarante fils, tous venus successivement en Irlande, d'un père avec trois femmes différentes. Mais en même temps, il est également notoire que quelques chiennes, couvertes par tel chien que ce fut, avait une plus grande partie de leurs petits d'un seul sexe. La même chose arrive dans un degré plus grand parmi les autres animaux domestiques. M. Knight remarque une égale aptitude dans les femelles pour la formation du sexe. « Dans plusieurs espèces d'animaux domestiques » (dans toutes je crois), certaines femelles sont aptes à fournir la plus » grande partie de leurs petits d'un même sexe, et j'ai eu la preuve » répétée qu'en faisant d'un troupeau de trente vaches trois divisions, » je pouvais compter sur une plus grande quantité de femelles dans » une des divisions, sur une plus grande quantité de mâles dans une » autre, et sur une égale quantité de mâles et femelles dans la troi- » sième. J'ai tenté plusieurs fois de changer ces résultats, en subs- » tituant un autre mâle, mais sans succès. » *Phil. trans.* 1809. Dans l'église de *King's Langley*, on voit les portraits de sept filles venues

la plus grande ressemblance, et de temps à autre cette ressemblance se partage entre les deux parens. Ceci s'observe lorsque l'on forme une race d'un chien d'arrêt avec un chien couchant : alors il n'est pas étonnant qu'une partie de la portée soit de purs chiens d'arrêt, et l'autre de véritables chiens couchans.

Parmi les phénomènes variés que présente la reproduction, celui de la *ressemblance ascendante* n'est pas un des moins curieux. Il pourrait paraître, par ces faits, qu'un caractère de famille aurait été originairement imprimé sur les organes reproductifs, ou que les germes de la race future auraient été formés sur un moule commun héréditaire ; car on peut souvent observer que, non-seulement parmi les chiens, mais même parmi les autres animaux, et également dans l'homme, leurs productions avaient une plus grande ressemblance avec leur grand père ou leur grand mère, qu'avec leur père. Il est évident que cette particularité peut plutôt exister lorsqu'un caractère commun a été conservé pendant plusieurs générations, ou en langage d'amateur, lorsque le *sang a été conservé pur*. Ce qui est dans le fait une race établie, bien conduite dans ses productions successives, par son propriétaire, au moyen de l'appareillement, du choix de la nourriture, de l'instruction et de la régularité des habitudes.

Il est cependant nécessaire de faire remarquer que, sous le point de vue philosophique, nous ne possédons pas une pareille race pure dans aucuns de nos animaux domestiques. Nos espèces les plus vantées sont ou entièrement dégénérées (1),

---

successivement à un homme de sa première femme, et de sept fils nés successivement de sa seconde femme.

(1) Un examen plus attentif de ce sujet, nous fait voir que non-seulement nos animaux les plus estimés sont *dégénérés*, mais même que

ou le produit de variétés de la même espèce ; les espèces pures et originales nous sont presque toutes inconnues. Dans l'histoire naturelle du chien, j'ai déjà eu l'occasion de dire que les variétés ou races de l'espèce canine, provenaient de différentes causes, comme le climat, le choix de la nourriture, la réclusion et la domesticité. L'homme, actif à augmenter ce qui lui était utile, a observé ces altérations graduelles, les a améliorées et les a étendues en s'aidant des causes qui les

---

beaucoup d'eux sont des *monstruosités*. La dégénération, suivant les naturalistes, est l'éloignement de l'état originel et de la nature ; ainsi, philosophiquement, les animaux sauvages peuvent seuls être regardés comme parfaits. Mais l'homme, pour satisfaire ses besoins artificiels, a cultivé les formes et les qualités de ceux qui pouvaient lui être utiles, en rendant ces animaux sujets à des altérations peu convenables au but pour lequel ils avaient d'abord été créés. Que deviendraient une partie de nos races canines cultivées, si elles étaient abandonnées dans un pays sauvage ? Une meute de carlins pourrait-elle chasser la gazelle ? Le haut lévrier, avec sa vitesse et sa vue perçante, serait de même embarrassé, ayant perdu par l'éducation son odorat, pour suivre sa proie dans ses détours. Le chien d'*arrêt* pourrait s'*arrêter*, et son partner pourrait se *coucher* jusqu'au moment où ils deviendraient des monumens d'une grandeur tombée ; leurs talens cultivés les feraient infailliblement périr de faim.

Le monde, qui profite des bénéfices de l'amélioration des animaux, donne des louanges à ceux qui s'en occupent ; mais le philosophe isolé et le naturaliste, contemplant ce sujet dégagé de tout rapport étranger, voyent dans la supériorité de nos animaux domestiques si vantés, une monstruosité. Le volume majestueux de nos pesans chevaux de trait, conservé dans cette haute taille par la nature abondante des herbages de quelques pays, serait bien mal calculé pour qu'ils puissent échapper aux bêtes féroces, soit par leur fuite ou leur résistance ; leur poids énorme les ferait enfoncer dans les terrains mous, que déjà le cheval qui a conservé les premières formes, serait bien loin par sa vitesse ; et les herbages maigres des forêts ne pourraient fournir à leurs besoins.

produisent , et, par des soins postérieurs, les a perpétuées et rendues permanentes dans ses possessions.

Plusieurs des variétés, parmi les chiens et parmi les autres animaux domestiques, sont les effets de monstruosités, et doivent leur origine à des anomalies dans le système de la reproduction. Lorsque des variétés accidentelles ont présentées des formes et une organisation particulière dont on pouvait tirer parti , elles ont été élevées, et dans la suite on en a tiré race ; et quand ces singularités ont été observées sur plusieurs sujets d'une même portée, il a été aisé de les perpétuer par leur accouplement réciproque , et en le bornant entre eux. C'est à ces variations accidentelles dans les formes et les caractères dans les chiens, qu'il faut attribuer nos plus petites races, comme nos carlins , nos boule-dogues, nos bassets à jambes torses , et quelques autres (1). Cependant

____

(1) Les autres animaux domestiques présentent aussi des preuves éminentes de variétés accidentelles. La race solipède du cochon et l'Ancon ou race loutre du mouton, décrites par le colonel Humphries, *In phil. trans. pour* 1813 , peuvent être citées comme preuves. Cette race provient d'une difformité accidentelle d'un mouton d'Amérique, né avec des membres d'une petitesse hors de toute proportion avec le restant du corps : et à cette disproportion se joignait la contorsion des membres antérieurs. Cet animal était incapable de courir et de forcer les haies. Ces qualités firent naitre le désir de posséder une race pareille, et en lui faisant couvrir exclusivement ses descendans, on obtint du succès, et la race loutre s'est formée. Les races particulières de couleur blanc de lait, que nous voyons permanentes parmi les furets, les lapins, les souris, etc., doivent leur origine à quelques variétés accidentelles dans chacune de ces espèces. L'homme lui-même n'est pas exempt de ces écarts de son type, comme nous en avons la preuve dans l'albinos, qui présente la même constitution étiolée, par l'absence de matière colorante, une rougeur semblable de l'iris, et par conséquent la même difficulté à supporter la lumière, comme les autres animaux blancs. Il y a eu, et il existe encore, des familles à six doigts ;

la plupart de nos races sont plutôt le résultat d'une culture lente, que celui d'une production soudaine et extraordinaire.

Il a été précédemment observé que toute variété ou race a une tendance à dégénérer et à reprendre quelque chose du cachet original : cette tendance est plus grande dans les variétés accidentelles ou dans les races citées plus haut, dans lesquelles il suffit de quelques générations (1) pour effacer les traits de l'origine; mais dans les races qui sont cultivées depuis long-temps, il faut beaucoup plus de temps pour qu'elles dégénèrent. Quoiqu'il en soit, cette tendance est inhérente à tous les animaux domestiques, et dans le chien plus que dans tout autre, et c'est à combattre cette propriété inhérente, que se rattache presqu'en totalité l'art d'élever avec succès les animaux.

Les *races et les variétés* les plus remarquables sont donc le résultat de nos efforts pour l'amélioration de ces races de chiens et de quelques autres animaux domestiques, qui, par quelques caractères particuliers, nous donnent l'espérance de services utiles. Ou les races tirent leur origine de quelques variétés accidentelles qui se montrent tout à coup, comme nous l'avons vu plus haut, ou bien une race peut être établie pour quelques formes et qualités sur lesquelles on s'est

---

et M. Lawrence nous apprend que la lèvre épaisse, encore remarquable dans quelques grandes familles de l'Autriche, vient du mariage de l'*Empereur* Maximilien avec Marie de Bourgogne. Moi-même j'ai vu dans Sussex *une race de chats* sans queue.

(1) Lord Orford tira race d'un boule-dogue et d'un lévrier; à la septième génération, toutes traces du croisement étaient éteintes dans les formes. Cependant il pensait que cette race avait gagné du courage et de la hardiesse. Probablement une difformité accidentelle aurait disparu plus promptement.

d'abord fixé; après quoi on choisit des individus, peut-être pas
exactement semblables, mais chacun d'eux ayant quelques
points de ressemblance avec la forme désirée; et alors on
atteint le but par leur union et celle de leurs descendans. De
cette manière on a obtenu et on obtiendra toujours les altérations les plus surprenantes dans le caractère animal; et l'on
a réalisé et on réalisera encore les formes les plus idéales (1).
Une race ou variété étant adoptée et formée, son existence
dépendra des soins apportés, non-seulement dans le choix
des individus propres à la propagation, mais aussi dans la
recherche des autres circonstances qui peuvent conserver les
animaux eux-mêmes dans l'état le plus approchant de celui
de leur souche. Ces circonstances embrassent un choix de
lieu, une nourriture appropriée, un exercice convenable et une
instruction judicieuse. Les moyens qui aideront à conserver
une petite race, seront la réclusion, une chaleur artificielle (1)
et une nourriture légère. Si nos tentatives sont dirigées

---

(1) C'est ce qui est démontré parmi les amateurs expérimentés des petits
épagneuls jaunes et blancs, qui ressemblent beaucoup à ceux connus
sous le nom de race de *Malborough*. Ces élégans animaux sont très-
communs parmi les tisserands de *Spitalfields*, qui ont porté à une
telle perfection l'art de les élever, que l'on affirme qu'ils peuvent
assurer, presque avec certitude, l'étendue demandée de la couleur, la
longueur de la robe, sa texture et sa disposition à boucler ou à rester
droite.

On peut donner une face blanche ou moitié blanche au bœuf du
HERTFORDSHIRE, et on peut réduire à un pouce la longueur des cornes
de quelques races. La couleur des coqs de combat est arbitrairement
produite par ceux qui les élèvent.

(2) On dit que les Français donnent à leurs petites races, dans le jeune
âge, des liqueurs spiritueuses, pour arrêter leur croissance. Si cet effet
est réel, c'est parce que la chaleur artificielle produit le développement
prématuré de leur système, et provoque ainsi une puberté précoce.

sur la robe, une chaleur artificielle la rendra claire et fine, tandis que l'exposition à l'air la rendra plus épaisse et probablement plus longue; s'il existe une grande taille, et que l'on veuille la conserver ou encore l'augmenter, on ne gardera alors qu'un seul ou deux petits de la portée; non-seulement on donnera une nourriture abondante à la mère, mais il faudra encore accoutumer le jeune chien à prendre une nourriture animale, en ajoutant à tout ceci une libre circulation de l'air, un lieu vaste et un temps propre pour un fort exercice.

Mais par dessus tout, la durée d'une race dépend du choix judicieux des individus comme pères, qui ayant au plus haut point les formes spécifiées et définies, sont capables de les transmettre à leur progéniture. Le soin long-temps continué de n'admettre pour la reproduction que les individus de la race, constitue ce que l'on appelle *la pureté de sang*. Une très-grande importance est attachée à cette pureté de sang, ou descendance en ligne directe, parmi les chevaux et presque toutes les différentes espèces d'animaux domestiques (1). Le chasseur le plus docte la reconnaît au plus haut degré dans la généalogie de ses chiens, et l'expérience lui apprend qu'un

---

(1) Les soins que les Arabes prennent pour conserver les races de leurs chevaux sont remarquables: leurs jumens ne sont couvertes que par des étalons des plus belles formes et de *pur sang*, et l'accouplement a toujours lieu en présence d'un témoin reconnu, ou d'un officier public, qui atteste le fait, enregistre les noms, et cite la généalogie de chacun. Les Circassiens distinguent leurs différentes races de chevaux par des marques appliquées sur la fesse. Lorsqu'une marque noble est mise sur une race ignoble, le faussaire est puni de mort. PALLAS. *Travels in southern provinces of the Russian empire, ch.* 14.

En Perse, on fait les mêmes cérémonies lorsque l'on veut créer une race par quelques-unes des plus célèbres de leurs chiens. En Angleterre, des étalons ont été payés 1000 guinées, des taureaux, 300, et

certain degré de perfection une fois obtenu, peut seulement se conserver par la propagation successive du sang ou de la race.

Dans nos choix de pères ou mères, une foule de circonstances doivent nécessairement exciter notre attention, soit que nous voulions continuer une race déjà établie, corriger quelques défauts, ou former entièrement une nouvelle variété. Dans ces cas, mais surtout dans les deux derniers, une ou deux générations ne sont pas suffisantes pour que nous puissions juger du mérite ou du peu de valeur de la race. Des anomalies peuvent se présenter, des monstruosités paraître, ou nos chiens donner une *race ascendante*. Nous devons pareillement avoir toujours présent à l'esprit, qu'en dépit de tous nos soins, et malgré les circonstances favorables pour le choix, il est impossible d'en tirer *des productions parfaites*, et comme nous devons nous attendre cependant à des non-réussites, il faudrait porter nos soins à ne pas choisir nos sujets, mâles et femelles, entachés chacun des mêmes défectuosités, car quoiqu'ils puissent être parfaits sous tous les autres points, dans ces cas, ils seraient impropres à donner race. Nous pouvons, par exemple, supposer le choix d'une belle paire de chiens d'arrêt, du plus pur sang, mais dont chacun aurait, par une longue réclusion, subi une altération désavantageuse dans la forme du pied ; en choisissant, pour l'un et pour l'autre, d'autres compagnons dont le pied serait parfaitement bien fait, nous pouvons corriger ce défaut et en préserver les productions ; mais on ne ferait qu'augmenter la difformité si on les joignait ensemble. On peut seule-

---

des béliers font autant. Le célèbre lévrier du Yorkshire, appelé *snowball* (pelotte de neige), couvrait les chiennes pour trois guinées chaque: tant on tient à la pureté du sang, et à la régularité des productions.

ment espérer du succès dans l'éducation d'une race supérieure des animaux domestiques, qu'en faisant un choix des parens, avec de grandes attentions aux qualités et aux défauts de chacun, en balançant ces défauts et ces qualités et en combinant ainsi leur différentes propriétés. C'est par le défaut de prévoyance dans ces circonstances, que quelques personnes, après avoir dépensé beaucoup pour former quelques races particulières, se sont trouvées trompées dans leur attente, et n'ont obtenu que de médiocres productions ; tandis que les mêmes sujets, sous la direction judicieuse d'un RUPEL, d'un COKE et d'un ELLMAN, pour les bestiaux ; ou d'un ORFORD, d'un MEYNELL, d'un RIVERS et d'un TOPHAM, pour les chiens, auraient donné des produits incomparables.

Il n'est pas moins à remarquer que ce n'est pas seulement les formes que l'on peut altérer ou donner aux produits, on doit aussi cultiver les qualités et les aptitudes; elles se communiquent également. Le tempérament, la sagacité, l'obéissance, sont héréditaires, et doivent de même être pris en considération par l'éleveur. Quelques races de chiens d'arrêt demandent peu d'instruction, et la première fois qu'ils vont en plaine, ils présentent les mêmes qualités avec autant de fermeté qu'un vieux chien. Les amateurs théoriciens et sans expérience, commettent souvent la faute de ne cultiver qu'une qualité isolée ou un point de forme particulière, en perdant de vue l'intégrité générale ou l'amélioration future *du tout*. De cette manière, un chien pour le renard (fox hound) peut acquérir la vitesse d'un lévrier, mais au dépend de son odorat, de son courage et de sa sagacité. Et on ne saurait trop imprimer dans l'esprit de chaque éleveur, comme une loi établie dans l'économie animale, qu'un degré supérieur et extraordinaire, naturel ou artificiel de quelques parties, est toujours produit au dépens de quelqu'autres qualités. Cette loi est surtout visible dans les animaux dont les races sont portées au plus haut point de perfection ; ou, pour s'expliquer autrement, la culture dans les formes et les qualités, a diminué ou détruit les habitudes instinctives à un tel point, qu'elle rend ces animaux les plus mauvais pour en tirer race. Si je ne me trompe pas, on remarque cet effet dans toutes les hautes races d'animaux, qui sont alors placées plus artificiellement sous l'influence de tous les agens externes, de sorte qu'il faut un soin tout particulier pour les empêcher de dégénérer.

Parmi les éleveurs praticiens et systématiques des animaux domestiques, et tout autant parmi les chasseurs qui se livrent à l'amélioration des chiens, il existe une grande diversité d'opinions sur les *unions consanguines*, qu'ils ont caractérisées par le terme *in and in*. Il y a lutte entre les autorités, et les avis sont contradictoires sur ce sujet; et il est probable que les doutes ne seront éclaircis que lorsque l'on pourra arriver à la vérité par des expériences que pourrait faire une société d'éleveurs instruits et observateurs. Quelques faits isolés ne peuvent rien décider; la théorie peut seulement aider par une direction philosophique, les expériences que l'on voudrait faire. Je confesse que j'ai peu d'expérience comme éleveur praticien, mais j'ai cherché à profiter de celle des autres. Je ne suis pas exclusivement attaché au système de reproduction, *in and in* ; et lorsque j'entends de graves autorités citer des faits (seuls guides pour parvenir à la vérité), contre ce système, je suis disposé à douter; mais lorsque de nouvelles réflexions se présentent, je reviens sur mes pas, et deviens, comme auparavant, un défenseur; mais, je le déclare, pas outré, des *unions consanguines*. Néanmoins, je tâcherai d'établir de bonne foi le pour et le contre, et alors j'abandonnerai le sujet où il serait laissé par les expérimentateurs.

Le premier argument qui se présente, est que les premières races humaines et animales doivent, de toute nécessité,

avoir été reproduites par leur plus proche , et il n'est pas raisonnable de supposer que la nature aurait été établie sur un
principe tendant à la détérioration de son ouvrage. Cet argument a été nommé l'argument de nécessité, et seulement applicable aux temps où il n'était pas possible d'établir d'autres
unions. J'admets que c'est un argument de nécessité pour ce
qui est relatif aux temps primitifs ; mais il reste d'ailleurs ,
quand nous réfléchissons que dans les âges suivans, les mariages consanguins avaient lieu chez les nations policées, et
qu'actuellement dans quelques tribus sauvages, surtout
parmi les chefs et leurs familles , les mariages ne sortent pas
de leur sang (1) , et que dans aucune circonstance on ne remarque de dégénération. Comme nous savons qu'une barrière
insurmontable , produite par une aversion instinctive , existe
contre la réunion entre les genres différens , afin que les
formes spécifiques des espèces ne se perdent pas dans les productions hybrides , cela ne peut paraître une analogie forcée
en supposant que si de très-mauvais effets devaient résulter
de l'union consanguine , de même il se serait alors manifesté
contre elle une aversion instinctive (2). Il ne paraît pas facile

---

(1) On dit que les Egyptiens permettaient le mariage entre frère et
sœur. Les Athéniens l'autorisaient entre les frères et sœurs de demi-
sang, venant du côté du père. Le mariage d'ABRAHAM avec sa sœur,
nous apprend qu'il était d'usage chez les Chaldéens, et il est à remarquer que lorsque notre île fut conquise par CÉSAR, un système
particulier de co-habitation avait lieu. — « Uxores habent deni duo
» denique inter se communes, et maxima fratres cum fratribus, pa-
» rentes que cum liberis ; sed si qui sunt ex nati , eorum habentur
» liberi, quo primum virgo quæque deductæ est. » PALEY's. *Nat. phil.*

(2) On peut arguer que cette aversion est produite par les restrictions
politiques apportées aux mariages consanguins parmi les nations
policées. Il est évident que la morale et la politique rendaient ces

que l'on puisse établir *a priori* aucunes raisons physiques ou théologiques, pourquoi l'union dans la ligne consanguine doit de toute nécessité éprouver une détérioration dans ses productions. La même organisation, la même constitution, les mêmes aptitudes, quand elles ne sont pas accompagnées de défauts, doivent tendre, dans cette union, à produire une ressemblance parfaite. Mais les faits pour cet objet sont bien plus concluans que tous les argumens les plus spécieux.

Nous sommes assurés que les chevaux arabes de premier sang sont reproduits entre eux, *in and in ;* et nous savons qu'aucun peuple ne porte plus d'attention à l'amélioration de leurs chevaux ; et comme ces chevaux ont conservé jusqu'ici leurs qualités, c'est une grande présomption en faveur de ce système. M. Bakcwell, dont le nom sera toujours au premier rang des éleveurs de bestiaux, obtient les principales améliorations par la consanguinité. M. Meynell, qui n'est pas moins célèbre comme chasseur et comme bon observateur de tout ce qui a rapport à l'économie rurale des animaux,

---

prohibitions nécessaires, parce que en étendant le contrat social pour les mariages hors la sphère des parens ; alors les connaissances et les arts étaient étendus, améliorés, et devenaient une propriété commune ; les richesses étaient disséminées, et les intérêts sociaux joignaient ceux qui étaient en opposition entre eux ; et par dessus tout, on prévenait les effets de la démoralisation et de la dépopulation, suite du peu de chasteté qui accompagnait les communications intimes dans les familles. Il est cependant clair, par l'histoire et les recherches philosophiques, que cette aversion n'est ni instinctive, ni nécessaire, mais une direction acquise des passions données par l'éducation.

Sir W. C.-X. observe que, suivant Varron, cette aversion s'est montré souvent dans les animaux. « Equus matrem ut saliret adducit » non possct. *De re Rustica*, lib. iij. c. s. » Mais l'ingénieux Baronet avoue sincèrement que des expériences postérieures n'ont pas justifié cette assertion.

obtient par ce système tous ces chiens pour le renard ; et tous les aventureux *gentlemen* qui les ont suivis peuvent témoigner de leur excellence. L'on pourrait, je pense, conclure que les préventions contre la reproduction par les animaux de même sang , sont moins le résultat de la raison ou de l'expérience que du préjugé établi depuis long-temps , et fondé sur un but moral et politique relatif à l'homme et non aux brutes.

J'ai dit plus haut qu'il existait de forts et nombreux opposans au système reproductif *in and in* , et dont les opinions ont de l'influence (1) sur cette question. Sir JOHN SEBRIGHT , qui a été long-temps connu comme un homme instruit et un éleveur praticien , est regardé pour avoir toujours été l'ennemi de la reproduction consanguine. Son opinion sur ce sujet a été mise sous les yeux du public l'année dernière , dans une lettre sur *l'art d'améliorer les races d'animaux domestiques ;* et comme on lui accorde justement une grande importance , je citerai avec franchise ce qu'il sera nécessaire pour faire connaître le but de ses argumens. Il dit : « Si une race ne peut » être améliorée, ou toujours continuée dans le degré de per- » fection qu'elle a déjà atteint, que par l'union d'individus » choisis de manière à corriger leurs défauts réciproques » (proposition qui ne peut être refusée), il en résulte que » les animaux doivent dégénérer lorsqu'ils se perpétuent dans » la même famille, sans mélange d'autre sang , ou par le sys- » tème techniquement appelé, engendré *in and in*. »

Contre l'autorité de M. BAKCWELL , l'ingénieux Baronet

---

(1) Le principal argument, à mon avis, contre ce mode de reproduction, est qu'il peut perpétuer et augmenter les maladies héréditaires, qui sont nombreuses dans quelques races , et que les défauts accidenteis peuvent ne pas être aperçus.

raisonne ainsi : « Personne ne peut méconnaître l'habileté de
» M. Bakewell dans l'art dont il se dit de bonne foi être l'in-
» venteur, mais le mystère avec lequel on sait qu'il en agit
» dans toutes ses opérations, et les différens moyens qu'il a
» employés pour mettre le public en erreur, me portent à ne
» pas donner à ses assertions tout le poids que j'accorderais à
» son opinion, si elle avait été justifiée. »

A l'opinion de M. Meynell sur cet objet, il répond : « Ses
» chiens de chasse pour le renard (fox hounds) sont cités
» comme une preuve victorieuse de cette pratique (in and
» in); mais en causant avec ce gentleman sur ce sujet, on
» voit qu'il n'attache pas le même sens que nous à l'expres-
» sion *in and in*; il dit qu'il a fréquemment tiré race du père
» et de la fille, et de la mère et du fils. Ceci n'est pas ce que
» je considère comme l'union *in and in*; car la fille n'est seu-
» lement que le demi-sang de son père, et doit participer,
» probablement à un haut degré, aux qualités de sa mère. »

Ce gentlemen, dans un autre passage de sa lettre, établit
aussi quelques faits importans sur cette matière, par ces
mots : « J'ai tenté quelques expériences sur la reproduction
» *in and in* dans les chiens, les oiseaux et les pigeons. Les
» chiens produits d'un fort épagneul, sont devenus de faibles
» bichons; les oiseaux ont été plus haut montés sur jambes,
» d'un corsage plus chétif, et ont été de mauvais pères. »

L'auteur du *Traité sur les lévriers* est aussi, en quelque
sorte, contre l'union consanguine. Il dit : « Si elle est conti-
» nuée pendant quelques générations, une infériorité mani-
» feste dans la taille, et une défectuosité dans les os se feront
» bientôt apercevoir, aussi bien que le manque de courage
» et de force; quoique cependant la beauté des formes, à la
» taille près, ne soit pas altérée. »

Buffon raisonne de même : « Ce qu'il y a de singulier,
» c'est qu'il semble que le modèle du beau et du bon soit

» dispersé par toute la terre, et que, dans chaque climat,
» il n'en réside qu'une portion qui dégénère toujours, à
» moins qu'on ne la réunisse avec une autre portion prise
» au loin ; en sorte que, pour avoir de bons grains, de belles
» fleurs, etc., etc., il faut en changer les grains, et ne jamais
» semer dans le même terrain qui les a produits ; et de même
» pour avoir de beaux chevaux, de bons chiens, etc., etc., il
» faut donner aux femelles du pays des mâles étrangers, et
» réciproquement aux mâles du pays des femelles étrangères.
» Sans cela, les grains, les fleurs, les animaux dégénèrent,
» ou plutôt prennent une si forte teinture du climat, que la
» matière domine sur la forme, et semble l'abâtardir ;
» l'empreinte reste, mais défigurée par tous les traits qui
» ne lui sont pas essentiels ; en mêlant au contraire les races,
» et surtout en les renouvelant toujours par les races étran-
» gères, la forme semble se perfectionner, et la nature se
» relever, et donner tout ce qu'elle produit de meilleur. »
Buffon, *Hist. Nat.*

M. Beckford, dans ses *Réflexions sur la chasse*, fait cette
remarque : « Un fameux chasseur m'a dit qu'il tirait fré-
» quemment race des frères et sœurs ; comme je serais peu
» enclin à opposer quelque chose à une telle autorité, on
» ferait mieux de l'essayer ; et si le succès répond à l'égard
» des chiens de chasse, c'est ce qui n'a pas lieu habituelle-
» ment, je crois, pour les autres animaux. »

Il reste à dire que beaucoup d'éleveurs praticiens, moins
célèbres, sont contraires à la reproduction consanguine,
comme par les frères et sœurs, les pères et filles, etc., mais
plusieurs accordent que cette union, à un degré plus éloigné,
peut être avantageuse. C'est particulièrement le cas de plusieurs éleveurs des coqs de combat, qui penchent à la reproduction par l'union consanguine au troisième degré, ce
qu'ils appellent *le moment favorable* (*Nick*). Tout ce qu'on

peut déduire de cette divergence d'opinions est que ce sujet est encore problématique, et qu'il faut le cachet de l'expérience pour pouvoir décider d'une manière affirmative.

Dans les chenils, où l'on élève beaucoup de chiens, on cherche à les faire naître dans les premiers mois de l'année, ce qui est judicieux, pour que les petits jouissent de la chaleur naturelle de l'été, et que leurs membres prennent plus de force par un libre exercice en plein air. Pendant la gestation des chiennes, il faut prendre des soins particuliers pour leur éviter toutes les maladies de la peau, comme la gale : si on négligeait ce point essentiel, les petits viendraient avec une disposition héréditaire que l'on aurait beaucoup de peine à détruire entièrement.

Le nombre de petits que les chiennes portent, varie d'un à quinze. Il s'est présenté des cas où elles en ont fait seize, et j'en ai retiré une fois ce même nombre du ventre d'une chienne morte : quatre, cinq, six ou sept, c'est là le nombre ordinaire. La quantité que l'on doit conserver dépend des circonstances. Une chienne, se portant très-bien et abondamment nourrie, peut en élever cinq ; mais si la race a de la valeur, et que l'on veuille avoir des animaux forts et d'une grande taille, il faut borner le nombre à quatre et même seulement à trois. Si l'on donnait une autre mère aux petits que l'on a retirés, il faudrait, autant que possible, qu'elle fût de la même race. Par l'expérience que j'ai acquise sur cet objet, je suis fortement porté à croire que les qualités de la nourrice sont, à un certain point, transmises avec le lait : et si la race était distinguée, le mal serait plus grand. Je suis maintenu dans mon opinion par le témoignage de quelques chasseurs observateurs. Une constitution maladive peut aussi résulter de cette pratique (1). Il est quelquefois difficile de

---

(1) Je connais une belle petite fille ayant les paupières ulcérées : elle

faire recevoir les petits par la nourrice. On a l'habitude, dans ce cas, de les arroser du lait de la chienne étrangère. Cette supercherie réussit, par le même principe que celle que les bergers emploient lorsqu'une brebis meurt ; ils prennent l'agneau, et ayant trouvé une brebis qui a perdu le sien, ils dépouillent celui-ci de sa peau, et en enveloppent l'agneau vivant, que la brebis nourrice reçoit comme le sien. L'odorat paraît être l'agent de l'instinct animal dans plusieurs des phénomènes du système de la reproduction.

Les petits chiens naissent aveugles, et restent ainsi pendant plusieurs jours ; le sens de l'ouïe est nul aussi. La vue et l'ouïe eussent été inutiles à des animaux qui naissent si faibles, et qui, dans l'état de nature, sont destinés à rester les premières semaines de leur existence dans des cavernes profondes et sombres. Ces organes ne commencent à se développer que lorsque les parens commencent à être sensibles à leurs propres besoins. Dans les premiers momens, toute la peau présente une belle teinte rose, mais qui disparaît graduellement, et est remplacée par une couleur d'un blanc clair sur presque tout le corps. Cependant, quelques-unes de ces parties devant avoir une couleur sombre, comme le palais, les pattes, le nez, etc., prennent dès ce moment cette teinte ; les dents molaires de lait paraissent les premières, et leur nombre est complet au bout d'un mois. Les incisives paraissent les dernières, de cette façon, les mamelons de la mère n'ont point à en souffrir. Les dents de lait sont remplacées par les permanentes à six ou sept mois. Les testicules ne descendent dans le scrotum qu'à la troisième, quatrième ou cinquième semaine ; cependant

---

est le seul enfant qui soit ainsi parmi ses frères ; elle est aussi le seul enfant qui ait été mis en nourrice. La femme qu'elle a tetée a une nombreuse famille, et plusieurs de ses enfans ont la même maladie.

on peut les reconnaître une semaine auparavant, hors de l'abdomen, situés de chaque côté de la verge. Les chiens naissent souvent avec des ongles surnuméraires, que les chasseurs nomment *ergots*. Quelques-uns de ces ergots tiennent à un os meta-carpiens, ou à un métatarsien correspondant : d'autres ne tiennent qu'à la peau. Dans l'un et l'autre cas, on doit les exciser de bonne heure. *Voyez* ONGLES.

Quand on conserve plusieurs petits d'une portée, il faut les accoutumer à boire de bonne heure ; du lait bouilli et légèrement sucré leur convient ; si on le donnait froid, il deviendrait purgatif, et le sucre le rend semblable à celui de la mère. On leur donnera aussi promptement de la pâtée très-divisée, ce qui soulagera la mère, et leur sera profitable : une litière fraîche, le renouvellement d'air, et un endroit pour prendre de l'exercice, sont essentiels à leur santé : on les accoutumera promptement à l'attache, au moyen d'un collier et d'une chaine ; car si on ne le fait que par occasion, ces animaux en ressentent une grande peine, et quelquefois j'ai vu en résulter des attaques d'épilepsie. Cependant, cette captivité ne doit pas être long-temps continuée : des milliers de chiens sont devenus faibles, rachitiques, et ont eu les pieds déformés par une réclusion trop long-temps continuée.

Les jeunes chiens sont sujets à différentes maladies, qui sont particulières à ce moment de leur existence. Une des plus fatales semble attaquer plutôt quelques races, comme les bassets, les carlins, les épagneuls de petite espèce, et en général les plus petites espèces, surtout lorsqu'elles reçoivent des soins artificiels et une forte nourriture. Parmi ces races, quelques chiennes font leurs petits, soit déjà malades, ou avec une telle disposition à la maladie dont nous voulons parler, qu'elle paraîtrait bientôt, surtout si l'air de l'endroit habité était mauvais et peu renouvelé. Cette maladie ressemble exactement au carreau, *tabes mesenterica*, auquel les enfans et les singes sont sujets; elle pourrait provenir aussi pareillement d'une prédisposition constitutionnelle, acquise dans la mère avant la naissance, ou par un lait de mauvaise qualité d'une mère mal nourrie. Cette maladie se montre aussi sous les mêmes traits, d'un gros ventre et d'un défaut de développement général du corps, les poils plus longs, et une contenance annonçant une sagacité et une pénétration précoces. Cette affection se termine ordinairement d'une manière fatale pour les animaux qui en sont affectés. Il y a peu de traitement qui réussisse, à moins qu'il ne soit employé dès le principe. Une bonne nourriture, un air pur, des purgatifs doux et des altérans arrêtent quelquefois les progrès. Lorsque l'on a sujet de supposer que le lait de la mère est mauvais, on donnera alors une autre chienne comme nourrice, ou bien on se servira de lait de vache ou de jument.

Parfois les vers sont cause de cette affection, alors les poils sont hérissés, le malade se frotte la partie postérieure du corps sur la terre, et ses déjections sont irrégulières dans leur consistance et leur couleur. Cet espèce de carreau est moins dangereux, et si l'on suit le traitement indiqué à l'article Vers, on obtiendra généralement du succès. Les vers sont très-communs dans les jeunes chiens, et peut-être il n'en est pas un qui n'en ait : c'est pourquoi toutes les fois que les petits chiens ont des attaques nerveuses, un appétit violent et surnaturel, et une apparence générale de mauvaise santé, on peut soupçonner que les vers en sont la cause.

Le rachitisme détruit aussi beaucoup de petits chiens, surtout dans les espèces qui sont continuellement renfermées, dans les villes et les villages à grandes manufactures. Cette affection se fait reconnaître par une forte tête avec un mélange d'un soin particulier et d'intelligence dans son port.

Dans quelques-uns, les membres sont tout-à-fait contournés. On a cultivé cette difformité dans les bassets que l'on nomme *bassets à jambes torses*. On peut remédier au rachitisme par un air pur, un libre exercice, de la propreté, et une bonne nourriture.

Les jeunes chiens sont encore exposés à une affection spasmodique particulière des intestins; je l'ai vue épidémique. Des spasmes douloureux ont lieu dans les intestins; l'animal crie pendant l'accès, qui est plus ou moins long, et qui cesse pour revenir encore. Cette maladie n'est pas facile à guérir, et se termine souvent par la mort. Cependant j'ai quelquefois employé avantageusement des mercuriaux actifs comme purgatifs.

Nourriture du chien.   *Feeding of dog.*

C'est un objet fort important que le choix de la nourriture pour les animaux, puisque leur santé en dépend, et que le défaut d'attention peut être la source de beaucoup de maladies. C'est un fait assez curieux que le trop peu ou l'excès de nourriture produisent les mêmes maladies. Il est très-rare qu'un chien habituellement mal nourri ne soit pas attaqué de la gale, et il est également rare que celui qui aura une nourriture très-abondante ne devienne également galeux. Cependant si, dans ces deux circonstances, on porte les mêmes soins, et que l'on observe la même propreté, le chien maigre sera moins malade et plus facile à guérir.

Il faut connaître la physiologie de la digestion pour bien régler la nourriture. Toutes les humeurs du corps, et de même tous les solides, sont fournis par le sang. Les fluides et les solides éprouvent des déperditions continuelles plus ou moins fortes, en proportion du travail et de l'exercice. Il doit donc exister des moyens réparateurs de ces pertes. La nature les a établis dans les alimens formés de substances solides et fluides, introduites dans la bouche, où elles sont mâchées et réduites en petites masses par les dents, et forment, par l'imprégnation de la salive, une pâte qui passe de la bouche dans l'estomac, par l'acte de la déglutition.

Les alimens parvenus dans l'estomac y trouvent un puissant dissolvant : le suc gastriq e. Le suc gastrique les animalise, et en forme une masse pultacée appelée chyme, qui passe dans les intestins, où se trouvent des petits vaisseaux qui en absorbent les parties fluides susceptibles de réparer les pertes du corps. Ces fluides sont de suite portés dans les glandes nommées mésentériques, d'où, sous le nom de chyle, ils passent dans un réservoir commun, et de ce réservoir vont au cœur pour former le sang. Le sang est donc continuellement entretenu par cette source, et l'on doit donc naturellement concevoir que lorsque les alimens ne sont pas en suffisante quantité, le sang doit être peu riche, et que les solides doivent perdre de leurs forces. Au contraire, lorsqu'il y a surabondance de nourriture, le sang sera trop riche et en trop grande quantité, et comme les solides sont limités dans leur accroissement, toutes les humeurs formées par le sang surabondant, augmenteront considérablement. La transpiration cutanée deviendra probablement âcre, et il en résultera la gale ; les glandes sébacées de l'oreille, au lieu de fournir une espèce de cire, donneront du sang et de la matière, résultat d'un cancer ; si c'est aux mamelles que l'afflux des humeurs a lieu, hors du temps de la plénitude, il s'y formera des indurations ; enfin, si l'excès du sang forme une espèce d'huile, ce sera l'obésité.

De ce qui précède, il en résulte cette question : Quelle est l'espèce de nourriture la plus convenable aux chiens ? En observant cet animal, soit comme naturaliste, soit comme physiologiste, on ne peut hésiter un moment à reconnaître qu'il n'est ni entièrement carnivore, ni entièrement herbivore, mais un mélange des deux et pouvant se nourrir des deux espèces d'alimens : il a des dents coupantes et aiguës pour déchirer la viande, et d'autres ayant assez de surface pour broyer les substances farineuses. Cependant, la conformation anatomique de ses dents, et tout son appareil digestif, semblent le rendre plus propre à se nourrir de chair que de végétaux ; ses habitudes y tendent aussi. Le chien est évidemment un animal de proie, destiné à vivre des autres animaux. Le plus fort chasse en troupe, le plus faible le fait isolément. Cependant il est clair que ses organes peuvent recevoir une nourriture végétale, et nous voyons qu'il s'en nourrit volontiers.

Il n'est donc pas difficile de déterminer qu'un mélange de substances animales et végétales, est la meilleur nourriture pour les chiens ; mais leurs proportions dépendront de l'exercice plus ou moins fort du corps. Comme les substances animales sont plus nutritives, alors on les donnera aux chiens qui, comme ceux de chasse, exercent beaucoup. Au contraire, on satisfera aux besoins de ceux qui sont toujours renfermés en leur donnant des végétaux qui, sous une grande masse, contiennent moins de substance nutritive. Cet objet paraît être d'un très-grand intérêt, car jamais l'auteur de cet ouvrage n'a reçu une plus grande quantité de question pour savoir quelle espèce d'aliment est plus convenable aux chiens, et la quantité qu'il faut donner ? Il est difficile d'indiquer une quantité précise. Beaucoup de chiens ont besoin d'une plus grande quantité d'alimens que d'autres : et pour la même raison, il est difficile aussi d'en spécifier la qualité et l'espèce ; toutefois, en se reportant à ce qui a été dit ci-dessus, il sera moins difficile de décider si on doit donner l'une des deux sortes d'alimens ou les mélanger.

Les habitans des grandes villes sont souvent fort embarrassés pour nourrir les forts chiens, surtout lorsqu'ils en ont plusieurs. La recette suivante est particulièrement adaptée à cette circonstance, et procurera à bon marché une très-bonne nourriture. Elle consiste dans les tripes et les panses de mouton, que l'on fera bouillir trente ou quarante minutes, dans une petite quantité d'eau, après les avoir bien lavées. Lorsque l'on les retire de l'eau, il faut les suspendre dans un endroit frais, et verser le bouillon sur des râpures de pain, celles de petit pain sont les meilleures. La quantité de râpures doit être telle, que lorsqu'elles ont été trempées et refroidies, le mêt soit de la consistance d'un pudding (c'est-à-dire d'une gelée). Lorsque les panses sont aussi refroidies, on les coupera en très-petits morceaux et on les mêlera avec les râpures trempées. Si l'on ne peut se procurer de ces râpures, on les remplacera par de la farine ou du biscuit. Ce mélange (1) peut contenir plus ou moins de matière animale, suivant la quantité de tripes, ou de toute autre espèce de viande que l'on y ajoutera. L'auteur est porté à penser que les tripes sont de toutes les substances animales, celle qui peut fournir la meilleure, et conserver la santé du chien. S'il était besoin de rendre les alimens plus nourrissans ou plus agréables, on joindrait à ce mélange les débris et les intestins de poulet, que l'on peut se procurer chez les marchands de volailles. De toutes les substances, à l'exception de la chair de cheval, rien n'appète autant les chiens et les dispose plus à engraisser.

Les chasseurs, dans les campagnes, emploient différens mélanges comme alimens, et il est quelquefois très-difficile, dans les habitations écartées, de se procurer les alimens

---

(1) Cette espèce de nourriture est appelée mouée dans nos chenils.

nécessaires pour les chiens. Dans quelques chenils, on fait usage de farine et de lait, surtout dans la saison pendant laquelle les chiens ne chassent pas, car, lorsqu'ils sont soumis à un fort exercice, cette nourriture ne suffirait pas. Toutes les farines de froment, d'orge, d'avoine et de seigle sont bonnes; mais la meilleure est celle de froment; elle pousse moins à la peau, et ne dispose pas à la gale autant que les autres.

Les farines d'orge et d'avoine sont celles que l'on donne le plus fréquemment, et avec du lait; elles procurent une nourriture suffisante; mais données constamment, elles disposent aux maladies cutanées : c'est pourquoi on doit y joindre une certaine quantité de pommes de terre; les pommes de terre seules suffiront pour les chiens qui ne sont pas fatigués par un service actif; elles sont rafraîchissantes, et mêlée avec du lait ou du lait de beurre, elles donnent une nourriture saine et économique.

Lorsque l'on est forcé d'employer principalement les farines d'orge ou de seigle, on en préviendra les effets dangereux en y ajoutant du lait de beurre. Ce lait de beurre est un excellent dépuratoire dans les maladies telles que la gale, le cancer, etc., etc.: si, par nécessité ou pour raison, on nourrit avec les pommes de terre, il sera bon d'y joindre quelques graisses pour les rendre plus appétissantes.

On commet souvent beaucoup d'erreurs dans la nourriture des petits chiens favoris : car, comme on consulte leur goût, ils ont toujours de la viande et en quantité; dans ces cas, quoique le mal soit reconnu, on allègue que l'animal ne voudra pas manger autre chose. Mais il sera toujours au pouvoir de ceux qui les nourrissent, de forcer leurs chiens à prendre des végétaux, en y mettant de la persévérance. Si à une certaine quantité de viande hachée très-fin, on y joint une partie de pomme de terre réduite en pâtée, le chien ne pourra séparer la viande du végétal; et dans le cas où il refuserait cet aliment, on le laisserait devant lui jusqu'à ce que la faim l'obligeât de le manger. A chaque espèce de farine, on peut ajouter un peu de pomme de terre, et l'on habituera, de cette manière, les chiens à se nourrir de ce tubercule.

Sous le point de vue médical, le régime végétal est souvent fort important. Dans beaucoup de cas, un changement complet d'alimens est le meilleur traitement, et dans d'autres un excellent auxiliaire pour obtenir du succès. Les circonstances qui obligent de faire passer d'un régime animal à une diète végétale, sont fréquentes. Les affections éruptives, la toux, les différentes inflammations, sont les cas les plus essentiels qui expriment ce changement.

Les carottes, les panais, les choux, et de fait toutes les substances végétales, pourront servir à la nourriture du chien. Le biscuit de mer est souvent employé, et est très-bon lorsque l'on le trempe dans de l'eau grasse ou du lait. Il est bon cependant de remarquer qu'il ne faut jamais se servir des eaux grasses des viandes salées. Il survient à beaucoup de chiens qui, dans de longs voyages sur mer, ont été ainsi nourris, une espèce de gale fort opiniâtre. Les chasseurs ne sont pas assez pénétrés de cet inconvénient, et ils laissent leurs domestiques donner, au grand détriment de leurs chiens, le manger fait avec cette espèce de bouillon.

Le pain de creton (1) est recherché aussi par beaucoup de personnes, et donne une bonne nourriture; mêlé avec une certaine quantité de végétaux, il conviendra aux forts chiens, surtout ceux qui couchent dehors et qui font beaucoup

---

(1) Ce sont les membranes et le tissu cellullaire dont on a extrait, par la presse, le suif, et qui forment une espèce de gâteau.

d'exercice. Cependant je ne l'emploierais qu'au défaut des autres substances dont j'ai parlé.

Les opinions sont partagées sur la chair du cheval comme aliment, les uns en louent l'usage, d'autres la blâment au contraire. On doit, dans le fait, regarder la chair du cheval comme une substance très-nutritive et fortifiante, et très-convenable aux chiens qui travaillent beaucoup; dans ce cas elle n'est jamais nuisible; mais si on en donne à ceux qui font peu d'exercice, elle est trop nutritive et dispose aux affections cutanées. On est aussi de diverses opinions pour savoir si on doit la donner crue ou cuite. Il est évident que, dans l'état de nature, les chiens vivent de viande crue, et qu'ils jouissent d'une bonne santé : les viandes crues de toute espèce augmentent le courage et la férocité; et lorsque l'on demande ces qualités dans des chiens, il faut nécessairement les nourrir ainsi; c'est ce que l'on doit donc faire pour les chiens de chasse, comme les lévriers, les chiens pour le renard, et les chiens courans. C'est pourquoi, lorsque l'on pourra se procurer de la viande crue, si elle est fraîche, comme elle nourrit beaucoup et augmente l'ardeur, ce sera un point d'économie. Si elle est gâtée, la cuisson peut en détruire les mauvais effets.

Il est facile de déterminer quels sont les momens où il faut donner à manger aux chiens, et combien de fois par jour. Un repas par jour est très-précaire pour les chiens sauvages, car très-souvent ils ne peuvent trouver de substance végétale, et il faut qu'ils se contentent du produit de leur chasse ou des restes et rebuts des autres animaux de proie. En conséquence, la nature a pourvu le chien d'un estomac dans lequel la digestion, surtout celle des substances animales, s'opère lentement : de sorte qu'un repas complet de viande n'est digéré qu'en vingt-quatre heures. C'est pour cette raison que ceux qui nourrissent entièrement leurs chiens de viande, ne leur donnent à manger qu'une fois par jour ; et il n'est pas de chiens auxquels ce régime ne conserve la vigueur et la force. Mais il faut se rappeler que sous l'influence de la domesticité, qui affaiblit les fonctions, surtout dans les chiens caressés et choyés, il vaut mieux leur donner à manger deux fois par jour, en plus petite quantité chaque fois. S'ils ne mangeaient qu'une seule fois, ils deviendraient lourds et dormeurs et perdraient de leur vivacité. L'on observe que les chiens soumis à un fort exercice, aussitôt qu'ils ont mangé, vont se mettre à l'écart pour dormir. La digestion s'opère mieux pendant le sommeil que pendant l'exercice ; et l'animal retire alors plus de bénéfice de la nourriture, que lorsqu'on le laisse courir après son repas.

On peut aussi dire que la crainte que beaucoup de personnes ont de donner les os aux chiens, n'est pas fondée ; excepté les arrêtes de poissons, les os des pattes et des ailes de la volaille, qui étant creux peuvent se briser par parcelles pointues ; je ne me rappelle pas en avoir jamais vu de mauvais effets ; au contraire, j'ai de fortes raisons de croire que l'estomac du chien se trouve bien de l'action des os, et de plus, que malgré le risque de quelques dents cassées, ce qui est très rare, les os peuvent uniquement nettoyer les dents des chiens, et les débarrasser du tartre qui se forme autour.

Exercice.   Exercise.

La plus grande partie des maladies qui affectent l'espèce canine sont occasionnées par le manque d'un exercice convenable, surtout lorsque le régime de leur nourriture n'est pas bien ordonné. Il faut se rappeler que le chien est un animal de proie, destiné à poursuivre sa nourriture et à sacrifier à

son appétit des animaux plus faibles que lui, dont les détours dans leur fuite le tiennent dans un exercice constant.
Dans la vie sauvage, il est rare que les chiens puissent faire
deux repas réguliers dans la même semaine ; combien donc
est grande la différence, lorsqu'ils sont renfermés dans une
chambre chaude pendant vingt-deux ou vingt-quatre heures,
qu'ils sont tenus à l'attache pendant plusieurs mois, sans
autre exercice que la longueur de leur chaîne. La gale
et le cancer sont les résultats de ce régime, et si ce n'est pas
par cette voie que se forme un exutoire à la superabondance
des humeurs, il survient un embonpoint excessif qui se termine par l'asthme ou l'hydropisie.

Rien ne démontre mieux le besoin de l'exercice pour ces
animaux que leur disposition naturelle pour jouer, qui leur
a été donnée pour conserver leur santé. Dans les villes, c'est
une excellente chose que de faire jouer les jeunes chiens avec
une boule ; ils peuvent ainsi s'exercer lorsqu'il fait mauvais
temps, ou lorsqu'on ne peut les sortir ; on peut encore les accoutumer à chercher et à rapporter.

Les chiens sont plus disposés à jouer ensemble que seuls ;
l'émulation les fait folâtrer les uns avec les autres ; il est cependant prudent qu'il n'y en ait pas de méchans entre eux. Un
exercice continuel est nécessaire aux chiens de chasse ; si on
les laisse reposer dans un chenil, hors *la saison* des chasses,
il est ordinaire, lorsqu'on en a besoin, de les trouver trop gras,
sans haleine et prompts à se fatiguer. L'exercice améliore
la respiration, en débarrassant le cœur et la poitrine de sa
graisse. Si cependant quelques circonstances s'opposent à
l'exercice, on doit alors apporter beaucoup de circonspection
dans la nourriture, laquelle alors doit être modérée et composée de substances végétales.

Les attaques d'épilepsie sont souvent le résultat d'un manque d'exercice ; et il est fort ordinaire, surtout pour les

chiens de chasse, de les en voir attaqué lorsqu'ils sont mis en liberté. J'ai observé la même chose sur les chiens qui ont fait de longs voyages.

On doit donc donner de l'exercice à tous les chiens, et cela en proportion de leurs habitudes. Celui des chiens gras ne doit pas être violent, mais long-temps continué. Lorsqu'il est violent, il peut produire des affections nerveuses, la toux, et finalement l'asthme. Les chiens de chasse doivent être entraînés à la course, pour remplir leur but et pouvoir suivre les chevaux. Les petits chiens, et ceux qui sont tenus renfermés la plupart du temps, doivent au moins jouir de deux heures de liberté chaque jour.

Note du Traducteur. J'ai cru devoir rassembler tous les articles qui ont rapport à l'élève du chien et aux soins que l'on doit lui porter pour l'entretenir en bonne santé. Ces articles forment son hygiène. L'auteur a traité cet objet fort au long, et quelquefois avec de nombreuses répétitions, que j'ai élaguées autant qu'il m'a été possible.

Dès les temps les plus reculés, on a cru que les impressions vives et soudaines reçues par une mère, pouvaient se communiquer au fœtus, et causaient les défectuosités ou taches apparentes que l'on remarquait sur le corps des nouveaux nés. On est encore persuadé dans presque toutes les classes de la société, que les désirs des femmes grosses influent sur leur fruit, lorsque ces désirs, nommées *envies*, ne sont pas satisfaits.

L'histoire sacrée vient au secours de cette croyance populaire. Elle nous apprend que Jacob, serviteur de Laban, au moyen de bâtons diversement colorés, et placés dans les auges où les brebis venaient s'abreuver, faisait naître à sa volonté des agneaux de telle ou telle couleur.

Dans un traité sur l'éducation des lapins, fait par un homme

d'esprit, il y a trente ans ; j'ai lu que cet auteur avait répété les expériences attribuées à Jacob. En se présentant
alternativement et toujours brusquement dans les loges des
lapines pleines, avec des morceaux d'étoffes blanches ou
noires, il avait causé de telles impressions aux mères, que
toujours il trouvait dans leur portée des petits de ces couleurs. Il faut observer que les pères et mères étaient d'une
couleur toute différente.

Les faits rapportés par M. Delabere Blaine, tendent à
confirmer cette croyance. Il serait facile de répéter ces expériences, et s'assurer si l'esprit de la mère, vivement frappé,
peut influer d'une manière plus ou moins fâcheuse sur les
qualités physiques ou morales de son fruit.

Un sujet plus intéressant, et dont les résultats sont très-
importans, est celui des individus qui doivent servir à produire l'espèce. Tout le monde sait, et est d'accord, que c'est
par le choix des plus beaux individus que l'on parvient à former de belles races, et à les conserver ; mais on n'est pas
également d'accord sur la manière de faire ce choix.

La plus grande partie des savans, et BUFFON à la tête,
veulent que ce soit au loin que l'on aille chercher les mâles ;
ils prétendent que la dégénération suit promptement les races
reproduites par les animaux élevés sur le même sol. A plus
forte raison ils rejettent toutes les unions du même sang, ce
que les Anglais appellent *in and in*. Ce système est entièrement adopté pour l'élève des chevaux ; les unions consanguines sont rejettées, et le croisement répété est regardé
comme le point essentiel : c'est la base de la science des haras.
Il ne serait pas difficile, selon moi, de démontrer combien
sont erronnées la plupart des opinions des personnes qui
ont écrit sur les haras, mais je sortirais de beaucoup les
bornes de cet article. D'ailleurs je compte publier une opus-
cule sur cette matière. Je reviens à l'élève des chiens : ils

offrent avec les autres animaux de grandes différences. Cet animal est entièrement domestique, et ne tient plus aux lois de la nature pour chacune de ses variétés, qui toutes s'accommodent à tous les climats. Ainsi, partout on peut élever et conserver les races dont nous avons le plus de besoin, ou qui, par leurs formes, nous plaisent le mieux. Il en résulte donc, que le premier et le seul principe à suivre, est de prendre dans chaque race les individus les plus beaux, pour servir à la reproduction, en ayant soin de contre-balancer les défauts des uns par des beautés dans les autres.

Tout en rapportant les avis pour et contre les unions consanguines, M. Delabere-Blaine laisse apercevoir qu'il ne les regarde pas comme aussi funestes que l'on pourrait le croire. Je pense comme lui.

Everration.   *Worming.*

Les anciens avaient beaucoup d'idées erronnées sur l'économie animale; cependant leurs méprises ont été graduellement reconnues. Il en existe encore pourtant quelques-unes pour lesquelles des personnes même instruites conservent du respect. C'est ainsi que beaucoup de monde est persuadé qu'il y a un ver placé sous la langue du chien. Cette croyance existait long-temps avant Pline, et elle a pour origine la tuméfaction de la bouche produite par la rage, et le désir que l'on a eu d'observer ce phénomène; alors on a découvert sous la langue une substance ligamenteuse proéminente, dont on a fait un ver, et auquel on a donné le nom de lytta (1); delà

______

(1) « Est vermiculus in ligua cernum, qui vocatur lytta, quo excepio, » infantibus catulis, nec sabidi fiscent, nec fastidum sentiunt. »—*Clinii. Hist. nat.* lib. 29, c. 32.

on crut pouvoir conclure que c'était la cause réelle de cette maladie. Je dois faire remarquer ici que c'est seulement par suite de cette erreur que l'on a donné comme autre origine de la rage, le mal de dents causé par de petits vers *(maggots)* logés dans les dents.

Je suis honteux de traiter ce point gravement ; mais lorsque l'on considère que des écrivains instruits prétendent que s'il n'existe pas de ver sous la langue, au moins il y a *quelque chose* dont l'enlèvement, suivant eux, préserve les animaux de devenir enragés, ou du moins s'ils le deviennent, les empêche d'occasionner de plus grands malheurs.

L'anatomie démontre que beaucoup des organes libres sont doublés d'une membrane qui les entoure, et que cette doublure est fortifiée par des substances ligamenteuses. C'est de cette manière que la langue de l'homme et celles de beaucoup d'animaux sont maintenues et résistent aux efforts du vomissement, des convulsions, etc. ; le frein ou bride paraît aussitôt que l'on ouvre la gueule d'un chien, et en soulevant la langue on l'aperçoit qui s'étend depuis la racine jusqu'à la pointe. Il ne faut qu'une légère inspection pour reconnaître que l'usage de cette bride est de maintenir la langue ; et il faut bien se torturer l'imagination pour concevoir toute autre chose. Dans l'opération appelée *éverration*, la membrane servant d'enveloppe étant incisée, on voit la substance ligamenteuse appelée *ver*, dont l'extraction constitue la vertu de l'opération. Après avoir saisi un bout de ce ligament, on l'extirpe jusqu'à l'autre bout. La force que l'on est obligé d'employer pour étendre cette substance qui, par son élasticité revient sur elle-même, une fois dehors de la gueule, fournit une preuve pour les gens crédules que c'est bien un ver.

Cependant quelques personnes instruites ne croyent pas ridiculement que ce soit un ver, ou un corps jouissant d'une existence indépendante ; mais des chasseurs, qui ne sont pas sans instruction, persistent à croire que cette opération rend les chiens attaqués de la rage incapables de mordre.

Dans la variété de la rage appelée *rage mue*, j'ai eu l'occasion de reconnaître que cette maladie consistait principalement dans une affection particulière des intestins, ordinairement accompagnée de la tuméfaction des parties de l'arrière-bouche, de la base de la langue, et qui fréquemment rendent le chien incapable de mordre. Lorsque cette maladie se déclare dans un chien qui a été *éverré*, sa douceur est attribuée à cette opération. On doit donc rencontrer fréquemment réunies et l'incapacité de mordre et cette opération, puisque la rage mue est une maladie fréquente du chien et l'éverration très-commune parmi les chasseurs ; cependant ces circonstances sont indépendantes l'une de l'autre.

Le retranchement d'une portion de membrane dans la bouche du chien ne porte aucune influence fâcheuse sur lui, pas plus que celui d'une partie de la queue. L'usage de cette partie est simplement mécanique, pour maintenir la langue. Quant à la cause qui empêche les chiens de mordre, elle consiste dans une tuméfaction d'espèce particulière, de la base de la langue et des parties environnantes. Je n'hésite donc pas à déclarer que l'opération d'*éverrer* est fondée sur l'ignorance et l'erreur, lorsque l'on la pratique comme préservative des effets de la rage.

On *éverre* pour éviter l'action de *ronger*, à laquelle les jeunes chiens sont portés, d'abord pour jouer, ensuite pour engourdir la douleur que produit la dentition. On remarque aussi, et pour les mêmes raisons, une semblable habitude dans les enfans. Dans ce cas, l'opération ne produit d'effet que par la plaie, dont la guérison permet le retour de l'habitude que l'on a cru prévenir.

Note du Traducteur. —En France, comme en Angleterre, on croyait, et l'on croit encore, que le corps blanc s'étendant de la base à la pointe de la langue, dans sa ligne médiane à sa face inférieure, était un ver dont l'extraction pouvait empêcher les chiens de devenir enragés. Il est très-probable que le peu de succès obtenu de cette opération, l'a fait tomber dans le discrédit où elle se trouve actuellement auprès des hommes de l'art. Cependant quelques derniers faits ont donné à penser que dans quelques circonstances elle pouvait être utile, et plusieurs vétérinaires l'ont pratiquée, surtout dans le cas de la *maladie*.

M. Appert, vétérinaire, a extirpé plusieurs fois et avec succès ce corps vermiforme, dans une maladie particulière du chien, où ce corps paraissait être lui-même dans un état morbide, son volume étant beaucoup augmenté.

M. Liégard a obtenu aussi du succès de cette opération.

Comme aucuns faits de pratique, surtout lorsqu'ils sont annoncés par des hommes instruits, ne doivent être négligés, il est important que les vétérinaires qui ont occasion de traiter des chiens, répètent ces expériences, dont le résultat donnera à connaître si les succès annoncés sont réellement dus à l'éverration.

Fièvre. Fever.

La fièvre simple est très-rare, ou pour mieux dire, ne se voit jamais dans les chiens. Les inflammations des principaux organes du corps, tels que les poumons, les intestins, les reins, la vessie, etc., sont très-communes : il ne se présente donc de fièvres particulières que celles de la *maladie*, de la *rage*, etc., etc.

Fractures.

Les membres des chiens sont exposés à être souvent frac-
turés ; mais comme l'irritabilité est moins grande chez eux
que chez nous, ils souffrent beaucoup moins dans ces cas,
et les pièces fracturées se réunissent souvent d'elles-mêmes ;
mais souvent alors le membre reste difforme. Le fémur, ou
os de la cuisse, est sujet à être souvent fracturé, et malgré
l'apparence grave que présente cet accident, cependant il est
un de ceux qui, avec quelques soins, se guérit facilement, et
sans rendre le membre plus faible. Quelquefois la fracture
du fémur est accompagnée de contusions ou meurtrissures des
parties charnues, et il en résulte une tension, de la chaleur
et une inflammation que l'on pourra combattre par des
lotions d'eau saturée de vinaigre. Lorsque l'inflammation
sera calmée, il faudra appliquer un emplâtre de poix ou
de toute autre matière adhérente, étendue sur un morceau
de cuir assez large pour couvrir la face externe de la cuisse
et la contourner en dessous ; on place dessus une attelle qui
doit s'étendre du bas de la patte à un ou deux pouces du dos,
afin de maintenir le membre d'une manière fixe ; l'attelle
sera assujettie par une longue bande entourant tout le membre,
depuis la partie inférieure jusqu'au haut de la cuisse ; delà
on la passera sur le dos pour la fixer à la cuisse opposée,
sur laquelle on fera quelques tours. Comme ce bandage
pourrait glisser par dessus la queue, il est bon de le maintenir
par un cordon qui, du bandage, va s'attacher au cou.

On doit traiter de même les fractures du scapulum, ou
os de l'épaule.

Dans les fractures des os des membres antérieurs et postérieurs, il faut porter beaucoup d'attention à bien assurer
leur réunion. Aussitôt que l'inflammation et la tuméfaction

ont cessé, il faut appliquer autour des parties malades un emplâtre poisseux ; on aura le soin d'égaliser toutes les inégalités que présente le membre, avec de la charpie ou des étoupes, pour éviter, sur les parties proéminentes, une pression qui pourrait les blesser ; ensuite on posera plusieurs attelles d'un bois flexible, et on les maintiendra par un bandage. Dans toutes les fractures, on aura le soin de ne pas exercer une compression trop forte, qui amènerait l'inflammation et par suite la gangrène. Dans les fractures des membres antérieurs, l'appareil sera maintenu plus longtemps que dans celles des membres postérieurs ; sans cette précaution, le membre prend graduellement une fausse conformation.

Lorsque la fracture est compliquée, c'est-à-dire lorsqu'il existe en même temps une plaie qui pénètre jusqu'aux os divisés, il faut se servir des mêmes moyens employés dans la chirurgie humaine ; on enlèvera avec la scie toutes les inégalités aiguës, on extirpera toutes les esquilles, et on cherchera ensuite à guérir la plaie le plus promptement possible. Cependant, les bouts de l'os doivent être mis en contact, et maintenus par un bandage approprié, et l'on ne supprimera les attelles qu'après l'entière guérison.

Il arrive assez fréquemment, dans les fractures compliquées, et même dans les simples, qu'il se forme une fausse articulation, lorsque le traitement est négligé. Dans ce cas, la substance qui se forme entre les abouts de l'os fracturé, conserve l'état cartilagineux, ou bien ces abouts se cicatrisent sans se souder. C'est pourquoi le membre ne devient jamais solide, et lorsque l'on l'examine, on y reconnaît un mouvement plus ou moins obscur.

J'ai été souvent consulté pour ces cas, et il n'y a de moyens pour y remédier, qu'en enlevant avec une scie très-fine les extrémités cicatrisées de l'os, après les avoir mis à découvert, ou bien en traversant la substance cartilagineuse intermédiaire par un séton que l'on laissera pendant huit ou quinze jours. Au bout de ce temps, on le retirera, on laissera cicatriser la plaie, et l'on continuera d'agir comme dans une fracture simple, on obtiendra également du succès par ces deux opérations ; cependant si le corps interposé entre les deux bouts de l'os, n'est pas épais, le séton sera moins douloureux et son succès aussi certain.

Note du Traducteur. — Les fractures sont assez faciles à réduire dans les chiens, et l'on peut facilement faire l'application d'un bandage méthodique qui s'oppose aux difformités du membre. Il est inutile d'appliquer, comme l'indique l'auteur, un bandage emplastique. Ce bandage aurait l'inconvénient d'établir une trop forte compression. Dans les fractures simples et sans plaies, une compresse peu épaisse suffit pour former la première pièce du bandage, sur celle-ci on en établira d'autres plus ou moins large pour établir le niveau de toutes les parties. On peut, pour ce but, se servir aussi de charpie ou d'étoupes. Les attelles dont on se servira pour donner de la solidité au bandage, seront d'un bois flexible et enveloppées de linge, pour que leur pression soit plus douce. On les maintiendra par une longue bande circulaire que l'on fixera.

Il est difficile d'appliquer un bandage lors de la fracture de l'os de la cuisse ou de celui de l'épaule. J'ai eu à traiter plusieurs de ces fractures, particulièrement de l'os de la cuisse, et malgré les moyens que j'employais, le bandage se dérangeait toujours ; néanmoins j'ai remarqué que les fractures se réduisaient, et en général sans difformité. J'ai donc cessé d'employer des bandages dans cette circonstance, en me contentant d'appliquer un vésicatoire ou un emplâtre poisseux sur toute la cuisse. Ce topique, en bornant les mouvemens du membre, favorise la cure. Le chien est un malade fort docile, et on peut le faire tenir couché sur le même côté très-long-temps.

Les fractures compliquées de plaies doivent être maintenues par un bandage de plusieurs pièces, dont chacune ne doit faire qu'un tour sur le membre, afin de panser plus facilement la plaie, sans être obligé de dérouler plusieurs tours de la bande.

Je vais citer un fait qui donnera un exemple d'une fracture très-compliquée, et en même temps des ressources de la nature. Un très-beau chien de chasse pour le sanglier fut atteint par une balle, au moment où il coiffait un sanglier. Cette balle fractura et réduisit en pièce tout le corps de l'os du bras. Lorsque le chien me fut apporté, je jugeai qu'il serait convenable de faire l'amputation du membre dans l'articulation scapulo-humérale, et c'est ce que j'aurais fait, si je n'avais été obligé de m'absenter, ce qui m'empêchait de donner les soins suivis que nécessitait une pareille opération. Je me contentai donc de rendre la plaie aussi simple que possible; je fis l'extraction de toutes les esquilles, après quoi j'introduisis dans la plaie de la charpie imbibée d'eau-de-vie affaiblie par l'eau. L'inflammation fut combattue par des lotions émollientes. Lorsque la suppuration eut lieu, le pansement se fit avec le digestif simple. La plaie ne tarda pas à se fermer, et il se forma de temps en temps des abcès déterminés par quelques débris d'os. Enfin, les bouts de l'os se rapprochèrent, se soudèrent, et le chien, au bout d'un an environ, fut dans la possibilité de se servir de son membre, mais il resta boiteux.

C'était dans le moment de fortes chaleurs que cet accident eut lieu, je craignais par conséquent que la gangrène ne survînt à une plaie qui était si compliquée. Heureusement qu'il n'arriva aucun accident, et que la nature a bien voulu se charger de la réussite du traitement.

Gale.   *Mange.*

Cette affection cutanée est très-commune parmi toutes les espèces de chiens. Elle peut être comparée avec raison à la gale de l'homme ; et si je ne suis pas dans l'erreur, elle peut se communiquer à l'homme ; cependant je ne puis affirmer si celle de l'homme peut se communiquer aux chiens.

La gale du chien est une inflammation chronique de la peau, dont l'origine est dans certains cas idiopathique, dans d'autres le résultat de la contagion. Cependant, sa propriété contagieuse n'est pas toujours aussi grande qu'on l'a supposé ; j'ai vu des chiens qui ont couché long-temps avec d'autres, affectés de la gale, sans la gagner ; mais dans quelques individus, la prédisposition est telle, qu'ils en ont été affectés par le contact le plus court et le plus léger. La gale acquise par la contagion est plus susceptible de se communiquer que celle qui est le résultat d'une constitution particulière.

La gale est aussi héréditaire. Une chienne couverte par un chien galeux donne souvent des petits chiens galeux ; lorsque c'est la chienne qui est atteinte de la gale, bien certainement ses petits en seront affectés plus tôt ou plus tard. J'ai vu des petits chiens qui en étaient couverts peu de jours après leur naissance. La constitution morbide qui peut donner naissance à la gale est le résultat de plusieurs causes. Lorsque des chiens sont réunis en plus ou moins grand nombre, l'âcreté de leur transpiration et de leurs urines fait naître une gale très-virulente et très-difficile à guérir. La même chose arrive lorsqu'ils sont nourris avec des alimens salés ; c'est pourquoi les chiens qui arrivent des différens pays par les vaisseaux, sont ordinairement affectés de la gale ; une mauvaise nourriture, une litière sale et froide, la produisent ; et il résultera encore plutôt le même effet d'une nourriture trop abondante, et d'une habitation close et renfermée. Dans ces deux situations, en apparence contraires, la balance entre les fonctions de la peau et la circulation n'est pas conservée, et cette maladie en est une des conséquences.

La gale offre des variétés bien distinctes; elle présente aussi quelques anomalies. Elles se déclare ordinairement par une éruption sur différentes parties du corps, quelquefois bornée sur le dos; dans d'autres cas s'étendant aux bras, aux cuisses, et aux articulations. Ces éruptions sont d'abord pustuleuses; cependant, dans certaines circonstances, ce sont de simples crevasses de la peau, laissant échapper une humeur séreuse, qui se concrète et forme des boutons.

Une autre espèce de gale est nommée *gale rouge*, par la teinte rouge que prennent la peau et les poils des parties affectées. Dans cette variété, on remarque moins de boutons, mais la peau, surtout dans les chiens blancs, parait toute entière dans un grand état d'inflammation. La sensibilité est augmentée, et les démangeaisons sont insupportables. Dans la gale rouge, les poils éprouvent un état morbide, et leur couleur s'altère, surtout à leurs extrémités; si la gale est de longue durée, le poil finit par tomber et laisse le corps tout nu. Les chiens qui ont une robe à poils durs, sont plus particulièrement sujets à éprouver cette décoloration.

Une autre espèce de *gale*, mais bien moins fréquente que les précédentes, parait être une affection particulière des glandes sébacées, qui s'ulcèrent intérieurement, et dont les orifices excréteurs s'aggrandissent. Cette affection est rarement répandue sur tout le corps, mais elle est partielle et attaque la face, le tour des articulations, ou quelques portions isolées du corps. Les parties malades sont tuméfiées, luisantes et spongieuses. De chacune des petites ouvertures, il découle une matière qui tient du mucus et du pus. Je n'ai jamais vu cette espèce de gale que dans les fortes espèces de chiens et communément, je pense, dans les chiens d'arrêt ou couchans.

Une autre forme sous laquelle la gale paraît fréquemment est celle que les chasseurs ont appelée *ébulition (surfeit) ;* dans beaucoup de cas, cette maladie paraît être l'effet d'un état inflammatoire de tout le corps, et dans quelques-uns, d'une inflammation interne d'un organe particulier. Alors les boutons ont une forme pointue ; les chiennes, après le part, et les chiens nouvellement guéris de la maladie, en sont souvent attaqués. D'autres irritations fébriles peuvent aussi produire cette variété : ainsi, un chien qui aura beaucoup marché pendant une journée très-chaude, sera exposé à avoir une ébulition, s'il est exposé à un air froid. De même, à la suite d'un accès inflammatoire, il se manifestera une soudaine éruption, accompagnée de rougeur et de chaleur. Cette éruption a souvent la forme de pustules, et il n'est pas rare qu'elle s'étende sur tout le corps. Quelquefois elle ressemble un peu à la naissance de la gale ; mais il se forme de larges plaques rudes, où le poil tombe et laisse la peau à nu, excepté l'élévation produite par l'éruption squammeuse, dont la démangeaison est plus ou moins violente. Plusieurs chasseurs pensent que cette maladie peut être occasionnée par des alimens donnés trop chaud. Il est certain que les substances salées la feront naître, ainsi qu'une nourriture trop constante avec des farines d'avoine et d'orge.

Les *anomalies* de la gale sont variées. Le cancer de l'intérieur de l'oreille et celui des parties extérieures sont des affections qui sont de nature sporique ; on doit ranger dans la même classe l'inflammation du scrotum, l'ulcération des ongles, ainsi que celle des paupières. Le traitement *général* doit être le même pour tous les cas, et le traitement *local*, propre à chaque variété, est indiqué à chaque chapitre.

De temps à autre, il se déclare une espèce de *gale aiguë*. L'animal est pris d'un violent accès de fièvre, la respiration est pénible, et il ne peut dormir. Quelques parties du corps ordinairement la tête) se tuméfient, et le second ou troisième jour, il se déclare des ulcérations sur le nez, les paupières, les lèvres et les oreilles. Ces ulcérations sont superficielles et étendues, et persistent plus ou moins de temps, suivant que le traitement est dirigé. Les saignées, les apéritifs et les fébrifuges, forment le traitement interne. Pour topique on fera des fomentations tièdes, les deux premiers jours, et lorsque la tuméfaction aura cessé et que les ulcères se montreront, on appliquera dessus un onguent rafraîchissant de suracétate de plomb avec du blanc de baleine. Ce qui reste de cette maladie, au bout de huit à dix jours, doit être traité comme la gale ordinaire.

La gale est généralement regardée comme une maladie gênante et désagréable ; mais non comme autrement dangereuse. Il peut donc paraître étonnant que je dise que non-seulement elle est dangereuse, mais même qu'elle est souvent mortelle. Lorsqu'elle dure long-temps, elle se termine souvent par hydropisie ; dans beaucoup de cas, les glandes mésentériques s'engorgent, et l'animal meurt dans le marasme ; enfin, dans aucunes circonstances, on ne peut la négliger impunément. La gale nuit beaucoup aux chiens de chasse : elle les empêche de remplir leur but, elle leur fait perdre l'odorat, et affaiblit leur haleine et leurs forces : et comme je l'ai dit plus haut, je ne crois pas qu'un chien affecté de la gale soit un compagnon bien sain pour l'homme.

Traitement de la gale. Quelle que soit la ressemblance qui existe entre la gale du chien et celle de l'homme, il y en a cependant une très-grande dans le succès du traitement ; la gale qui affecte l'homme cédant bien plus facilement à l'action des médicamens. Les médecins considèrent cette affection comme locale ; mais les vétérinaires pensent, à leur grand déplaisir, que c'est une maladie constitutionnelle, et souvent trop enracinée. De même que pour la gale de l'homme, il faut employer les médicamens qui peuvent faciliter l'absorption, et le soufre est pour l'une comme pour l'autre celui qui est le plus généralement employé ; mais comme la gale canine se montre sous plusieurs formes, et est en même temps plus difficile à guérir , il est rare que cette seule prescription puisse suffire. Les *formules suivantes* sont données pour l'espèce de gale qui a été décrite la première.

N°. 1.

Soufre en poudre , jaune ou noir.........	4 onces.
Muriate d'ammoniac *(sel amoniac)*	½ once.
Aloès en poudre.......................	1 dragme.
Térébenthine de Venise..............	½ once.
Saindoux...........................	6 onces.
Mélangez.	

Ou N°. 2.

Tabac en poudre......................	½ once.
Ellébore blanc en poudre...............	½ once.
Soufre en poudre.....................	4 onces.
Aloès en poudre......................	2 dragmes.
Saindoux	6 onces.

Ou N°. 3.

Charbon de bois, en poudre...........	2 onces.
Soufre	4 onces.
Potasse	1 dragme.
Saindoux..........................	6 onces.
Térébenthine de Venise	½ once.

Ou N°. 4.

Acide sulfurique.....................	1 dragme.

(157)

Saindoux............................... 6 onces.
Goudron .... 2 onces.
Chaux en poudre...................... 1 once.

Ou N°. 5.

Décoction de tabac..................... 3 onces.
Décoction d'ellébore blanc .... 3 onces.
Muriate suroxigéné de mercure *(sublimé
corrosif)*................................. 5 grains.

Dissolvez le sublimé corrosif dans les décoctions qui ne doivent pas être très-fortes; lorsqu'il est dissous, ajoutez deux dragmes d'aloès en poudre, pour donner un mauvais goût à cette lotion, et empêcher le malade de se lécher.

Les formules pour la *gale rouge*, sont les suivantes :

N°. 6.

De l'un ou l'autre des onguens N°s. 1, 2
ou 3.................................... 6 onces.
Onguent mercuriel doux................ 1 once.
Mélangez.

Ou N°. 7.

Charbon de bois en poudre .... 1 once.
Craie préparée........................ 1 once.
Suracétate de plomb .... 1 dragme.
Précipité blanc de mercure............. 2 dragmes.
Soufre. .... 2 onces.
Saindoux............................. 5 onces.
Mélangez.

Dans quelques cas, l'onguent N°. 4 et celui N°. 6 étant

employés alternativement d'un jour à l'autre, ont donné de bons résultats. Dans d'autres, la lotion N°. 5 a produit de bons effets, en l'unissant avec de l'eau de chaux. Dans la gale rouge peu intense, la lotion suivante a eu du succès.

N°. 8.

Muriate suroxigéné de mercure *(sublimé corrosif)*.................................... 6 grains.
Sulfure de potasse *(foie de soufre)*....... ½ once.
Eau de chaux.................................... 6 onces.
Mélangez.

Le traitement de la troisième variété de la gale est très-différent ; lorsque les petits ulcères paraissent, on doit, avec une petite seringue, leur injecter la lotion N°. 8, et l'on frottera ensuite toutes les parties affectées avec l'onguent suivant :

N°. 9.

Onguent de nitrate de mercure............ 2 dragmes.
Suracétate de plomb .... 1 scrupule.
Fleurs de soufre lavées. .... ½ once.
Saindoux.................................... 1 once.
Mélangez.

La quatrième espèce de gale, appelée *ébulition (surfeit)*, exige peu de différence dans le traitement, sinon que la saignée, les purgatifs et les dépuratifs sont ici plus nécessaires. Quant aux applications externes, il faut se rappeler que, dans ce cas comme dans toutes les autres espèces de gale, lorsque l'inflammation de la peau est très-grande, il faut d'abord calmer cette inflammation avant de faire usage des différens topiques indiqués. On obtiendra facilement cet effet, en faisant usage pendant quelques jours en onctions, de la formule suivante :

Suracétate de plomb .... 1 dragme.
Onguent de blanc de baleine.............. 2 onces.

Lorsque l'irritation est détruite, employez l'onguent N° 3, ou alternez avec celui N°. 6.

Outre ses variétés, la gale présente encore quelques particularités suivant les sujets ; mais on peut facilement les rapporter à l'une ou à l'autre des espèces décrites. Il y a beaucoup de *remèdes domestiques* en usage contre la gale, mais je ne crois pas qu'ils présentent beaucoup de confiance.

On ne peut, je crois, trop dire que les recettes précédentes sont bonnes ; elles ont été éprouvées par une longue expérience et une pratique heureuse. La décoction de tabac est fréquemment mise en usage, et, dans les affections légères, elle produit de bons effets ; mais il faut alors avoir beaucoup de précaution. car les chiens ont une grande tendance à se lécher, et la décoction de tabac peut les empoisonner. J'ai vu de ces exemples. On doit avoir les mêmes soins lorsque l'on emploie les lotions contenant en dissolution des substances âcres. On a encore l'habitude de plonger les chiens galeux dans une fosse à tan, mais c'est un remède sale et rarement efficace. Une infusion d'écorce de chêne, avec un peu d'alun. fera tout autant d'effet.

Après avoir indiqué le traitement externe, il est nécessaire de prescrire ce qu'il faut administrer à l'intérieur. Lorsque la gale est idiopathique, la constitution doit être altérée, et lorsqu'elle est le résultat de la contagion, elle doit altérer la santé générale, de sorte qu'à l'exception de cas rares où la maladie est très-légère, il faut nécessairement suivre un traitement interne. La saignée (1) doit presque toujours être employée, et surtout dans la *gale rouge;* j'ai retiré aussi quelquefois un grand succès d'un séton placé sur le cou, surtout lorsque la tête est très-malade. Il faut aussi porter son attention sur la nourriture, qui peut pêcher par la qualité et la quantité. Souvent on facilite beaucoup le traitement en changeant tout-à-fait l'espèce des alimens. Voyez art. *Nourriture.*

Des médecines régulièrement administrées produisent de bons effets, et pour remplir ce but, on donnera le sel d'epsom, à petites doses, deux ou trois fois la semaine. Mais le remède interne le plus efficace est l'emploi raisonné des altérans. On doit choisir ceux destinés à combattre la gale rouge dans les mercuriaux. Ils sont aussi très-bons dans les autres variétés de la gale, qui cependant peuvent guérir sans eux. La formule suivante est une des bonnes :

Sulfure noire de mercure *(œthiops minéral).*   1 once.
Surtartrate de potasse *(crême de tartre)...*   1 once.
Nitrate de potasse *(nitre)*..............   2 dragmes.

Divisez en seize, vingt ou vingt-quatre doses, suivant la force du chien, et donnez-en une chaque matin ou soir. Quelques autres recettes de ce genre, placées à la tête des ALTÉRANS, peuvent aussi être employées dans ces cas.

Dans les cas désespérés, lorsque les remèdes indiqués ont échoué, essayez la recette suivante :

---

(1) Dans les Transactions philosophiques, n°. xxv, on donne le détail du traitement heureux d'un chien galeux au moyen de la transfusion du sang d'un chien sain. Je doute que l'on obtienne beaucoup de résultats semblables en renouvelant la même expérience.

Acide sulfurique...................... 10 gouttes.
Conserve de roses...................... 1 once.
Fleurs de soufre. .... ½ once.

Divisez en huit, douze ou quinze pilules, suivant la force du chien, et donnez-en une tous les jours.

OU LA SUIVANTE :

Muriate suroxigéné de mercure............ 5 grains.
Eau de fontaine...................... 3 onces.

Dissolvez et faites-en douze ou quinze doses, et donnez-en une matin et soir.

Quant aux topiques externes, il faut les renouveler tous les jours, surtout s'ils sont liquides. Ceux qui contiennent du mercure doivent être employés avec précaution, il est nécessaire d'empêcher le chien de se lécher, et de veiller à ce qu'ils ne provoquent pas la salivation. Les chiens qui ont léché des préparations mercurielles, sont souvent attaqués d'une forte et violente diarrhée. Si l'on n'a pu empêcher cet accident d'arriver, on doit donner de suite une dose d'huile de castor, après quoi des astringens, dans lesquels on ajoute une petite quantité de soufre lavé. On en a eu de bons résultats.

Il est à remarquer que les onguens peuvent former des plaques sales sur le poil, sans pour cela agir sur la peau. Il faut au moins deux heures pour bien panser un chien : les poils doivent être séparés poil par poil, et l'on doit frotter chaque portion de la peau mise à nu, avec une petite portion d'onguent. en employant l'extrémité des doigts. Lorsque toute l'opération est terminée, on ne doit nullement s'apercevoir, à l'état du poil. des onguens que l'on a employés. Après trois ou quatre frictions, on doit laver le chien avec du savon mou et de l'eau, et l'on doit recommencer les frictions jusqu'à ce que la cure soit complète. Dans les gales de vieille date et d'un mauvais caractère, il faut persister long-temps dans l'emploi du traitement, pour obtenir la guérison. J'ai pansé un beau chien couchant, auquel on était attaché, qui a eu la gale pendant cinq ans, et ce n'est que par un traitement répété tous les jours, et avec soin, que j'ai pu en triompher complètement.

Note du Traducteur. — Les recherches nouvelles sur la gale peuvent faire regarder comme certain, qu'au moins une de ses variétés reconnaît pour cause la présence d'un insecte microscopique, du genre des mites, c'est l'*acarus scabiei*. Cette espèce de gale est beaucoup plus facile à guérir que celle qui est une affection particulière du tissu de la peau, et que l'on peut appeler *organique*.

Les chiens sont, je pense, plus sujets que les autres animaux à l'espèce de gale dite *organique* ; aussi, dans ces animaux, le traitement est-il toujours plus long, et les récidives plus fréquentes. Leur peau a une texture particulière, et quoique la transpiration insensible soit très-forte, ce qui est prouvé par l'odeur désagréable qu'exhale leur corps, cependant on ne les voit jamais suer. La thérapeutique vétérinaire est donc privée d'un des moyens puissans et en même temps des plus utiles dans le traitement des maladies de la peau ; celui de provoquer la sueur. Je pense même que les sudorifiques pourraient devenir nuisibles dans le traitement de la gale des chiens, en augmentant l'état d'irritation de la peau, dont les vaisseaux exhalans ne pourraient porter au dehors l'excès des fluides que les sudorifiques porteraient à cet organe.

Quelle que soit d'ailleurs l'espèce de gale, qu'elle soit organique ou le produit de la présence de l'*acare*, la base du traitement est la même. Les préparations sulfureuses sont les médicamens qui paraissent convenir dans tous les cas ; le sulfure de potasse *(foie de soufre)* est celui qui paraît produire les meilleurs effets. On l'administre soit en lotion, soit en friction, incorporé dans le saindoux, ou tout autre corps gras : son emploi doit être précédé, lorsque la maladie sporique est plus grave, que la peau est rouge, irritée, de plusieurs bains émolliens, préparés avec la décoction du son, de la mauve, etc. ; il faut se garder d'employer les remèdes actifs, dans lesquels se trouvent la décoction de tabac, les acides minéraux, le sublimé corrosif, etc., qui peuvent empoisonner les chiens ; car on a beaucoup de peine à les empêcher de se lécher.

Le traitement interne, les saignées, les sétons indiqués par l'auteur peuvent être suivis.

Hémorroïdes.   *Piles.*

Les chiens sont très-sujets aux hémorroïdes ; mais leurs symptômes ne sont pas très-connus, quoiqu'ils diffèrent peu de ceux de l'homme. Les hémorroïdes sont produites par le défaut d'exercice, la chaleur et une nourriture abondante ; elles se font apercevoir par l'anus qui est tuméfié, rouge et rude. Les chiens les aggravent en se frottant sur le sol. Les hémorroïdes sont aussi le résultat de la constipation : on peut confondre les ténesmes occasionnés par la diarrhée avec les hémorroïdes, l'anus présentant alors les mêmes symptômes ; dans ce cas, c'est la diarrhée qu'il faut combattre, et en même temps on oindra l'anus avec l'onguent suivant, en ayant soin de retrancher le goudron.

Les hémorroïdes seront calmées en faisant usage de l'onguent indiqué ci-dessous.

Sucre de plomb *(acétate de plomb)* .... 6 grains.
Goudron .... ½ dragme.
Saindoux .... 3 dragmes.

Mélangez et appliquez sur l'anus deux ou trois fois par jour. Pour éviter le retour de cette maladie, il faut donner une nourriture modérée et rafraîchissante, soumettre le chien à un exercice modéré, et administrer, d'un jour l'un, les poudres suivantes, autant de temps que l'on remarquera de disposition à cette affection.

Nitrate de potasse *(nitre)* .... ¼ dragme.
Fleurs de soufre...................... 3 dragmes.
Divisez en neuf, douze ou quinze doses.

Hernie.

Les chiens sont parfois sujets aux hernies ; ceux qui sont très-gras sont exposés à celle de l'épiploon, soit par l'anneau abdominal, par l'ombilic, ou par quelques ouvertures accidentelles dans les parois abdominales ; mais comme ces hernies ne sont pas faciles à réduire, et qu'elles sont rarement étranglées, il n'y a pas de règles à donner pour leur traitement.

Hydropisie.   Dropsy.

Cette affection n'est pas rare chez les chiens ; ils sont très-sujets à l'ascite ou hydropisie de l'abdomen ; celle de la poitrine est à peu près aussi fréquente. On rencontre plus

rarement des hydropisies enkistées, et l'anasarque, ou hydropisie de la peau, n'existe presque jamais, à moins qu'elle
ne soit symptomatique de l'ascite.

L'ASCITE, ou hydropisie de l'abdomen, n'est pas une maladie rare, comme je l'ai fait remarquer, et il se trouve quelquefois une immense quantité d'eau accumulée dans l'abdomen. Les causes en sont nombreuses. Les plus ordinaires
sont un asthme long-temps prolongé, ou une affection du
foie. Une gale négligée peut très-souvent occasionner l'hydropisie. La collection du fluide est quelquefois lente, d'autres
fois très-rapide, et la marche des symptômes varie suivant
les causes. Dans quelques cas la maladie se déclare par une
toux âcre ; dans d'autres on ne remarque qu'un appétit vorace [1] : et quoique le chien soit à même de satisfaire cet
appétit, cependant il maigrit ; néanmoins le ventre commence
à augmenter de volume : la respiration est laborieuse, et
l'animal a de la peine à rester couché ; il boit beaucoup, et
quoique dans les premiers momens il mange avec appétit,
cependant, à mesure que la maladie fait des progrès, son
appétit tombe, et tôt ou tard, il meurt suffoqué, le mouvement des poumons ne pouvant plus avoir lieu.

L'ascite se distingue de l'obésité, par une tumeur particulière que présente l'abdomen, qui dans l'hydropisie est pendante, tandis que les os du dos sont apparens et semblent
percer la peau : les poils sont hérissés et la peau est rude au toucher. On peut la distinguer de la plénitude par les mamelles,
qui alors augmentent de volume en même temps que le bas-
ventre. Dans la plénitude, l'abdomen n'a pas cette tendance

---

[1] Alors il est plus que probable que les glandes mésentériques sont
affectées : lorsque l'hydropisie est le résultat d'une affection du foie,
l'appétit n'est pas aussi fort.

à descendre, ainsi que cette apparence luisante que l'on re-marque dans l'hydropisie. Dans la plénitude, on remarque encore des bosses formées par les fœtus, et on distingue leurs mouvemens : le toucher est néanmoins le meilleur moyen de reconnaître la présence de l'eau ; si l'on applique la main droite sur un des côtés de l'abdomen, et qu'avec la main gauche on frappe sur le côté opposé, on sentira un mouvement d'ondulation, exactement semblable à celui qui aurait lieu si on faisait la même expérience sur une vessie pleine d'eau.

Traitement de l'ascite, ou hydropisie du bas-ventre. Le traitement de cette maladie est rarement couronné de succès, cette affection étant peu souvent idiopathique, et étant occa-sionnée le plus souvent par des affections chroniques très-graves, telles que l'asthme, les maladies du foie, des gales mal traitées, qui ont produit des ravages mortels dans toute la constitution organique. Cependant j'ai vu des ascites qui n'avaient été précédées d'aucunes de ces affections, et que j'ai guéries par l'évacuation de l'eau, et en en prévenant la re-formation ; mais ces cas sont très-rares, en comparaison de ceux qui entraînent la perte de l'animal.

J'ai répété plusieurs fois la ponction sur des chiens, et j'en ai tiré plusieurs quartes d'un fluide, quelquefois d'une consistance gélatineuse, et d'autres fois claire et séreuse. J'ai fait cette opération jusqu'à deux ou trois fois, ce qui a pro-longé l'existence ; mais cependant les malades ont fini par succomber. La ponction dans le chien se fait exactement comme dans l'homme. Un trois-quarts est l'instrument le plus convenable, cependant on peut se servir d'une lancette. Il faut éviter de ponctuer trop près de l'ombilic, ni dans le centre de la ligne blanche ; on aura la précaution de ne pas piquer de gros vaisseaux, particulièrement l'artère épigas-trique, que l'on peut facilement reconnaître au toucher.

L'eau contenue dans l'abdomen peut être évacuée tout d'une fois, l'animal ne témoignant pas de faiblesse, et ne paraissant pas éprouver aucuns changemens ; un bandage modérément serré sera appliqué autour du corps et maintenu quelques semaines, pour donner du ton aux vaisseaux absorbans.

J'ai essayé divers autres moyens pour opérer l'évacuation de l'eau, mais je n'en ai obtenu que très-rarement des avantages marqués. Dans très-peu de cas, l'administration des diurétiques a produit des effets salutaires et durables : la digitale est le diurétique qui m'a le mieux réussi ; cependant d'autres médicamens de cette classe ont été victorieux, lorsque la digitale avait été sans succès. Je vais donner les formules dans le rang où il est le plus convenable de les administrer, en observant, relativement à la digitale, qu'elle est plus certaine, dans ses vertus diurétiques, également dans le chien comme dans l'homme. La dose doit en être réglée de manière à éviter quelle agisse comme vomitif ou comme purgatif.

N°. 1.

Poudre de digitale...................... 12 grains.
Antimoine en poudre.................... 15 grains.
Nitrate de potasse *(nitre)*.............. 1 dragme.
Mêlez et divisez en neuf, douze ou quinze parties, dont on en donnera une matin et soir.

N°. 2.

Poudre de digitale..................... 9 grains.
Poudre de scille....................... 12 grains.
Surtartrate de potasse *(crême de tartre)* .. 2 dragmes.
Mêlez, divisez et donnez comme le N°. 1.

N°. 3.

Oxymel scillitique........................ 1 once.
Infusion de tabac........................ ½ once.
Ether nitrique........................... ½ once.
Teinture d'opium .... ½ dragme.
Infusion de camomille.................... 2 onces.

Mêlez et donnez depuis deux cuillerées à café jusque deux cuillerées à bouche. L'infusion du tabac se fait en jetant deux onces d'eau bouillante sur une dragme de tabac.

Dans quelques cas, j'ai combiné le calomélas avec les autres remèdes, jusqu'à la dose d'un demi-grain à un grain, matin et soir, et avec un avantage sensible. J'ai aussi essayé les effets de forts purgatifs mercuriels donnés deux fois par semaine, les diurétiques n'avaient rien produit. On a employé aussi les frictions et les bains chauds, mais sans avantage (1). Dans le petit nombre d'occasions ou les diurétiques ont eu du succès, ils ont été suivis ou accompagnés de forts toniques stomachiques. On ne doit pas les oublier lorsqu'on pratique la ponction, et c'est le seul moyen d'empêcher le retour de l'hydropisie.

L'HYDROTHORAX, ou hydropisie de la poitrine, est également fréquente dans les chiens, et peut être chronique ou aiguë; c'est-à-dire que la collection aqueuse est lente ou rapide : lorsque c'est une hydropisie chronique, elle est ordinairement

---

(1) Dans une circonstance, des frictions d'une partie d'essence de térébenthine avec deux parties d'huile d'olive, répétées matin et soir sur le ventre, ont paru favoriser l'absorption ; mais il faut dire que l'on donnait intérieurement aussi la térébenthine deux fois par jour, à la dose de quarante gouttes.

le résultat d'une affection chronique comme l'asthme, **ou** d'une gale négligée : cependant cette dernière donne plutôt naissance à l'ascite. La collection rapide du fluide est ordinairement le résultat d'une inflammation aiguë des poumons ; l'eau commence à se former dans la cavité thorachique, vers le troisième jour de l'invasion de la maladie, et augmente au point de suffoquer en peu d'heures l'animal. — Voyez *Inflammation des poumons.*

On peut croire qu'il existe une hydropisie de poitrine à l'anxiété que témoigne le chien lorsqu'il se couche, et à ses efforts pour maintenir alors la tête élevée. La poitrine paraît pleine, et le mouvement de l'eau se fait entendre. Le battement du cœur devient le signe caractéristique de cette affection, car la main placée sur un des côtés du thorax ressent une espèce de tressaillement, fort différent de ce que fait ressentir le mouvement du cœur dans l'état de bonne santé.

On doit essayer pour traitement les mêmes moyens indiqués dans l'hydropisie de l'abdomen ; mais jusqu'ici je n'ai pas encore obtenu de succès (1).

ANASARQUE. Comme je l'ai dit ci-dessus, cette maladie est rare, à moins qu'elle ne soit symptomatique de l'ascite. Quoiqu'il en soit, j'ai vu quelquefois cette affection, et c'était presque toujours dans des chiens vieux et faibles. Lorsqu'il reste quelqu'espérance de guérison, on emploiera le traitement indiqué pour l'hydropisie du bas-ventre ; et l'on pourra pratiquer avec la lancette quelques mouchetures sur la peau distendue.

---

(1) Je ne suis jamais parvenu à rétablir la santé, quoique j'aie plusieurs fois évacué l'eau en ponctuant avec précaution entre deux côtes, au moyen d'une lancette. Je n'ai pas éprouvé d'hémorrhagie ni d'autres accidens dans l'opération ; mais la terminaison a toujours été fatale, soit par la gangrène des poumons, soit par une nouvelle collection de fluide.

Hydropisie enkistée. On appelle ainsi une collection de sérosités, de graisse, ou d'une matière gélatineuse, dans un sac particulier. L'hydropisie des ovaires est la plus fréquente de cette espèce, et se voit assez fréquemment dans les chiennes ; mais alors c'est plutôt un amas de graisse que de sérosités. J'ai cependant vu plusieurs fois de véritables hydropisies de l'ovaire, sous la forme d'hydatides, qui toutes se sont terminées malheureusement, quoiqu'elles aient été très-lentes dans leur marche.

On reconnaît les hydropisies avec kiste à une tuméfaction moins étendue de l'abdomen, et au contre-coup ou ondulation qui se fait moins sentir. On peut remarquer aussi que la tuméfaction dans ces cas commence d'un seul côté, et se présente aux flancs près des reins, sans descendre, à moins d'y être déterminée par le poids.

Le *traitement* interne ne diffère pas de celui qui est indiqué pour l'ascite ; mais je n'ai jamais vu qu'un seul cas terminé heureusement, et dans lequel j'avais évacué le fluide au moyen du trois-quarts ; dans les autres circonstances, il n'y a pas eu de succès.

Il se présente souvent des hydatides ailleurs que sur les ovaires. J'en ai trouvé sur le foie, les poumons, la rate et sur le cerveau.

Note du Traducteur. On appelle *fluctuation* le mouvement du fluide renfermé entre des parois souples, déterminé par un choc sur l'une des parois, et qui se fait sentir à la paroi opposée ; c'est comme l'indique l'auteur, le moyen de reconnaître la collection des fluides contenus dans l'abdomen, des tumeurs enkistées, etc.

Presque tous les cas d'hydropisie sont mortels, surtout lorsque c'est dans la cavité thorachique que la collection d'un fluide a lieu. Dans cette espèce d'hydropisie, la marche des symptômes est ordinairement rapide. L'empième, ou ponc-tion de la poitrine, ne soulage que momentanément l'animal malade : le fluide évacué est promptement remplacé par une nouvelle collection d'eau, et le malade périt étouffé.

La marche de l'ascite est plus lente, laisse par conséquent plus d'espoir de guérison, et porte à employer les différens moyens qui paraissent être indiqués, et ceux prescrit par M. Delabère-Blaine sont bons. J'indiquerai donc seulement le manuel opératoire de la ponction du bas-ventre. La ponc-tion ne doit pas être faite sur la ligne blanche, ni intéresser les vaisseaux qui rampent sur les parois abdominales. Pour éviter de pénétrer trop avant et de blesser les intestins, il faut, d'une part, borner la longueur du trois-quarts, et de l'autre faire prendre à l'animal une position telle que le fluide occupe la partie que l'on veut ponctuer.

J'ai traité une très-belle chienne de chasse, affectée d'une hydropisie de bas-ventre. Une roue de cabriolet avait passé sur son corps : une forte saignée et des remèdes antiphlo-gistiques paraissaient avoir éloigné tous les accidens, lors-qu'au bout de huit à dix jours il se manifesta une jaunisse, avec complication d'ascite. Lorsque la collection du fluide fut parvenue au plus haut degré, je fis la ponction sur le côté droit de l'abdomen, à un pouce et demi de la ligne blanche. La chienne était couchée sur le côté gauche : il s'écoula au moins dix litres d'un fluide séreux, d'une teinte jaunâtre, et ayant l'odeur de la bile. La chienne parut soulagée par cette évacua-tion, son appétit revint; quelque temps après il y eut une nou-velle collection d'eau, qui disparut presque tout de suite, au moyen d'une crise opérée par des urines abondantes. Cepen-dant l'hydropisie se renouvela, une nouvelle ponction devint nécessaire, et il fut encore évacué une grande quantité de fluide. La chienne mourut quelques jours après l'opération. Je renvoie à l'article *Jaunisse* pour les détails de l'ouverture.

Inflammation.

Une inflammation générale , comme la fièvre simple , se montre rarement dans les chiens ; mais on voit fréquemment l'inflammation des différens organes du corps.

Gastrite.   *Inflamed stomach.*

L'inflammation de l'estomac est plus rarement essentielle que celle des intestins , ceux-ci sont ordinairement le siége primitif de l'inflammation , et l'estomac ne participe que secondairement à cet état inflammatoire. Lorsque la gastrite est essentielle , le vomissement est continuel et très-fatigant, la soif est inextinguible, et ne peut diminuer, malgré la possibilité de la satisfaire. La contenance du chien annonce une grande souffrance , qu'il ne cherche pas à cacher comme lorsqu'il est atteint d'une simple affection des intestins ; en même temps la bouche est écumeuse, et est chaude ou froide alternativement.

Lorsque la gastrite est intense , il est rare qu'elle ne se termine pas par la mort. Lorsqu'il y a espoir de guérison , ce n'est que par les saignées de la jugulaire et l'application des sangsues sur les parois de l'estomac que l'on peut l'espérer. On peut employer aussi les bains chauds et l'on ne doit pas négliger l'administration des lavemens. On placera des vésicatoires sur la poitrine; mais il ne sera rien administré à l'intérieur.

L'inflammation de l'estomac peut aussi reconnaître pour cause la présence de substances vénéneuses. Le traitement en est indiqué au chapitre Poisons.

Note du Traducteur. — Malgré l'opinion de l'auteur , je pense que, de tous les animaux domestiques, le chien est celui qui est le plus exposé aux inflammations essentielles de l'estomac : ce qui empêche, peut-être, de les bien étudier, c'est un des symptômes qui accompagnent ordinairement cette affection très-douloureuse. Ce symptôme est particulièrement celui de l'envie de mordre, qui souvent fait croire que le chien est affecté de la rage , et alors , il n'est pas étonnant que l'horreur que doit naturellement inspirer cette terrible maladie , empêche d'étudier plus particulièrement la simple inflammation de l'estomac.

La saignée , les sangsues sont les premiers remèdes indiqués : mais on ne doit pas négliger le traitement interne , comme le dit l'auteur. La soif dont est tourmenté l'animal malade favorise l'administration des remèdes. On peut lui présenter , soit une décoction légère de graine de lin , ou une dissolution de gomme arabique , ou bien encore du bouillon de veau. Il faudrait lui donner de force ces substances s'il ne les buvait pas de lui-même. Mais, comme je l'ai dit , les symptômes de cette maladie, qui ressemblent à ceux de la rage , jettent la terreur ; le chien est abandonné ou même est tué. A l'ouverture du corps , on trouve l'inflammation de la muqueuse de l'estomac , qui, souvent, est rempli de corps étrangers.

Entérite.   *Inflamed bowels.*

Les intestins du chien sont très-irritables et très-sujets à des inflammations de différentes espèces , suivant les causes qui les produisent. *La maladie* donne lieu a une inflammation dont le caractère est une diarrhée continuelle. Les chiens sont souvent affectés de rhumatismes, et il n'est pas moins vrai qu'extraordinaire, qu'il y ait jamais un rhumatisme aigu ou chronique, sans qu'il n'existe en même temps une inflammation plus ou moins forte des intestins. Cette particularité, du reste, ne se remarque que dans le chien. Dans beaucoup de cas, les intestins sont le siége immédiat et principal du rhumatisme, qui donne lieu à une inflammation d'un caractère particulier, reconnu facilement par ceux qui s'occupent des maladies du chien. Les poisons causent une inflammation des intestins d'un caractère très-grave. Voyez *chap. Poisons*.

Voyez *chap. Rhumatisme,* pour l'espèce d'inflammation qui en est le résultat.

La *constipation* donne lieu à une espèce d'inflammation des intestins très-commune. La constipation peut exister quelques jours, sans causer d'inflammation ; mais celle-ci est difficile à guérir, lorsqu'elle s'est développée. Cette espèce d'entérite se reconnaît à la lenteur de ses progrès, et au peu de gravité que présentent les symptômes. Le chien paraît mou, a de la peine à se mouvoir, et va se réfugier dans un coin ; son ventre est chaud et douloureux. La constipation est quelquefois telle, qu'il ne peut s'effectuer aucune déjection, et, d'autres fois, chaque effort étant accompagné de la sortie d'une petite partie d'excrémens, quelques personnes pensent que le chien est plutôt affecté de diarrhée que de constipation, et, par conséquent, ne peuvent suivre le traitement convenable.

Dans l'inflammation résultant de la constipation, l'estomac ne participe pas, dans le commencement, à cet état d'inflammation, et le chien ne témoigne pas une soif aussi ardente que si la maladie était spontanée et reconnaissait pour cause un arrêt de transpiration. L'obstruction a lieu ordinairement près de l'intestin rectum, ou même dans cet intestin, de sorte qu'en introduisant un doigt dans le rectum, on peut sentir une masse d'excrémens desséchés. Cette affection est assez fréquente pour que, lorsque l'on peut la soupçonner, on doit introduire le doigt dans le rectum pour s'assurer s'il n'y a pas constipation.

Néanmoins l'obstruction peut exister dans toute autre partie du tube intestinal. Je conserve un jejunum obstrué : dans le centre de cet intestin est un bouchon de liége que l'on avait méchamment fait avaler au chien. Des corps étrangers d'une forme aiguë, comme des aiguilles, des épingles, des os de poulet, placés de travers et s'implantant dans la substance de l'intestin, donnent lieu à de vives douleurs et à l'arrêt des matières. Souvent des mouvemens convulsifs, spasmodiques, déterminent des invaginations, et forment des obstacles insurmontables au cours des matières.

Lorsque l'on est assuré, par le toucher, que l'obstruction est le résultat d'une simple accumulation d'excrémens desséchés dans le rectum, il est évident que les purgatifs ne peuvent être avantageux, et qu'ils ne feraient qu'augmenter le mal, en rassemblant en masse plus dure les excrémens. Il faut alors chercher à diviser mécaniquement la masse desséchée, soit avec le doigt, un forceps, ou le manche d'une cuillère, et la retirer morceau à morceau. Si on ne peut remplir cette indication, ou si les matières desséchées ne sont pas à portée du toucher, il faut administrer fréquemment des lavemens. On est encore parvenu à triompher de constipations opiniâtres par l'emploi de bains chauds. On administre des purgatifs intérieurement dans le même cas, c'est-à-dire lorsqu'on ne peut toucher aux matières formant l'obstruction. On commencera par donner une forte dose d'huile de castor, que l'on fera suivre de substances plus actives ; si celles-ci ne font pas d'effet, on peut essayer alors, suivant la force du chien , de trois à six , ou huit grains de calomélas , à une demi-dragme ou deux dragmes d'aloès.

Si le chien rejetait la médecine , on pourrait en donner une seconde à laquelle on ajouterait un quart de grain d'opium : on peut essayer de donner le sel d'Epsom dissous dans du bouillon. Heureusement pour l'art, nous possédons un purgatif si actif et si prompt, qu'une seule goutte sur la langue peut purger. *L'huile de croton* (1), à ce que m'annonce M. YOUATT, agit aussi puissamment sur le chien que sur l'homme , et l'on doit par conséquent l'essayer dans ces circonstances. Il faut répéter , quoiqu'il en soit, l'administration du purgatif, toutes les trois ou quatre heures , jusqu'à ce qu'il agisse.

L'inflammation des intestins , qui constitue particulièrement l'entérite, et dont les causes spontanées sont ou une irritation , ou un arrêt de transpiration , a des symptômes bien plus véhémens. L'entérite , dès le début, s'annonce par une grande chaleur, une forte soif, la respiration laborieuse et l'insomnie. L'estomac est malade et, parmi les matières qu'il rend , il se trouve souvent de la bile ; l'animal malade n'a point d'appétit ; mais il recherche l'eau. Le ventre est très-chaud et douloureux au toucher : les yeux sont rouges , et la bouche et le nez sont alternativement chauds et froids. L'animal se couche souvent , sa contenance exprime une grande souffrance ; le pouls est vite et petit. L'entérite diffère des coliques spasmodiques par la chaleur et la sensibilité extrêmes des intestins, qui ne sont pas aussi développées dans les autres affections inflammatoires.

---

(1) Le CROTON est un genre de la famille des euphorbiacées. C'est le *Croton tiglium* que l'on trouve à Malabar, à Ceylan, aux Moluques, qui fournit une espèce de *pignons d'Inde,* qui ont une vertu purgative et vomitive très-violente et énergique. *(Note du Traducteur.)*

Il faut, de suite, saigner largement le chien ; suivant sa force on peut tirer de trois à six ou huit onces de sang. On administrera l'huile de castor ou le sel d'Epsom comme laxatifs ; mais, à moins que le chien ne soit fortement constipé, il faut se garder de donner des purgatifs actifs qui augmenteraient l'inflammation. On fera prendre des bains chauds toutes les trois ou quatre heures. S'il en résultait quelques inconvéniens, on pourrait se contenter de lotionner le ventre avec de l'eau chaude, au moyen de flanelles. Il ne faut pas négliger aucun de ces moyens. On donnera de fréquens lavemens avec l'huile de castor et le bouillon de mouton, pour procurer des évacuations, et lorsque le cas devient désespéré, on peut faire des frictions sur le ventre, avec l'essence de térébenthine, dans l'intervalle des bains ; appliquer dessus même un vésicatoire ou un cataplasme de moutarde. On retranchera toute nourriture, l'eau froide, et on ne donnera à boire que du bouillon de mouton. Si le vomissement persiste, on ajoutera dix ou vingt gouttes de laudanum à un breuvage d'huile de castor et de bouillon de mouton. Lorsque la paralysie du train de derrière survient, que le vomissement augmente, que la bouche, les oreilles sont pâles et froides, la gangrène est proche. La constipation n'a pas toujours lieu : quelquefois elle est légère, d'autres fois les intestins sont relâchés. Mais, dans le plus grand nombre de cas, il y a constipation, ou au moins disposition, c'est pourquoi on fera bien de donner, dès le principe, un laxatif. Si le chien est délicat, il faut débuter par l'huile de castor ; mais si l'on n'en a pas à sa portée, ou que son effet ait manqué, on donnerait avec avantage une légère dose de sel d'Epsom. Ce médicament a souvent été conservé par l'estomac, qui déjà avait rejeté l'huile de castor.

L'inflammation bilieuse des intestins est encore une espèce des affections de l'estomac. J'ai déjà dit que les chiens, ainsi

que tous les animaux qui vivent également de matières animales et végétales, étaient sujets à des affections du foie,
et que, dans ces animaux, souvent la sécrétion de la bile
éprouvait des altérations.

Je pense que l'inflammation bilieuse des intestins a, pour
cause primitive, quelqu'affection du foie qui altère la sécrétion de la bile, qui devient alors noire, et qui irrite fortement les intestins. Cette espèce d'inflammation peut se distinguer des autres par le vomissement de matières fétides,
noires ou jaunes, et pareillement par les déjections qui contiennent aussi des matières bilieuses. Les substances vénéneuses produisent également les mêmes effets ; c'est pourquoi il faut, dans ces circonstances, agir avec beaucoup de
précaution, le traitement étant bien différent dans les deux
cas. (Voyez *Poisons*.) Dans les inflammations résultant des
poisons minéraux, le vomissement est continuel et souvent
accompagné de stries de sang ; la bouche est tuméfiée et
exhale une odeur rebutante ; les déjections sont moins teintes
de sang, mais contiennent une plus grande quantité de bile
épaisse. Lors d'empoisonnement, la soif est inextinguible.

L'inflammation bilieuse n'est pas une maladie très-re-
belle, lorsqu'elle est traitée avec discernement. Lorsque la
diarrhée est forte, il ne faut administrer rien de plus fort
que l'huile de castor, et l'on ne doit pas en cesser l'administration, à moins que les évacuations ne deviennent trop
abondantes, trop fréquentes et mélangées de sang. Lorsque
les évacuations sont très-légères, j'ai quelquefois obtenu de
grands succès en donnant un purgatif mercuriel doux, comme:

Sous-muriate de mercure (*calomélas*).... 10 grains.
Aloès .... 3 dragmes.
Opium .... ¼ de gr.
Faites en quatre, six ou huit pilules, suivant la taille

du chien, et donnez-en une toutes les trois ou quatre heures, jusqu'à ce qu'on ait obtenu du soulagement. Il sera nécessaire de donner des lavemens avec le bouillon de mouton. On en fera prendre également intérieurement ; et l'on ajoutera dix gouttes de laudanum au bouillon, si le vomissement ne cessait pas. On emploiera les bains chauds ou des fomentations, dans le cas où le ventre serait chaud et tendu.

Cependant, il peut arriver fréquemment que les évacuations intestinales soient provoquées par la nature irritante de la bile, avant que la maladie ne se soit tout-à-fait déclarée, et même qu'alors les déjections soient teintes de sang. Ici, il ne faut pas se servir des laxatifs, mais employer la formule suivante :

Colombo en poudre...................... 1 dragme.
Craie en poudre........................ 1 dragme.
Gomme arabique en poudre.............. 1 dragme.
Opium en poudre. .... 1 grain.

Mêlez et divisez en trois, cinq ou sept pilules, selon la force du chien, et donnez-en une toutes les trois ou quatre heures. Il faudra administrer aussi un lavement avec une dissolution d'amidon, si le cas est très-grave. Quelquefois il y a complication de vomissement avec évacuation de sang, qui pourraient faire croire à la présence de poisons minéraux. Cependant le vomissement peut être calmé en donnant fréquemment, et à petites doses de dix à quinze grains, la poudre de colombo.

Note du Traducteur. — L'auteur tombe encore ici dans l'administration trop générale des purgatifs dans le cas d'inflammation des intestins. Ces médicamens ne peuvent qu'augmenter l'irritation existante, quelle qu'en soit la cause. Il peut y avoir cependant une légère exception, c'est lorsque l'inflammation est due à la constipation , et encore ne doit-on se servir que de purgatifs très-doux, après avoir employé précédemment les émolliens, surtout ceux qui sont d'une nature grasse ou mucilagineuse , tant en lavemens qu'en breuvages. Le traitement indiqué pour l'inflammation de l'estomac convient parfaitement bien à celle des intestins , sauf quelques modifications.

———————

Hépatite.　　　*Inflamed liver.*

Le foie , dans les chiens , est sujet à deux sortes d'inflammations , l'une rapide et aiguë ; l'autre lente et chronique.

L'inflammation aiguë du foie n'est pas très-fréquente ; cependant je l'ai vue plusieurs fois : elle peut être produite par le froid , et s'annonce par la pesanteur , l'insomnie, la respiration accélérée et la soif. Dans quelques cas , il y a de fréquens vomissemens , mais qui sont rarement de la nature douloureuse de ceux qui ont lieu dans l'inflammation de l'estomac ou des intestins. On peut distinguer l'hépatite de l'inflammation des poumons, par le nez et la bouche qui ne sont pas aussi froids ; il ne s'écoule pas aussi de ces parties autant de matière aqueuse que dans la pneumonie, et le chien n'a pas besoin de tenir la tête aussi élevée pour faciliter la respiration. Cette maladie se distingue aussi de l'inflammation des intestins, parce que les symptômes, dont plusieurs se ressemblent , n'ont pas le même degré d'intensité ; la région abdominale n'est pas aussi chaude ni aussi tendue ; cependant j'ai observé que le côté droit devenait beaucoup plus gros et plus sensible au toucher. Au second jour de l'inflammation , les urines ont une forte teinte jaune ; la peau devient également jaune, mais plus particulièrement les membranes de la bouche et des yeux.

Cette maladie est quelquefois accompagnée d'un relâchement de ventre, mais plus souvent de constipation. Lorsque la diarrhée est forte, c'est un signe que l'affection dégénère en inflammation bilieuse des intestins. L'inflammation du foie est communément mortelle, à moins qu'elle ne soit traitée dès le principe. Lorsque le vomissement devient fréquent, que les reins sont paralysés, et que la bouche est pâle et froide, on doit s'attendre à une terminaison fatale.

Le traitement propre à cette maladie, consiste dans une prompte et forte saignée, l'application d'un vésicatoire sur l'abdomen, et particulièrement vers le côté droit. On donnera quelques purgatifs doux, et si des circonstances ne permettaient pas l'application du vésicatoire sur la région du foie, on ferait prendre au chien deux ou trois bains chauds par jour. Lorsque le purgatif a opéré, il faut donner la formule suivante toutes les trois ou quatre heures.

Digitale en poudre...................... 8 grains.
Antimoine en poudre.................... 16 grains.
Nitrate de potasse *(nitre)*.............. 1 dragme.

Mêlez et divisez en sept, neuf, ou douze paquets, ou faites-en autant de pilules, suivant la taille du chien. Si l'on n'obtient pas d'amélioration, il faut répéter la saignée, et stimuler la peau plus énergiquement.

L'inflammation chronique du foie se montre quelquefois spontanément et est idiopathique; d'autres fois elle est le résultat d'autres affections. Une gale invétérée peut occasionner des altérations dans le foie. Dans certains cas, *la maladie* donne lieu à une inflammation lente de cet organe; cette inflammation est le plus souvent accompagnée d'une éruption pustuleuse sur le ventre. La peau est colorée par la bile, et les urines contiennent toujours une très-grande quantité de bile.

Cette maladie se reconnaît à un état de pesanteur, de dépérissement ; le poil est hérissé, et souvent on remarque une tumeur sur le côté droit de l'abdomen. Le poil hérissé fait quelquefois confondre cette affection avec celle que pourraient produire les vers ; mais on les distinguera par la faim qui caractérise les affections vermineuses et par la pesanteur et la lenteur des mouvemens de l'animal affecté de l'hépatite chronique.

On doit débuter dans le traitement par un purgatif mercuriel, et ensuite on donnera soir et matin une des pilules suivantes :

Sous-muriate de mercure *(calomélas)* ...... 20 grains.
Poudre d'antimoine.................... 3o grains.
Mirrhe en poudre..................... 2 dragmes.
Gentiane en poudre................... 2 dragmes.
Aloès .... 2 dragmes.
Mêlez avec quelques substances, à consistance de sirop, et divisez en quinze, vingt ou vingt-cinq pilules, suivant la force de chien.

Onguent mercuriel .... 1 once.
——— vésicatoire................... 2 dragmes.
——— de cire jaune................. 1 once.
Mélangez.

Frottez avec le volume d'une muscade de cet onguent la région du foie, une fois par jour ; continuez ce traitement quelques jours, en ayant bien soin d'examiner la bouche, pour prévenir une violente et soudaine salivation. Cependant on doit maintenir la bouche dans une disposition modérée à la salivation, car je n'ai jamais remarqué de guérison sans cette condition.

Péripneumonie.   *Inflamed lungs.*

Cette maladie est assez fréquente dans les chiens ; dans quelques années elle prend un caractère épidémique, et fait périr un grand nombre de ces animaux. Dans la plupart des cas, l'inflammation des poumons reconnaît pour cause l'action du froid. Je l'ai vue fréquemment la suite de la coutume cruelle de les tondre par un temps froid, ou de leur faire prendre des bains d'eau froide, sans avoir la précaution de les essuyer. Quelquefois *la maladie* en est la cause.

Cette affection est ordinairement rapide dans sa marche et sa terminaison fatale. Cette tendance mortelle est souvent augmentée par les progrès que la maladie a fait avant que l'on ne s'en soit aperçu et que l'on ait pu donner les soins capables de diminuer l'inflammation. Dans un moment où cette maladie était épidémique (c'était un printemps modérément chaud), beaucoup de chiens ne dépassaient pas le troisième jour ; ceux qui allaient plus loin étaient suffoqués par un hydropisie qui se formait dans la poitrine. L'hydropisie n'est pas la terminaison invariable de cette affection. J'ai vu périr beaucoup de chiens d'une congestion de sang dans les poumons. De temps en temps, lorsque le traitement est mis en usage dès le début, on obtient la résolution et le retour de la santé.

Les symptômes de l'inflammation des poumons sont : une respiration laborieuse très-accélérée, le mouvement du cœur prompt et oppressé ; le chien tient sa tête très-élevée pour respirer plus facilement, et cette position est un des signes caractéristiques de la maladie. Le nez est souvent très-humide , les oreilles et les pattes sont froides. On remarque fréquemment une toux vive et brève.

Le traitement doit commencer par de larges saignées ; mais il faut particulièrement se rappeler que l'on ne doit saigner que dans les premiers temps de la maladie : si l'on tirait du sang passé le second jour, le chien périrait fréquemment des suites de la saignée. Cette circonstance ne doit jamais être oubliée des praticiens , qui peuvent se rappeler les résultats fâcheux pour en avoir agi autrement. La première saignée doit être la plus forte. Pour chaque livre que pèse un chien, lorsqu'il ne dépasse pas huit livres , on peut tirer une demi-once de sang ; lorsque le poids est plus considérable, on peut tirer un quart d'once par livres , et dans le cas où ce serait un chien très-fort et très-lourd , il faudrait modérer les proportions indiquées. On couvrira toute la poitrine d'un vésicatoire , après avoir rasé le poil ; on recouvrira le vésicatoire d'un bandage bien approprié ; si l'on n'a pas d'onguent vésicatoire sous la main , on fera des frictions d'essence de térébenthine, et on les répétera toutes les deux ou trois heures. On administrera des lavemens, et on ne perdra pas de temps à donner intérieurement le remède suivant :

Digitale en poudre......................... 12 grains.
Emétique .... 3 grains.
Nitre .... 1 dragme.

Mêlez et divisez en six, neuf ou douze prises, ou en autant de pilules, dont vous en donnerez une toutes les deux ou trois heures ; s'il existe de la toux, on substituera le remède suivant :

Teinture de digitale..................... 1 dragme.

(185)

Emétique .... 3 grains.
Nitrate de potasse *(nitre.)* .... 1 dragme.
Oximel .... 2 onces.

Donnez une cuillerée à café de cette mixture, toutes les
deux ou trois heures ; si ce remède agissait comme vomitif,
il faudrait en diminuer la dose.

Il faut avoir le soin particulier de tenir le chien dans
une température fraîche, et pourvu que la peau soit à l'abri
du froid, il importe peu que l'air respiré soit très-frais ; si ,
au bout de quatre heures, il n'y a pas de mieux, il faut répéter la saignée, et renouveler les vésicatoires ; mais si, malgré
tous les soins, le nez et la bouche sont d'un froid intense , et
que la tête conserve sa position particulière, on doit s'attendre à une terminaison funeste (1).

Note du Traducteur. — M. Delabère-Blaine a très-bien
indiqué le traitement externe : la saignée et les vésicatoires
sont les moyens les plus puissans que l'on possède contre les
inflammations des organes internes , et surtout contre celles
des organes de la respiration. Le poumon a incessamment besoin d'être dégagé du sang qui s'y porte en trop grande quantité, et les évacuations sanguines, ainsi que les irritations
extérieures , remplissent parfaitement ce but. Quant au traitement interne , celui que l'auteur a indiqué n'est nullement
convenable , et les médicamens incendiaires qu'il prescrit, ne
peuvent qu'augmenter l'inflammation déjà existante. Comme
il est très-facile de faire boire le chien , c'est en breuvage

______

(1) Je proposerais aux vétérinaires de faire, dans certains cas, l'opération de l'empième, comme dernière ressource. L'évacuation du
fluide contenu dans la poitrine, pourrait arrêter la terminaison fatale.
Cette expérience, du reste, mérite d'être tentée.

qu'il faut leur administrer les médicamens, et dans ce cas-ci plutôt que dans les autres. C'est aussi sous cette forme que les antiphlogistiques, qui sont convenables, agissent le mieux. Les décoctions mucilagineuses, la dissolution de gomme arabique, l'eau de laitue édulcorée avec le miel et nitrée, le bouillon de veau, sont les médicamens que l'on choisira et que l'on peut se procurer partout.

Cependant, lorsque les maladies de poitrine ont un caractère épidémique, ce qui dénote toujours une perturbation générale des fonctions, on peut essayer de rétablir l'équilibre par une secousse plus ou moins forte, et alors on pourra, dès le début de la maladie, faire usage des formules ordonnées par l'auteur.

Cystite.   *Inflamed Bladders.*

Cette maladie n'est pas fréquente parmi les chiens, quoique de temps à autre on puisse la rencontrer. Dans l'année 1810 il régna une épidémie dans laquelle la vessie se trouvait souvent dans un état violent d'inflammation, et dans beaucoup de sujets, l'inflammation de la vessie constituait la maladie principale. La cystite, ou inflammation de la vessie, s'annonce par un pouls très-fréquent, une grande insomnie et une respiration accélérée. Dans quelques cas, les urines, évacuées goutte à goutte, sont teintes de sang; dans d'autres, il y a suppression d'urine. Le ventre est chaud, douloureux au toucher, surtout à la région de la vessie.

On doit saigner largement l'animal malade, et lui donner des médecines qui facilitent les urines, des lavemens, et lui faire prendre des bains chauds; les diurétiques ne conviennent pas, mais on fera prendre les préparations antimoniales, comme la poudre de James, ou de petites doses d'émétique. On peut substituer les fomentations chaudes, dans le cas où les bains seraient d'ailleurs contre-indiqués. On peut encore appliquer les sangsues.

Note du Traducteur. On doit bien distinguer la suppression d'urine par suite de l'inflammation des reins, de la rétention qui résulte d'une cause mécanique qui s'oppose à leur expulsion. Dans le premier cas, et c'est celui qui est l'objet de ce chapitre, l'inflammation des reins s'oppose à la sécrétion de ce liquide, et l'inflammation de la vessie, qui rend cet organe plus sensible, le détermine à expulser les urines à mesure qu'elles y sont amenées. Dans le second cas, les urines sont sécrétées comme dans l'état naturel ; seulement elles ne peuvent être évacuées, soit par la paralysie du col de la vessie, soit par leur accumulation dans la vessie, l'animal n'ayant pu satisfaire à ses besoins par une circonstance quelconque ; les coliques et les fréquentes démonstrations pour uriner sont les symptômes de la rétention d'urine ; les signes inflammatoires ne sont que subséquens au plus ou moins de temps que dure la rétention. C'est par de simples moyens mécaniques que l'on guérit la rétention d'urine. La compression du ventre vers la région pubienne, pour remonter la vessie dans le bassin, ou la sonde introduite par le canal de l'urètre dans la vessie, sont les manœuvres à employer. Il pourrait se faire que la rétention fût le résultat de la pierre, alors il faudrait pratiquer la lythotomie.

L'inflammation de la vessie s'annonce par les symptômes que l'auteur a indiqués. Mais ici comme dans les autres inflammations, il prescrit des remèdes dont il faut se méfier. La saignée, les bains, sont très-convenables, mais il faut leur associer les substances adoucissantes, mucilagineuses, en breuvage ; et rejeter l'émétique, les antimoniaux, qui ne pourraient qu'aggraver l'état inflammatoire des organes affectés.

Inflammation du scrotum.

Une affection inflammatoire aiguë, assez semblable à l'érésipèle de l'homme, établit son siége au scrotum du chien. Dans le fait, c'est une espèce de gale aiguë. Il en résulte pour l'animal une douleur très-vive, par l'irritation, la chaleur et la tuméfaction qui en résultent. Il se montre quelquefois des ulcérations superficielles, qui finissent par donner du pus; d'autres fois la peau est seulement rouge et enflammée. Malgré la nature de cette affection, elle peut, ainsi que l'espèce de gale qui attaque la tête, perdre de son irritation et se passer sans le secours des médicamens indiqués pour les affections sporiques. Le traitement est établi sur l'emploi des saignées, des purgatifs et des altérans rafraîchissans; la nourriture doit être modérée. On frottera les parties malades avec la recette suivante, en ayant soin que le chien ne se lèche pas et ne s'empoisonne pas, par les préparations de plomb qui pénétreraient dans son estomac.

Suracétate de plomb (*sucre de plomb*)..... 10 grains.
Blanc de baleine........................... 1 once.
Mélangez.

Lorsque l'inflammation est calmée, il faut employer le traitement indiqué pour la gale.

Jaunisse. Jaundice.

On remarque parfois des altérations dans les fonctions du foie, lors de *la maladie* ou d'inflammation aiguë des viscères de l'abdomen , mais je n'ai jamais vu l'ictère semblable à la pareille affection de l'homme , provenant d'un obstacle à l'écoulement de la bile.

Note du Traducteur. — J'ai eu l'occasion d'observer deux fois la jaunisse bien caractérisée dans le chien. Dans ces deux cas, la peau , surtout au ventre , aux ars , aux oreilles, présentait une teinte jaunâtre très-prononcée. Les muqueuses de la bouche , des yeux, réfléchissaient la même couleur que présentent ces mêmes membranes dans l'homme affecté de l'ictère ; on attribua au poison la cause de la jaunisse du premier malade. A l'ouverture, on ne trouva dans la vésicule biliaire qu'un léger amas de bile concrétée. Le sujet qui m'a fourni la seconde observation, était une jeune chienne de chasse sur laquelle avait passée une roue de cabriolet. Elle fut quelques jours après affectée d'une jaunisse intense et d'une ascite à laquelle elle succomba. (Voyez *Ascite.*) A l'ouverture du corps, que je fis conjointement avec mon confrère et ami M. Crépin , nous trouvâmes le foie sans altération , mais la vésicule biliaire avait acquis un volume extraordinaire , et contenait une quantité de bile très-noire et très-épaisse. Le passage de la bile, de la vésicule biliaire dans l'intestin, était interrompu par l'oblitération du canal cholédoque. Il est probable que ce canal avait souffert dans l'accident arrivé à la chienne, et que son oblitération avait été la suite d'une inflammation dont, au reste , il ne restait plus de traces.

Luxations.   Dislocation.

Les articulations de l'épaule , du genou, de la cuisse , de la jambe , sont les plus sujettes aux luxations. Il n'est pas facile aux personnes qui n'ont pas de connaissance en chirurgie et en anatomie, de rétablir les os dans leur position primitive. On doit avoir la précaution, avant de chercher à réduire les luxations, de s'assurer s'il n'y a pas en même temps fracture; ce qui arrive fréquemment. Le traitement devient alors compliqué, par la difficulté de remettre en place les extrémités articulaires, sans employer de grandes forces. (Voyez *Fracture*.) Le moyen de reconnaître la complication d'une fracture est facile, par le frottement des extrémités de l'os fracturé et par le bruit que ce frottement fait entendre.

Lorsque l'on est pour réduire une luxation, il faut d'abord faire attention à la direction qu'a pris l'os pour sortir de son articulation. Deux personnes sont nécessaires pour établir une extension constante et modérée; l'une maintiendra le corps et la partie supérieure du membre; la seconde, la partie inférieure du membre, à laquelle elle fera opérer les mouvemens nécessaires pour rétablir l'articulation. Si l'extension (traction opérée sur la partie inférieure du membre), et la contre-extension (traction opérée sur la partie supérieure), sont opérées convenablement, la réduction s'opère promptement, et le membre reprend sa forme naturelle. La luxation de l'articulation de l'épaule avec le bras peut avoir lieu en avant ou en arrière. Le coude peut être luxé en dedans ou en dehors. Cette luxation est ordinairement compliquée de fracture.

L'articulation de l'os de la cuisse avec le bassin est plus fréquemment luxée que les précédentes articulations. Dans ce cas, la tête du fémur est le plus souvent portée en haut et en arrière, ce qui rend la hanche de ce côté plus élevée que l'autre. Les muscles des reins sont si forts que la réduction est très-difficile à opérer, mais cependant on en vient à bout au moyen d'une extension bien réglée. L'articulation des os de la cuisse et de la jambe est également exposée aux luxations, qui sont difficiles à remettre, par la force des muscles environnans.

Lorsque la réduction est opérée, il faut appliquer un emplâtre poisseux autour de l'articulation ; on le recouvrira d'un bandage bien approprié. On peut remarquer que les praticiens sans expérience ne peuvent bien distinguer, soit une luxation ni une fracture, qu'en comparant bien attentivement le membre malade avec le membre sain opposé.

Note du Traducteur. — Souvent on n'est pas appelé de suite pour porter remède, et l'inflammation qui est survenue s'oppose à la réduction. Il faut commencer par calmer l'inflammation au moyen des saignées générales et des particulières par les ventouses ; après quoi on peut opérer la réduction. Pour les luxations des articulations entourées de muscles très-forts, on peut diminuer la force musculaire en donnant à l'animal une assez grande quantité de vin, mais peu à la fois, pour le plonger dans un état complet d'insensibilité. C'est ainsi que l'on dit que la famille des Valdajous agit avec succès dans les cas semblables que présente la chirurgie humaine.

De la Maladie.

Ce fléau de l'espèce canine, et qui est maintenant si général et si commun, ne paraît pas avoir été connu il y a un siècle : et même il est encore décrit, dans tout le continent européen, plutôt comme une épidémie accidentelle qui règne dans les différens pays, tous les trois ou quatre ans, que comme une maladie déterminée, telle que la rougeole

ou la coqueluche dans l'espèce humaine. (1) Nos voisins
du continent paraissent avoir transmis cette maladie en Angleterre, où elle a d'abord paru sous la forme d'une épidémie ; mais elle y existe à présent comme une affection per-
manente, à laquelle tout individu de l'espèce canine à une

---

(1) Dans *la Grande Encyclopédie méthodique*, voici comme est
décrite cette maladie : « Il s'est jeté, il y a quelques années, une
» maladie épidémique sur les chiens; dans toute l'Europe, il en est mort
» une grande partie, sans que l'on pût trouver de remède au mal. »
— *Livraison* LIX, *Chasses*.

Dans *la Vénerie Normande*, ouvrage de M. de la Conterie, *la
maladie* y est aussi décrite comme un mal observé seulement depuis
peu. « Depuis vingt ans les chiens courans, plus que tous les autres,
» ont été affligés d'une maladie qui se communique aussi facilement
» que la gale ou la petite vérole, et qui, maintenant, est connue sous
» le nom simple de *la maladie*. C'est une sorte de peste parfaitement
» ressemblante à la gourme des chevaux. Si on me demande quel
» remède il faut employer contre cette maladie, je réponds qu'après
» en avoir fait cent pour un, je me suis convaincu qu'il n'en est au-
» cun d'efficace quand elle gagne un certain degré. » Pages 457, 500;
in-8º. Rouen, 1760.

On a cependant conjecturé, malgré ce qui avait été avancé, que la
maladie n'avait paru que depuis peu d'années, qu'elle était connue des
anciens, et qu'ils la nommaient *Angina*, étant une des *trois* maladies
auxquelles, selon eux, les chiens étaient assujettis; la rage et la goutte
étant les deux autres. Mais en examinant attentivement les symptômes,
tels qu'ils sont détaillés par Aristote, Elien et d'autres anciens auteurs
qui nous ont laissé leurs observations sur l'espèce canine, on verra
clairement que *la maladie*, telle que nous la voyons, leur était inconnue.
Leur *Angina* paraît avoir été une épidémie accidentelle, dont les
attaques étaient presque entièrement bornées à la gorge, et y produisant des abcès, comme ceux de la gourme dans les chevaux, ou
l'esquinancie dans l'homme; mais le flux continuel, par le nez, d'une
matière muqueuse, principal caractère, est entièrement passé sous silence. — Voyez Elien de *Nat. Animal*, lib. IV, c. 40; Aristot, *Hist.
Animal*, lib. VIII, c. 22, etc., etc.

forte tendance par sa constitution. Il est évident que nous l'avons importée de chez nos voisins, en ce que la première connaissance qu'en donnent les ouvrages (1) sur la chasse

---

(1) Les ravages de cette maladie ont occupé depuis quelques années l'attention de plusieurs personnes distinguées. On en traite dans tous les ouvrages sur la chasse, dans quelques ouvrages sur l'agriculture, et dans un ou deux sur l'art vétérinaire. Quelques célèbres médecins en ont aussi parlé, parmi lesquels les docteurs Jenner, et Darwin sont les premiers. Le docteur Jenner, que l'on doit révérer à jamais et dont la philanthropie et la bienveillance lui ont mérité un monument impérissable, a fait un tableau de cette maladie dans *le premier volume des Traités de médecine et de chirurgie*, qui est suffisamment clair comme description générale, mais infiniment trop réservé pour devenir d'une utilité pratique pour cette maladie, qui varie éternellement. Le docteur Jenner fut engagé à donner son attention à ce sujet, d'après l'espérance qu'il avait, que la vaccine préserverait les chiens de la *maladie*, comme elle préserve l'espèce humaine de la petite vérole. Malheureusement pour l'espèce humaine comme pour la brute, il s'est trompé en partie sur l'une et, il y a trop à craindre, entièrement sur l'autre. La vaccine, autant que me le prouve mon expérience, n'exempte point la race canine de l'attaque de la *maladie*, et elle n'en parait même mitiger aucunement la sévérité du mal. Je sais que c'est un point encore en discussion, et que l'on continue aussi à vacciner les chiens ; mais j'ai vu des cas si palpables et si souvent répétés où la vaccine a échoué, même opérée de la manière la plus soignée ; et j'ai pu, dans les exemples cités de réussite, en indiquer la cause dans des circonstances accidentelles, ou au rapport de faits exagérés ; aussi je n'hésite point de dire qu'elle est, quant à ce qui regarde les chiens, absolument inefficace. Chez le docteur Darwin, la maladie est un catarrhe affaiblissant, que l'on ne peut mieux traiter qu'en donnant au malade un air frais, lequel, en passant sur les surfaces ulcérées des membranes nasales, tendra à les cicatriser. Les chiens attaqués de la *maladie* devraient aussi boire à un ruisseau, afin que la mucosité contagieuse des narines, étant détachée d'une partie ne s'attache pas à une autre, et ne puisse ainsi empoisonner de nouveau le chien. Tels sont la théorie et le traitement de cette maladie, selon cet auteur bizarre, et toutes les descriptions et tous les renseignemens parsemés dans les différens ouvrages sur la

est subséquente à celle de semblables ouvrages du continent, et aussi en ce que nous l'avons désignée par la traduction du terme populaire dont on la désigna d'abord en
France, *la maladie*. Mais quoique ce mal puisse être considéré comme une maladie tenant à la constitution, telle que
la rougeole ou la coqueluche, il prend aussi, cependant,
une apparence épidémique, et même endémique, et fait
des ravages chez les chiens, dans un canton plus que dans
un autre, et, quelquefois, lorsqu'il attaque avec une fureur
et une particularité épidémique les chiens de Londres ou
d'autres grandes villes, à peine se voit-il dans ceux de la
campagne. Sous la forme épidémique, *la maladie* offre plusieurs variétés. Je l'ai vue accompagnée d'une affection bilieuse bien prononcée, dans tous les chiens qui en étaient
attaqués pendant une certaine saison ; à cette même époque,
plusieurs avaient aussi une éruption de pustules. Je l'ai vue
aussi paraître dans quelques cas, et surtout pendant une
saison, accompagnée d'une tumeur phlegmoneuse sur quelques parties du corps, mais principalement sur la tête. Dans
l'été de 1805, plusieurs des animaux attaqués de *la maladie*
avaient une affection particulière des intestins, outre les autres
symptômes. Elle prenait tout d'un coup, comme la colique
spasmodique, et paraissait donner beaucoup de douleurs,
mais sans constipation ni sans diarrhée. Elle était ordinairement très-aiguë pendant deux ou trois jours, et puis elle
enlevait le chien. Dans ceux qui en revenaient, de forts
purgatifs de calomélas et d'aloès paraissent avoir été utiles.

chasse et d'autres, sont également peu satisfaisans ; et il ne peut en
être autrement, lorsque la plupart du temps la maladie a été décrite
d'après les signes qui se présentaient dans un seul chenil, souvent
dans une seule portée, ou même dans un seul chien.

On observe que, quand la maladie règne comme épidémie, elle prend ordinairement un type particulier.

Dans une année, on verra une diarrhée fatigante et obstinée, dans une autre, une tendance plus qu'ordinaire à des attaques convulsives, pendant que, dans une troisième, une disposition maligne et putride en enlèvera plusieurs. J'ai aussi remarqué que les convulsions dominent davantage en hiver, et le dévoiement en été.

La maladie est à présent devenue si naturelle à nos chiens, que bien peu en sont entièrement exempts. Chaque individu de l'espèce canine (1) y a une prédisposition par son tempérament, et cette disposition est ordinairement excitée par quelque cause occasionnelle. Cette tendance même, dans quelques races, parait suffisante pour la produire, et ces races l'ont souvent bientôt après leur naissance (2); mais cette disposition est plus souvent excitée par quelques causes occasionnelles. La contagion peut être regardée comme la principale. Peu de chiens qui n'ont pas eu cette maladie y échappent lorsqu'ils sont exposés, soit aux émanations, soit au contact des sécrétions morbifiques, reçues sur une surface muqueuse ou ulcérée. (3) Cependant l'inoculation avec le virus de la maladie ne la produit pas toujours, et la disposition à recevoir la contagion aussi n'est pas toujours au même degré de force; mais elle parait plus forte ou plus faible, à différentes époques, dans le même animal, et

____

(1) Je ne sais pas si les autres branches de l'espèce canine, le loup, le renard et le chacal sont assujettis à la maladie; je crois qu'aucune preuve existe qu'elles le soient; et comme je croirais cette maladie d'une origine factice, de même je les en regarde comme exempts.

(2) Ceci parait particulièrement dans les races diminutives, telles que les carlins, les petits épagneuls, les lévriers italiens et d'autres variétés élevées et traitées artificiellement.

(3) La transpiration générale ou émanation de la surface du corps,

elle est peut-être influencée par les variations accidentelles de santé, de pléthore, etc., etc. Le froid, appliqué d'une manière nuisible au système, est une origine assez commune de ce mal : jeter l'animal dans l'eau, le laver et ne pas l'essuyer ensuite ; l'exposer pendant une nuit, contre son ordinaire, etc., sont de fréquentes causes de la maladie dans les chiens jeunes et délicats. Je l'ai vue occasionnée par une hémorrhagie violente, par un changement subit d'une bonne nourriture à une diète sévère (1), en un mot, tout dérangement grand et subit dans le système, suffit pour mettre en activité la prédisposition.

L'époque ordinaire de son invasion est celle de la puberté, ou lorsque le chien prend sa pleine croissance. Dans quelques-uns elle est retardée jusqu'à l'âge de deux, trois ans, et même encore bien plus tard, et fort peu y échappent entièrement.

---

est d'un genre particulier dans la maladie, il est impossible à ceux qui la connaisse bien, de se méprendre sur l'odeur particulière qu'elle donne. Je suis fondé à croire que cet effluvium seul suffit pour donner la maladie à un autre chien. J'ai plusieurs preuves que les *miasmes* provenant des sécrétions morbifiques des yeux et du nez, la donnent, mais je doute que la matière morbifique même, reçue dans l'estomac, mais privée des autres agens contagieux, engendre le mal ; quelques expériences ont tendu à prouver que de cette manière la matière n'était point malfaisante. En général, l'effluvium et le contact de la matière morbifique sur une surface muqueuse telle que le nez, les lèvres, etc., sont tellement contagieux, que d'être exposé très-peu à l'un, et une application momentanée, suffisent pour produire le mal.

(1) J'ai toujours vu qu'une nourriture abondante est le meilleur préservatif d'une attaque prématurée de la maladie, que l'on doit craindre lorsque le tempérament n'a pas pris assez de forces pour le mettre à même de résister aux effets affaiblissans du mal. Dans les petits chiens qui sont gras et bien nourris, non-seulement la maladie est retardée, mais lorsqu'elle paraît, ces chiens en souffrent toujours moins.

Qu'un ait déjà eu cette maladie, n'est pas une certitude qu'il n'en aura pas une nouvelle attaque. Elle reparaît, dans quelques cas, une seconde fois : et j'ai eu sous mon observation un troisième retour, avec l'intervalle de deux ans entre chaque attaque.

Les chiens des endroits renfermés ont certainement ce mal plus violemment que ceux de la campagne. Cependant, il y a des races qui l'ont plus grave que d'autres, et pendant que toutes les portées d'une chienne l'auront avec une gravité constante et fatale, celles d'une autre l'auront toujours fort mitigé. De certaines variétés l'auront aussi avec différens degrés de malignité. Il est surtout fatal aux lévriers et aux roquets ; les bassets l'ont plus fortement que les épagneuls, et les chiens couchans, à ce que je crois, s'en retirent moins bien que les chiens d'arrêt. On peut regarder comme général, que plus le chien est jeune, plus la maladie sera grave. Les chiens très-jeunes y survivent rarement.

La maladie commence son invasion de différentes manières. Les symptômes de cette affection sont plus variés que dans tout autre mal ; et soit que nous considérions l'invasion, les progrès, la durée ou la fin, tout est également incertain. Il y a cependant des symptômes qui sont communs à la plupart des cas, et des apparences qui se trouvent ordinairement dans tous. Je vais d'abord chercher, dans le but d'être clair, de donner un aperçu de ceux-ci, et ensuite je m'arrêterai sur les nombreuses variations qui surviennent.

Parmi les premiers symptômes de la maladie, on peut compter comme un des plus communs une petite toux sèche; dans quelques cas cette toux n'est jamais forte pendant toute la maladie ; dans d'autres, elle augmente jusqu'à ce qu'elle devienne constante et très-fatigante, produisant par son irritation des suffocations, des efforts inutiles de vomir, pendant qu'un peu de mucosité écumeuse est seulement produite par les efforts réunis de l'estomac et des poumons. Quelques malades guérissent sans avoir presque de toux, et d'autres sans en avoir du tout. Une sécrétion séreuse humecte les yeux et le nez dans les premiers momens de la maladie. Quelquefois ce symptôme précède la toux, quelquefois il lui succède, et quelquefois aussi ils paraissent ensemble. Cet écoulement des yeux et du nez, d'abord clair, peu de temps après prend une autre apparence, et il en résulte souvent une ulcération partielle ou totale ; de même la sécrétion prend la forme de mucosité épaissie ou purulente, et le pus ou matière s'écoule des yeux et du nez, et de temps en temps des oreilles. Quand la sécrétion s'est épaissie et est devenue comme du pus, le matin le chien a les yeux et le nez bouchés ou collés de cette matière visqueuse ; et le jour, l'irritation excite à éternuer fréquemment et à se frotter violemment le nez et les yeux pour se soulager. Dans plusieurs cas, une diminution d'appétit, une tristesse et un desséchement précèdent tous les autres symptômes ; et quand ils ne sont pas les précurseurs de ce mal, ils n'ont pas moins lieu. Comme conséquence nécessaire de la fièvre qui accompagne la maladie, un pouls précipité, une respiration embarrassée, le frisson, le dégoût pour l'exercice, la crainte du froid et le désir de la chaleur, se présentent aussi dans tous les cas bien prononcés. La diarrhée se voit aussi quelquefois de bien bonne heure ; dans quelques-uns elle ne paraît pas sitôt ; mais elle n'est dans tous que trop sujette à paraître.

Un abattement général des forces se remarque dans tous les cas graves de *la maladie ;* dans quelques-uns il survient de très-bonne heure, dans d'autres plus tard. Il n'est pas rare qu'une certaine faiblesse paralytique paraisse aussi, laquelle est plus souvent bornée aux reins et aux extrémités

postérieures de derrière ; et alors, quoique celles de devant
soient assez fortes, celles de derrière paraîtront paralysées.
Parfois cette tendance à la paralysie se répand sur tous les
membres et aussi sur la tête ; l'animal alors chancèle comme
ivre, ou est affecté de secousses spasmodiques.

D'après ce sommaire des symptômes apparens, on peut
à juste titre caractériser la maladie comme un catarrhe contagieux, spécifique, qui commence sur les membranes muqueuses de la tête, sur celles des conduits bronchiques ou
sur les membranes des deux à la fois ; et selon que les unes
ou les autres, ou les deux, sont les objets immédiats de
l'invasion, de même varient les symptômes. Lorsque les membranes de la tête, particulièrement celles des yeux et du
nez, sont les parties attaquées les premières et principalement affectées, l'animal déploie tous les symptômes qu'auraient une personne souffrant de ce qu'on appelle rhume
de cerveau, tels qu'une pesanteur et une chaleur au front,
un éternuement, un écoulement des yeux et du nez, d'a-
bord clair et séreux, ensuite plus épais et muqueux, ou
comme du pus, avec un frisson, de l'inquiétude, perte
d'appétit, et souvent la difficulté de supporter même le jour.
Mais lorsque les vaisseaux bronchiques sont les premiers
attaqués (1), une petite toux sèche précède ordinairement
ces symptômes ; et si les poumons même deviennent affectés

---

(1) Je crois avoir observé, lorsque les symptômes pneumoniques sont
les premiers indices de la maladie, ou, en d'autres mots, lorsque la
toux, le dépérissement, la tristesse et la perte d'appétit précèdent
l'écoulement du nez et des yeux, que l'on peut ordinairement attribuer
ce cas à un refroidissement. Lorsque le mal provient d'un autre chien,
par contagion ou infection, les yeux et le nez dénotent ordinairement
une première affection de la tête plus que de la poitrine. Je n'avance
pas ceci cependant comme règle fixe.

d'une inflammation symptomatique, on voit une respiration précipitée et les autres symptômes empirer; mais comme le siége déterminé de ce mal est dans la membrane pituitaire ou nasale, il est rare que les symptômes précédens manquent, car s'ils ne paraissent pas avant la toux, ils la suivront bien vite. Dans les premiers momens que nous venons de décrire, on peut quelquefois combattre la maladie avec succès par des moyens faciles, quelquefois même sans aucun secours; elle continue pendant une ou deux semaines à affecter l'animal légèrement, et puis elle disparaît graduellement. Cependant, dans plusieurs, et même dans la plupart des exemples, surtout parmi les chiens de races distinguées et élevées artificiellement, la maladie ne borne pas ses progrès entièrement aux membranes nasales ou des bronches, mais soit par le moyen de la continuité, de la contiguité ou de la sympathie, elle affecte d'autres parties, et d'autres symptômes sont ajoutés à ceux déjà remarqués. De la membrane nasale, souvent l'affection paraît transmise (probablement au moyen des sinus du front) à l'enveloppe cérébrale, peut-être au cerveau même, où ses effets produisent, dans quelques cas, cette paralysie des reins et des extrémités postérieures dont on a déjà parlé; et dans d'autres, des mouvemens spasmodiques sur les muscles d'une partie ou de tout le corps, lesquels, lorsqu'ils sont violens, donnent aux malades un air grotesque et ridicule. La paralysie et ces spasmes restent, dans quelques cas, plusieurs mois après que les autres symptômes ont disparu, et quelquefois même toute la vie. Quand l'affection cérébrale est plus aiguë, une épilepsie symptomatique paraît sous la forme de ces attaques convulsives si ordinaires et si fatales dans *la maladie*. Ces attaques sont en général d'abord légères, et sont souvent bornées aux muscles des mâchoires, qui semblent mâcher comme étant irritées par

quelque chose de désagréable dans la bouche ; un peu d'é-
cume est ordinairement produite par ce mouvement des mâchoires, et deux ou trois minutes après l'affection cesse. De
l'eau froide jetée sur la face, ou même quelques caresses souvent dissipent immédiatement ces attaques ; mais il est bien
rare que ces convulsions, quelques légères qu'elles soient,
étant une fois survenues pendant le progrès de la maladie,
ne soient suivies d'autres, à des intervalles irréguliers, de
quelques minutes à quelques heures ; chaque nouvelle attaque
augmentant de violence jusqu'à ce que tout le corps soit
tordu par l'effet de la convulsion : l'animal crie, se roule,
court en cercle, ou est porté d'un côté et puis de l'autre. Les
attaques sont accompagnées d'une aliénation mentale, quelquefois totale, quelquefois partielle. Quand elle est totale, le
chien devient violent ; il urine, et a des évacuations immo-
dérées et sans mesure ; il arrache la terre, mord tout ce
qui se trouve près de lui, et souvent se mord lui-même.
Quand l'attaque est passée, il se secoue, à la même mine et
agit comme à l'ordinaire ; mais si les attaques sont bien
violentes et fort longues, il reste alors très-épuisé et
abattu.

On peut souvent prédire les convulsions, quelques jours
même avant leur apparition. Lorsqu'un chien atteint de la
maladie, maigre et sans appétit, paraît tout d'un coup plus
gai, mange copieusement, et a les yeux plus clairs et plus
vifs qu'auparavant, on peut prévoir qu'il aura des attaques
convulsives. Si son appétit devient tout d'un coup, non seulement considérable, mais vorace, et qu'il ait les yeux fort
clairs et fort vifs, on doit en regarder l'arrivée comme certaine. Dans quelques cas, le dévoiement qui s'arrête subitement est aussi l'avant-coureur, peut-être la cause, des convulsions : mais il est remarquable que, quand la diarrhée
est calmée par des médecines, un tel évènement arrive

rarement. La cessation de la sécrétion du nez a lieu aussi quelquefois avant l'attaque épileptique ; et il n'est nullement difficile de concevoir comment un changement si subit dans l'action des surfaces contiguës peut fortement affecter le cerveau. La dissection des corps morts de cette épilepsie sympathique, ne donne point beaucoup d'éclaircissement sur les causes ; quelquefois il y a une effusion sanguine sur le cerveau, et une augmentation vasculaire de ses membranes ; d'autres fois la substance cérébrale paraît être légèrement amollie, et quelquefois on voit une plus grande quantité de sérosité dans les ventricules. — Voyez *Affections nerveuses*.

Il y a des exemples où l'affection se propage des bronches à la substance des poumons, et produit tous les caractères de la péripneumonie. (*Voyez* ce mot.) Quelquefois *un tel amas d'humeur* se forme dans la poitrine, que le chien est enlevé en peu de jours ; mais plus ordinairement l'affection des poumons est moins violente, et continue à harasser le chien d'une toux fatigante. L'inflammation s'étend souvent des poumons au foie, alors, en pareil cas, l'amaigrissement et la faiblesse sont bien plus apparentes ; souvent une éruption de pustules se développe ; l'intérieur de la bouche, le blanc des yeux, chaque partie où la peau est à découvert, sont jaunes ; l'urine est d'un jaune très-foncé par la bile qui s'y trouve *mélée*, et le chien témoigne de la souffrance lorsqu'on lui presse le ventre. En disséquant ceux qui sont morts de cette manière-là, j'ai cru distinguer de la différence entre les altérations morbides que présentaient les viscères thorachiques et abdominaux, et celles que l'on observe dans les chiens morts de la péripneumonie, ou de l'hépatite idiopathique. Les parties assujetties à l'inflammation *déterminée* étaient plus pâles qu'à l'ordinaire, flasques et relâchées, et se montraient moins vasculaires qu'on ne les voit en général lorsque l'inflammation a été pure et non déterminée.

Lorsque la maladie s'est montrée d'abord sur la tête ou sur les conduits aériens, et quelquefois sur tous les deux, il n'est pas rare que l'affection paraisse se diriger avec violence principalement sur le canal alimentaire, et ne donne lieu à une diarrhée, qui souvent est si rebelle qu'elle résiste à tous les efforts tentés pour l'arrêter ; et elle finit par détruire l'animal par le marasme (sans que peut-être il y ait une gravité apparente dans les autres symptômes) ou par ses effets affaiblissans, elle peut déterminer une attaque d'épilepsie. Quelquefois, cependant, la diarrhée précède les autres symptômes, mais c'est ce qui arrive le plus rarement.

Un autre type de la maladie, et qui est bien grave, est celui de fièvre maligne-putride, qui accompagne assez fréquemment le mal dès son état catarrhal, pneumonique ou hépatique ; c'est-à-dire que, quelque soit la manière dont elle commence, souvent elle dégénère en cet état de malignité, surtout pendant qu'il fait très-chaud, ou lorsqu'une tendance épidémique à ce type vient à prévaloir. Ces cas sont caractérisés par une extrême débilité, un amaigrissement rapide, et une entière perte de l'appétit, accompagnés d'un écoulement purulent des yeux et du nez, mais surtout de ce dernier, et quelquefois aussi des oreilles. A mesure que la maladie fait des progrès, l'écoulement pituitaire devient considérable, d'une odeur très-fétide et souvent sanguinolent : quelquefois il vient une hémorrhagie considérable du nez. Les yeux et même les oreilles rendent un pus putride : les gencives saignent et la langue est, ou couverte d'une croûte brunâtre, ou elle présente des ulcérations. On voit dans le nez de profonds ulcères, dont la sécrétion est souvent si âcre, qu'elle produit une espèce de corysa et corrode les lèvres , les joues , et toutes les parties qu'elle touche. Non-seulement les exhalaisons du nez, des yeux et de la bouche sont extrêmement fétides , mais tout le corps même rend une odeur cadavéreuse. La diarrhée aussi a lieu souvent , et tend beaucoup à aggraver les autres symptômes, surtout lorsque les selles sont sanguinolentes , ce qui est assez ordinaire. La durée de cette espèce maligne de la maladie varie selon la durée, la force du malade ou les moyens dont on se sert pour la traiter. Je l'ai vue enlever un chien en trois ou quatre jours, et souvent j'en ai vu le prolongement pendant autant de semaines; mais , dans ces cas, sa tendance fatale la rend extrêmement difficile à combattre. En disséquant ceux qui en meurent , non-seulement les membranes muqueuses de la tête et de la poitrine présentent des ulcérations , mais tout le canal alimentaire donne des preuves de sa virulence , par des taches livides ou des excoriations ulcérées ; et toute la masse animale , tant les fluides que les solides, paraît ne plus former qu'une seule masse putréfiée.

Traitement de la maladie. — On doit traiter la maladie selon les symptômes particuliers qu'elle présente. C'est aux nombreuses variations, dans cette maladie , que l'on doit attribuer cette quantité innombrable de remèdes indiqués, et dont chacun ayant par fois été utile , est devenu *infaillible* dans l'esprit de la personne qui s'en sert. Il est donc rare que l'on ne parle de *la maladie* devant plusieurs chasseurs, que chacun d'eux ne connaisse *un spécifique certain, et qui ne lui a jamais manqué.* Toutes les fois que j'ai pu en connaître la composition, j'ai toujours fait, de ces remèdes ou recettes privés, un exact essai ; mais je n'en ai jamais trouvé aucun qui répondit à ce qui en avait été rapporté. A la vérité, les variations de cette maladie sont si nombreuses , qu'à peine

peut-on traiter deux cas semblables , conséquemment nul
remède ne peut également s'appliquer à toutes , car quelque
efficace qu'il puisse être dans plusieurs circonstances, dans
d'autres il ne produira qu'un avantage équivoque.

Peut-être que deux cas sur trois commencent par la tristesse , l'assoupissement , l'amaigrissement , le frisson , une
toux sèche , et l'écoulement des yeux et du nez. Dans ces
cas-là , le chemin à suivre est de commencer par un émétique. S'il y avait quelque penchant à la constipation , et
que le chien fût fort et gras , donnez aussi une légère médecine ; mais s'il est débile ou pour peu qu'il soit disposé à
un relâchement du bas-ventre , évitez de purger : quelques
heures après que l'émétique ou la médecine ont cessé d'opérer , donnez un , deux ou trois grains de poudre antimoniale tous les matins ou tous les soirs , ou matin et soir,
selon que les symptômes le requièrent plus ou moins (1);
mais dans les cas où la toux est fréquente et gênante , on
préférera les poudres suivantes :

Poudre antimoniale...............................	12 grains.
Digitale en poudre...............................	8 grains.
Nitre en poudre...................................	½ drag.

Mélez et partagez-les en dix doses si le chien est petit ,
en sept s'il est d'une grandeur moyenne , et en cinq s'il
est grand , et donnez-en une le matin et le soir , continuez pendant deux ou trois jours ; après quoi, si le
chien *conserve ses forces* , donnez-lui un autre émétique , et quand il aura fait son effet , recommencez les

---

(1) Où il existe un préjugé en faveur de la poudre du docteur James,
on peut la donner en de semblables doses; mais la *poudre* appelée
antimoniale est absolument la même préparation.

fébrifuges. Si la diarrhée se déclare, interrompez ces médecines, et ayez recours à celles détaillées au chapitre
DIARRHÉE.

Si le bas-ventre n'était pas relâché, dès que les symptômes inflammatoires auront un peu diminué, et qu'au
lieu d'une humidité séreuse, les yeux et le nez exsuderont
du pus ou de la matière, alors les fébrifuges ci-dessus
mentionnés devront être remplacés par d'autres.

C'est à cette époque de la maladie que j'ai eu les plus
heureux résultats de cette médecine populaire, *le remède
pour la maladie*, dont j'ai fait la découverte. Cette médecine a fait ses preuves pendant près de trente ans; et
quoique les différentes variations dans *la maladie*, rendent
absolument nécessaires d'autres auxiliaires, cependant aucun
exemple de la maladie ne peut arriver (celui-là excepté
où le dévoiement continue sans interruption) dans lequel cette poudre ne puisse être administrée avec grand
avantage, dans tous les états de la maladie.

Lorsque ce remède est donc à portée, je recommande
fortement que l'on en fasse l'essai à cette époque du mal, selon
les instructions que l'on donne avec. On doit aussi le répéter
tant que l'avantage qui en résulte est frappant et bien prononcé,
mais comme il arrive des cas ou l'affaiblissement, qui souvent suit l'état purulent, devient excessif, il serait alors
prudent de joindre à ce remède les toniques indiqués
plus loin. De même, lorsque les *poudres pour la maladie* ne
sont pas à portée, ou qu'on les ait essayées sans un avantage évident, il sera prudent, après avoir suivi les renseignemens déjà détaillés, d'en venir à ce seul traitement,
qui, l'on peut être sûr, convient aussi généralement et a
des effets aussi bons que le spécifique indiqué plus haut.

Gomme de myrrhe...................... 1 dragme.

Gomme de benjoin...................... 2 scrupules.
Baume du Pérou........................ 1 dragme.
Fleurs de camomille en poudre......... 2 dragmes.
Camphre............................... 1 scrupule.

Mêlez avec du miel, de la conserve de roses, ou autre substance sirupeuse, et divisez en douze, neuf ou six pilules, selon la grandeur du chien, et donnez-lui en une tous les matins et soirs.

Si l'affaiblissement devient extrême, si la matière des yeux et du nez coule vite et est très-fétide, ajoutez à la masse des pilules deux gros d'écorce de cascarille et un grain d'opium. Dans de pareils cas on devrait aussi donner au chien, ou le forcer à prendre, deux ou trois fois par jour, de forts bouillons ou du gruau fait avec de l'aile.

Dans tous les états de la *maladie* et dans toutes ses variations, excepté celui le plus inflammatoire, qui a lieu dans le principe, il est bien que le chien mange assez, et dès qu'il refuse sa nourriture, il est bien aussi de le *forcer* à en prendre. — Voyez l'article *Nourriture des chiens malades*, au commencement de cet ouvrage. (1)

Mais, d'après ce qui a été observé, il sera évident que le type précédent n'est pas le seul par lequel la *maladie* se présente, au contraire, elle commence quelquefois par la diarrhée, ce qui malheureusement est souvent jugé être utile au lieu d'être nuisible, et alors, dans la crainte

----

(1) Il est infiniment préférable que le chien prenne sa nourriture de sa propre volonté, que de le *forcer* à la prendre. On doit se servir de tous les moyens pour l'y engager ; mais lorsqu'il devient absolument nécessaire de l'y *forcer*, on ne doit pas lui surcharger l'estomac, car l'animal pourrait vomir ce qu'on lui donnerait, et s'il le fait une fois, il est fort sujet à le faire après chaque fois qu'on le force.

d'en réprimer les conséquences, le chien est tellement af-
faibli, qu'il ne peut plus en réchapper. Mais on ne peut
trop se persuader que, même dans les premiers commencemens du mal, et lorsque toutes les purgations artificielles
semblent être indiquées par les symptômes, ce dévoiement
naturel doit toujours être regardé comme morbifique, et
doit être promptement réprimé, s'il n'est même entièrement
arrêté. Dans toutes les autres périodes de *la maladie*, on
doit l'arrêter entièrement et immédiatement. A telle période aussi qu'il arrive, pendant les progrès de *la maladie*,
et que l'on administre d'autres remèdes, il est nécessaire
qu'on les interrompe et que l'on ne se serve que d'*astringens*,
jusqu'à ce que la diarrhée soit entièrement arrêtée, après
quoi l'on peut revenir aux premiers remèdes. — *Voyez*
Diarrhée.

Lorsque *la maladie* paraît avec des symptômes d'une forte
affection de la poitrine, telle qu'elle est décrite dans les
variétés, saignez le chien au cou, mettez un vésicatoire
sur la poitrine, et traitez (tant que les symptômes périp-
neumoniques dominent), comme il est indiqué à l'article
Poumons enflammés; ayant soin de poursuivre le système
affaiblissant autant qu'il est nécessaire.

Quelquefois, quoique rarement, *la maladie* commence
son invasion par une convulsion; dans lequel cas il est
bien aussi de commencer le traitement par un émétique
et ensuite de donner un purgatif (1). Dans telle époque
quelconque du mal que paraît cette épilepsie symptomatique

____

(1) J'ai remarqué qu'une ou même deux fortes convulsions, qui
paraissaient sitôt dans la maladie, ne sont pas toujours suivies d'autres,
ni par une plus grande gravité des symptômes qu'à l'ordinaire. Une
telle attaque ne serait-elle pas semblable à celle qui précède ordinairement les maladies éruptives chez l'homme?

dès que le chien sera revenu de la première attaque,
donnez-lui un émétique très-fort, comme le moyen le
plus efficace pour prévenir une seconde attaque. Cependant, si d'autres attaques survenaient après l'émétique, on
devrait persévérer avec constance à donner la médecine
suivante :

Ether. . . . .   1 drag.
Teinture d'opium (*laudanum*) . . . .   ½ drag.
Camphre. . . . .   10 grains.
Esprit de corne de cerf. . . . .   1 drag.

Mêlez ensemble, et donnez-en selon la grandeur du chien,
quarante, soixante ou quatre-vingts gouttes, toutes les
heures ou de deux heures en deux heures dans une cuillerée d'aile, en augmentant la dose après chaque attaque.
On doit mettre l'animal dans un bain très-chaud, et le tenir
chaud et humide quelques heures après, en l'enveloppant dans
de la flanelle et le tenant devant le feu : évitez-lui toute irritation. faites-le manger, et cherchez à abréger chaque
attaque en lui jetant un peu d'eau fraîche sur la figure,
et en le caressant avec bonté, ce qui a souvent l'effet le
plus heureux de diminuer la force et la durée de la convulsion. Si par bonheur ces moyens réussissent, continuez
à le tenir tranquille, et surtout évitez qu'il prenne beaucoup d'exercice, ce qui ramène les attaques.

L'importance du sujet rend nécessaire de répéter que,
de tous les symptômes qui paraissent, les convulsions épi-
leptiques sont les plus fatales. Il est donc de la dernière conséquence de les prévenir ; car une fois qu'elles se sont dé-
clarées. l'art n'échoue que trop souvent. La meilleure *précaution* que je connaisse est d'éviter ou d'ôter tout ce qui
peut reproduire l'affaiblissement, comme le dévoiement,

14

une pauvre et mauvaise nourriture, trop d'exercice, l'exposition au froid, une extrême évacuation du nez, et aussi les effets de la crainte, de la surprise, de l'irritation, ou des regrets; lesquels, il faut le répéter, sont des causes très-communes des convulsions dans la maladie (1).

Il reste encore à indiquer le traitement à suivre dans les cas de maladie, dégénérant en type putride maligne, soit épidémique ou occasionnel, les symptômes de cette variété de la maladie ont déjà été détaillés, et il est évident que les efforts curatifs doivent principalement se diriger à empêcher la tendance septique ou putride qui existe. Comme remède à prendre, on peut essayer l'une ou l'autre des mixtions suivantes, commençant par la première, et la changeant pour la seconde si elle purgeait ou si elle ne restait pas dans l'estomac, ou s'il ne s'en suivait pas une amélioration

---

(1) Les suites funestes qui accompagnent ces convulsions m'empêchent d'indiquer, dans le traitement, plus de moyens pour les guérir; mais il peut n'être pas mal de remarquer ici qu'outre les remèdes déjà détaillés, j'ai parfois administré l'huile de cajéput, le castor, le musc, l'huile d'ambre, intérieurement et extérieurement; la bella-donna et le nitrate d'argent; mais tous avec un succès assez équivoque. J'ai essayé aussi des vésicatoires sur la tête, et des applications stimulantes aux narines, en ayant obtenu quelque adoucissement, et de plus longs intervalles entre le retour, mais pas avec assez d'avantages pour m'engager à les recommander bien fortement. J'ai essayé aussi une ligature autour du cou, non assez forte pour empêcher la respiration, mais de manière à empêcher une libre circulation du sang de la tête, mais je ne puis l'avancer comme un avantage prononcé. Je suis cependant porté à recommander l'essai de cette expérience. Quels que soient les moyens auxquels on a recours, ils doivent être prompts et actifs, car, comme on ne peut considérer ces cas autrement que désespérés, on peut bien appliquer des moyens très-puissans et employer des remèdes fort actifs.

après qu'elle aura été prise ; de même la seconde serait ensuite changée pour la troisième,

Acétate d'ammoniac *(esprit de mindererus)*. 4 onces.
Quinquina en poudre................. 2 drag.
Teinture d'opium.................... 40 gouttes.

ou

Levure de bière .... 2 onces.
Décoction de quinquina.............. 2 onces.

ou

Esprit d'éther nitreux................ $\frac{1}{2}$ once.
Camphre........................... $\frac{1}{2}$ drag.
Confection aromatique................ 2 drag.
Infusion de camomille............... 4 onces.

Donnez de l'une ou de l'autre de ces mixtions, une, deux, trois ou quatre cuillerées, selon la grandeur du chien, toutes les trois ou quatre heures. Si la diarrhée survenait, augmentez l'opium de vingt gouttes par chaque dose, ou alternez ces remèdes avec ceux détaillés au chapitre DIARRHÉE.

On doit donner des alimens les plus nutritifs. Il est indispensable que l'air ait un libre accès, et l'on doit avoir le soin de changer constamment la paille, et de retirer tout ce qui peut retenir les exhalaisons putrides. La fétidité peut bien être corrigée en jetant un peu de vinaigre dans l'endroit où est le chien. Je me suis servi avantageusement, pour laver le chien, tous les jours, du vinaigre et de l'eau à égales parties ; et dans de très-mauvais cas, lorsque l'écoulement du nez est considérable, et que l'on voit des ulcères dans le nez ou dans la bouche, ou dans tous les deux, je recommanderai que le nez et la bouche fussent séringués ou lavés au moyen d'une petite éponge attachée à une brochette avec le mélange suivant :

Poivre de Caïenne...................... ½ dragme.
Vinaigre............................... 2 onces.

OU

Décoction de quinquina, ou d'écorce de chêne
ou d'orme................................. 4 onces.

La maladie maligne est quelquefois accompagnée d'un amas de matière dans une tumeur ordinairement située près de la commissures des mâchoires. Quand la suppuration est achevée, et que la tumeur aboutit, il en résulte un ulcère qui s'étend et qui, dans tous les cas que j'ai vus, n'a pu être arrêté par aucun des moyens les plus actifs.

Il paraîtra peut-être surprenant que j'ai si long-temps omis de parler de ce remède si populaire pour la *maladie*, savoir : *un séton au cou*. A la vérité, je crois que les sétons méritent bien rarement les éloges que l'on en fait : pendant qu'au contraire je suis persuadé que quelquefois il font plus de mal que de bien ; dans les dernières époques du mal, je suis sûr qu'ils affaiblissent le malade, et lui font beaucoup de mal. Je crois cependant que l'on peut les conseiller dans certaine variété de *la maladie*, où la tête est le siége évident d'une inflammation aiguë ; ce qui est, lorsqu'au commencement de l'affection le chien est fort incommodé de la lumière, qu'il ne peut l'envisager, et qu'il clignote et ferme les yeux, et s'en cache tant qu'il peut. L'état auquel je fais allusion n'est pas celui où les yeux sont bouchés par la matière, mais c'est à une époque antérieure du mal où les yeux sont atteints d'une humidité séreuse, avec une augmentation d'irritabilité plus qu'ordinaire dans ces

(215)

organes, qui les rend incapables d'endurer la lumière sans
souffrir. En regardant alors les yeux, la substance du globe
paraît enflammée, et l'iris rouge et ardente. Quand on voit
ces symptômes, je recommanderai l'usage des sétons au cou,
comme le meilleur moyen de produire une réaction. Dans de
pareils cas on peut fort bien essayer aussi des vapeurs chaudes
à la tête, ou même des fomentations de vinaigre et d'eau;
car l'on peut regarder comme règle sujette à peu d'exceptions, que ces signes annoncent que l'animal aura la maladie
fortement, avec une prompte complication de convulsions.
Si un chien ainsi attaqué est fort, la saignée et la purgation sont aussi nécessaires ; mais alors même il ne faut pas
pousser trop loin le système affaiblissant, ou bien il hâ-
tera l'attaque des convulsions.

Dans l'époque avancée de la *maladie*, si les yeux devenaient ulcérés, ce qui arrive souvent, traitez-les comme
il est indiqué sous l'article *Maladie des yeux* : et il n'est
pas mal de remarquer ici que ces ulcères ophtalmiques,
provenant de la *maladie*, quoiqu'ils paraissent avoir réellement détruit l'œil, se guérissent cependant peu à peu,
les parties se remettent d'elles-mêmes et la vue revient
sans altération. Cette régénération est particulière à l'ophtalmie de la *maladie*.

Enfin, comme guide à ceux qui sont inexpérimentés, il
ne sera pas mal de récapituler le traitement général selon
les circonstances ordinaires du mal : on peut regarder
dans cette vue les règles suivantes comme un résumé. —
Nourrissez fortement; remédiez avec soin à un relâchement continuel du bas-ventre; ne donnez que peu d'exercice; tenez l'animal chaudement dans tout les états du
mal, excepté le putride : évitez soigneusement toute irritation, et ayez toujours présent à l'esprit, que la *maladie*
est une affection sujette plus que toute autre à une

rechûte : ne discontinuez donc pas les soins ou le traitement médical pendant au moins trois semaines après que
le rétablissement de l'animal aura paru complet. Comme
la rechûte du mal se déclare souvent par une de ces attaques que l'on a décrites comme étant si fatales, en ce
qu'elles sont ordinairement suivies d'autres plus fortes et
plus répétées, ainsi on doit prévenir avec soin cette attaque secondaire, en continuant le traitement médical de
la première, fort long-temps après que tous les symptômes auront disparu, et jusqu'à ce que la santé, la force
et l'embonpoint soient bien rétablis. Mais dans le cas d'une
rechûte de cette maladie, donnez sur-le-champ un émétique fort, et continuez le traitement déjà indiqué. Si la
rechûte était accompagnée de tristesse, du dégoût pour
le manger, ou comme il arrive quelquefois, d'un retour
du dévoiement, il faut aussi avoir recours à l'ancien traitement indiqué comme propre à ces états, mais les toniques ou fortifians sont surtout bons dans ces attaques
secondaires, et l'on devrait les continuer de nouveau,
même pendant un temps plus considérable, après que tous
les symptômes auront cessé.

Note du Traducteur.— Il est assez remarquable que, dans
l'homme ainsi que dans presque tous les animaux soumis à sa domination, il paraisse quelques maladies d'un
genre particulier et différentes entre elles, aux époques où
la constitution corporelle éprouve des changemens notables.
Déjà beaucoup d'auteurs ont, par cette raison, considéré
comme devant avoir beaucoup d'analogie entre elles, ces
maladies, et ont regardé comme une crise d'épuration, la
petite vérole de l'homme, le claveau du mouton, la gourme
du cheval, la *maladie* du chien, etc.; d'autres auteurs, et
surtout ceux du temps présent, ne partagent nullement cette

opinion; et surtout à l'égard des animaux, nient même l'existence de quelques-unes de ces maladies, comme maladies essentielles. C'est ce qui arrive pour la gourme du cheval.

Les personnes qui pensent ainsi paraissent avoir d'autant plus raison, que ces maladies, ayant les mêmes causes et un même but, n'ont pas les mêmes caractères essentiels. Il y a bien de la différence entre la petite vérole de l'homme et le claveau, maladies éruptives et contagieuses, avec la gourme et la maladie des chiens; et il est difficile de penser que les premières de ces maladies tiennent à une crise de développement.

En admettant que dans l'homme, ainsi que dans les animaux qui sont le plus éloignés de l'état de nature, les époques de la dentition, de la croissance donnent lieu à quelques maladies particulières, ce qui qui est assez probable, ces maladies doivent avoir un même caractère. Les praticiens qui ont observé pourront, je crois, reconnaître d'après leur expérience, que c'est dans les affections du système lymphatique qu'il faut reconnaître ces maladies. Effectivement, les enfans, les chevaux, et d'autres animaux domestiques, présentent des engorgemens des glandes lymphatiques au moment des grands développemens.

Mais toutes les maladies du jeune âge sont-elles de toute nécessité? Non, et elles ne paraissent que lorsque les jeunes individus, par suite du régime diététique ou hygiénique, n'ont pas la force nécessaire.

Pour revenir à l'objet essentiel de cette note, nous voyons que la *maladie* des chiens ne sévit pas contre tous; que beaucoup de ces animaux n'en sont jamais affectés, et qu'elle n'agit avec force que sur ceux que l'homme estime le plus, auxquels il prodigue plus de soin, et qu'il éloigne parconséquent davantage de leur état naturel.

On est bien loin d'être d'accord sur la nature de cette maladie ; ses symptômes sont extrêmement variés, les accidens qui l'accompagnent sont nombreux, et son début n'est pas toujours le même. La plus grande partie des auteurs qui en ont traité la regardent comme une affection catarrhale ; M. Husard fils la met au nombre des névroses. Malgré le grand nombre de chiens affectés de *la maladie*, que j'ai eu à traiter, je ne me trouve pas apte à décider la question. Cependant je suis porté à croire que *la maladie* des chiens peut être considérée comme une inflammation des muqueuses en général, compliquée, dans beaucoup de circonstances, d'affections nerveuses. On ne doit pas être étonné du rôle que joue le système nerveux dans cette maladie, puisqu'elle n'affecte ordinairement les jeunes chiens qu'au moment de leur dentition et d'une crise de grande croissance.

Il est probable que cette maladie a toujours existé sur les races qui sont les plus soumises aux soins de l'homme, soins qui ne sont pas toujours les mieux dirigés, ni établis par une saine hygiène. On ne l'aura bien remarquée que lorsque des circonstances particulière lui auront fait exercer des ravages considérables. C'est ainsi que la petite vérole devient un fléau désastreux dans quelques années. Les anglais pensent qu'elle a été importée de France en Angleterre, nos auteurs disent tout le contraire ; comme rien ne prouve qu'elle soit contagieuse, il est probable que cette maladie appartient aux chiens de tous les pays.

Elle a conservé, en France comme en Angleterre, le nom qui lui a été d'abord donné, celui de *la maladie (distemper)* ; c'est en général ainsi que l'on appelle les fléaux destructeurs et passagers. L'épizootie qui, en 1825, a enlevé un grand nombre de chevaux, a reçu aussi ce nom vulgaire.

Parmi les vétérinaires français qui ont écrit sur *la maladie*, on doit distinguer le traité que Barrier père a fait insérer dans les instructions vétérinaires, *tome* v. Le traitement qu'il indique est le même que celui généralement mis en usage. Les vomitifs et les purgatifs dans le début, les calmans, tels que l'éther, l'opium, lorsqu'il y a complication d'affection nerveuse. Il recommande encore les sétons, les lavemens et les fumigations.

J'ai eu occasion de traiter une assez grande quantité de chiens affectés de *la maladie*. J'ai obtenu des succès assez nombreux en soumettant les malades à un régime sévère, et en ne leur faisant prendre que des médicamens adoucissans, après l'effet des purgatifs et des vomitifs. M. Delabère-Blaine recommande une nourriture assez forte, et je pense que c'est à tort, l'estomac et le canal intestinal étant toujours dans un grand état d'irritation ; et je regarde les bons effets que produisent les vomitifs et les purgatifs, comme le résultat d'une secousse générale qui peut changer tout-à-fait le caractère de cette affection.

La Danse de Saint-Gui, ou mouvement spasmodique que conservent beaucoup de chiens qui ont été attaqués de *la maladie*, est presqu'incurable et les rend à peu près de nulle valeur.

⸻

Obésité.   *Fatness excessive.*

Les chiens sont très-sujets à l'obésité ; un certain degré d'embonpoint est un signe de santé, mais lorsque la graisse est si abondante qu'elle est disproportionnée à la force du corps, elle devient alors la source de beaucoup de maladies. Beaucoup de chiens acquièrent cet état par une nourriture très-abondante et par le défaut d'exercice. Si l'embonpoint s'est montré en peu de temps, on on peut faire revenir le chien à son premier état sans danger ; mais lorsque la graisse augmente graduellement par une forte nourriture , alors l'obésité devient une maladie que l'exercice et l'abstinence ne peuvent détruire , car la sécrétion de cette matière tient quelquefois tellement à la constitution particulière , que des animaux peu nourris tombent dans l'obésité ; beaucoup de faits connus confirment cette assertion.

Il y a deux causes d'obésité, l'une est l'excès de nourriture , l'autre le défaut d'exercice; et lorsqu'elles se trouvent réunies , ce qui est assez ordinaire , alors l'accumulation de la graisse est certaine. Lorsque les chiens sont trop fortement nourris, ce qui est excédant à remplacer les déperditions est converti en graisse, ou donne lieu à quelques sécrétions extraordinaires, comme le pus dans l'oreille , dans le chancre , ou les croutes sur la peau dans la gale.

L'exercice augmente toutes les sécrétions habituelles; un chien qui est fortement exercé a besoin d'une plus grande quantité d'alimens , et cette augmentation d'alimens ne produira pas alors l'obésité ; cependant, malgré un exercice convenable et la marche naturelle des sécrétions, si l'une d'elles est supprimée, l'obésité pourra s'ensuivre, c'est ainsi que les chiens et les chiennes châtrées deviennent ordinairement trop gras , malgré un exercice convenable , par le défaut des sécrétions sexuelles.

Un trop grand embonpoint a lieu plutôt dans les chiens d'un certain âge que dans ceux qui sont jeunes , et cet embonpoint est plus difficile à détruire dans les vieux que dans les jeunes; par la raison probable que, dans les animaux âgés , la graisse est située plus à l'intérieur que dans les jeunes , où elle paraît être plus répandue à la surface du corps. L'obésité dispose particulièrement à l'asthme, ainsi qu'à la gale , aux chancres et aux autres maladies éruptives ;

elle occasionne fréquemment l'épilepsie, par la compression qu'elle opère sur les vaisseaux de la tête et de la poitrine. J'ai vu aussi un amas extraordinaire de graisse dans la poitrine, surtout autour du cœur et des gros vaisseaux. La rupture de ces organes en est souvent le résultat.

OEil (Maladies de l').

Les yeux du chien sont exposés à plusieurs espèces de maladies. La plus ordinaire est l'ulcération de la cornée lucide, occasionnée par une ophtalmie symptomatique qui accompagne souvent *la maladie*. Cette affection de l'œil commence par l'opacité parfaite de la cornée lucide, au centre de laquelle on remarque d'abord une tache qui s'augmente graduellement, et qui forme ensuite un ulcère ; cet ulcère quelquefois ne fait pas de progrès, tant que la maladie dure ; d'autrefois il augmente considérablement et attaque même l'iris. Dans quelques cas, il se forme des chairs fongueuses, qui font protubérance ; il y a une circonstance très-remarquable dans cette affection ; c'est que l'œil devient bien plus malade dans *la maladie* et recouvre plus promptement aussi sa santé ; et effectivement, lorsqu'il s'est formé un large ulcère, qui a interrompu entièrement la vue, à mesure que *la maladie* se guérit, l'œil reprend son état d'intégrité, sans laisser de vestige d'ulcération.

Le traitement *particulier*, dans ce cas, est de chercher à guérir *la maladie*: car, comme on l'a observé précédemment, à mesure qu'elle se guérit, l'œil redevient sain. Quoiqu'il en soit, il est prudent d'arrêter le mal, en passant un séton au cou, en faisant des fomentations de décoction de têtes de pavots, lorsque l'œil est très-enflammé et irrité ; ou par l'usage de lotions saturniennes indiquées plus bas, dès le début, ou par les autres formules indiquées plus loin, selon les progrès de la maladie.

Il existe encore une autre fausse espèce d'ophtalmie (également l'effet de *la maladie*), mais entièrement distincte de celle qui vient d'être décrite. Cette ophtalmie paraît souvent dès le début du mal. L'œil est rouge, les vaisseaux de la conjonctive sont fortement injectés, mais la transparence de la cornée n'est pas altérée ; et l'animal a peine à soutenir la lumière. (Voyez *la maladie*.)

Dans l'ophtalmie essentielle, les yeux sont tout à coup faibles, répandent des larmes en abondance, et si on les examine, la conjonctive paraîtra rouge et injectée. Il n'y a pas de suite opacité de la cornée lucide, mais cette opacité se fait bientôt remarquer ; il est rare qu'il se forme des ulcères ; la lumière cause toujours une impression fatigante et désagréable.

On débutera dans le traitement par une saignée, ensuite on passera un séton au cou, et l'on administrera, tous les trois jours, un purgatif. Aussi long-temps que durera l'irritation, il faut bassiner les yeux avec une décoction de têtes de pavots. La lotion suivante est aussi fréquemment employée :

Suracétate de plomb *(sucre de plomb)* .. ½ dragme.
Eau de roses......................... 6 onces.

Lorsque l'inflammation est modérée on peut employer ce qui suit :

Sulfate de zinc.......................... 1 scrupule.

Légère infusion d'écorce d'orme............. 6 onces.
Eau-de-vie...................... une cuillerée à café.

Quelquefois la formule suivante a produit de bons effets lorsque les autres avaient échoué :

Teinture d'opium. .,................... ½ dragme.
Infusion de thé vert.................... 4 onces.

Il faut éloigner la présence d'une forte lumière , et toutes les autres causes irritantes. Dans quelques cas très-graves, j'ai quelquefois , avec succès, scarifié, au moyen d'une lancette très-fine, la conjonctive des paupières et même celle qui recouvre le globe de l'œil.

On doit employer le même traitement, jusqu'à ce que l'inflammation de l'œil soit appaisée, dans les cas où cet organe aurait reçu un coup violent, ou aurait été blessé par la piqûre d'une épine, par les griffes d'un chat. S'il reste une petite tache blanche sur la cornée lucide, il faut souffler dans l'œil , deux ou trois fois par jour , un peu de poudre composée d'un scrupule d'acétate de plomb et d'une dragme de calomélas.

La *cataracte* est une autre maladie des yeux à laquelle les chiens sont sujets. Dans les vieux chiens cette affection est assez commune , par l'affaiblissement des parties de l'œil ; elle n'est pas rare, non plus, dans les jeunes, comme le résultat de quelques blessures, ou autres causes externes. Quelquefois cette maladie marche graduellement comme une affection chronique de l'organe. Dans les vieux chiens, les deux yeux sont généralement affectés, tandis que, dans les jeunes, il n'y a souvent qu'un seul œil de malade. On pourra souffler sur l'œil la poudre décrite précédemment , mais il est rare que l'on obtienne du succès par aucun traitement, et que la cécité ne soit la terminaison ordinaire de cette maladie.

Le globe de l'œil est parfois affecté d'hydropisie, on remarque alors son volume qui augmente beaucoup, et le défaut de contraction de l'iris. J'ai une fois ponctué la cornée lucide et donné lieu à l'évacuation de l'eau ; mais il en résulta une grande inflammation et l'œil dépérit graduellement. Dans un autre cas, j'ai soufflé du calomélas dans l'œil, mais sans apparence de mieux, excepté dans une circonstance où le propriétaire finit par s'ennuyer et fit tuer le chien, avant que l'on ait pu reconnaître d'une manière certaine les effets du traitement. J'ai aussi essayé l'électricité, les sétons et les vésicatoires, mais sans aucun succès.

Paupières ulcérées. *Eyelids ulcerated.*

Il y a une espèce de gale qui affecte les paupières, les ulcère et fait tomber le poil. On peut facilement la guérir avec l'onguent suivant :

Onguent mercuriel...................... 1 dragme.
Suracétate de plomb.................... 20 grains.
Blanc de baleine....................... 3 dragmes.

Frottez-en les parties, soir et matin, en ayant soin de laver le chien de temps à autre. On donnera aussi des remèdes intérieurement. *Voyez* Gale.

Note du Traducteur. — La cataracte est bien différente des taies ou taches blanches qui se forment sur la cornée lucide. Celles-ci sont très-apparentes, et faciles à distinguer. Toutes les fois qu'elles ne sont pas le résultat d'une cause interne, on parvient facilement à les faire disparaître, les lames superficielles de la cornée étant les seules affectées. Il faut une attention très-grande pour reconnaître la cataracte qui consiste dans l'opacité du cristallin, situé en arrière de l'iris. C'est à travers l'ouverture pupillaire que l'on peut reconnaître cette maladie, presque toujours le résultat d'une cause interne et par conséquent incurable.

<table><tr><td>## Des Ongles.</td><td>## Claws.</td></tr></table>

Les petits naissent fréquemment avec des *ergots*; quelquefois ils sont doubles. Les ergots sont des espèces de doigts supplémentaires situés à la face interne de chaque patte, et très-distincts des ongles du pied. Ils sont ordinairement fixés à quelques os correspondans du métacarpe ou du métatarse par une simple union ligamenteuse; mais quelque soit la manière dont ils sont fixés, il est toujours prudent de les exciser quelques jours après la naissance; autrement ils deviennent incommodes aux chiens, à mesure qu'ils grandissent, parce que le petit ongle qui termine l'ergot, blesse souvent les parties molles, ou que par leur forme ils s'accrochent aux choses que le chien rencontre dans sa marche.

Les ongles, lorsque les chiens ne font pas assez d'exercice, deviennent très-longs, se contournent, blessent le pied, et estropient le chien. On a l'habitude de couper avec des ciseaux les ongles qui sont trop longs; mais à moins de se servir de ciseaux très-forts, on court le risque de les briser en éclats; il vaut mieux les scier avec une scie fine et solide et de les polir ensuite.

Les doigts sont également sujets à une affection particulière, dans laquelle l'un d'eux paraît très-enflammé, écorché, et quelquefois ulcéré autour de l'ongle ; malgré le soin qu'à le chien de lécher la partie malade, le mal n'en fait pas moins de progrès, au lieu de se guérir comme on pourrait s'y attendre ; on se méprend souvent sur le genre de cette affection, que l'on regarde comme produite par une cause externe, et l'on est tout surpris que la langue du chien, ni les autres moyens mis en usage n'ont pas de succès. Le fait est que c'est une maladie qui tient à la gale, et que l'on ne peut bien guérir qu'en employant l'onguent n° 6, indiqué dans cette maladie. Dans le cas où le mal résisiterait à ce remède, on pourrait essayer avec confiance l'onguent n° 1, indiqué pour le chancre de l'oreille externe. Dans tous les cas, le pied doit être enveloppé d'un bandage cousu, pour éviter que le chien ne l'arrache, en ayant soin de ne pas serrer trop fort ; le point essentiel pour la guérison est d'empêcher que le chien ne lèche la partie malade.

NOTE DU TRADUCTEUR.—On nomme chiens *ergotés* ceux qui ont ces petits doigts surnuméraires. Beaucoup de chasseurs ont le préjugé de croire qu'ils valent mieux que les autres ; il est rare qu'ils donnent lieu aux inconvéniens que signale l'auteur, par conséquent l'opération qu'il conseille est à peu près inutile.

Paralysie.   *Palsy*

Beaucoup de causes peuvent produire dans les chiens la perte partielle ou générale du pouvoir moteur des reins. La rage est souvent accompagnée d'une paralysie partielle ou générale. Les reins ou les extrémités postérieures sont les parties le plus souvent affectées ; quelquefois ce sont les muscles de la poitrine qui sont malades, d'autrefois la paralysie est universelle. Dans *la maladie*, c'est une chose fort commune que les parties postérieures soient paralysées ; cependant elle attaque quelquefois les muscles de la tête, et ceux des membres antérieurs. Souvent cette paralysie persiste toute la durée de la vie. Dans certains cas graves de la paralysie, à la suite de *la maladie*, il y a souvent un mouvement convulsif continuel, qui constitue ce que l'on appelle la danse de Saint-Gui. Des accidens comme des coups, l'écrasement par une voiture, etc., peuvent également donner lieu à la paralysie ; mais la cause la plus fréquente est le rhumatisme. (*Voyez* ce mot.)

Il est évident que le *traitement* doit être basé sur les causes. Pour beaucoup de cas, la chaleur et quelques applications stimulantes sur les parties malades seront les principaux moyens. Quelquefois, cependant, le bain froid a produit d'heureux résultats, mais il faut, le moment du bain passé, tenir le corps chaud. Un emplâtre de poix est encore un bon remède général. On emploie fréquemment les vésicatoires et l'électricité. Dans le cas de blessures, un séton placé du côté opposé, est quelquefois utile.

Parturition.

Pupping.

On perd tous les ans un grand nombre de chiennes lorsqu'elles mettent bas : la vie artificielle exerce son influence, et elles semblent destinées à donner le jour à leurs petits, dans le chagrin et la peine.

Lorsque les chiennes sont en chaleur, il faut bien prendre garde à ce qu'elles ne soient pas couvertes par des chiens beaucbup plus forts qu'elles, parce que les petits étant alors d'une grosseur disproportionnée aux organes de la mère, ne peuvent être poussés dehors. (Voyez *Castration.*) Les chats étant presque tous de la même force, ne sont pas sujets aux mêmes accidens, lorsque les femelles font leurs petits. Les chiens qui sont soumis le plus à la domesticité et qui vivent renfermés, sont les plus exposés aux parts difficiles, et ont par conséquent besoin, pendant le temps de la plénitude, d'un exercice raisonné. Souvent la constitution n'a pas de forces égales aux efforts, et quelquefois la mauvaise présentation des des petits augmente les difficultés. Lorsque la parturition est ficile, et qu'il s'est déjà écoulé quatre ou cinq heures, on doit examiner les parties de la génération de la chienne, et si quelques portions d'un petit se présentaient à la portée du doigt, il faudrait y passer un lien de laine, et opérer de douces tractions pendant les efforts de la mère. S'il ne peut être amené de cette manière, il faut attendre encore quelques temps ; cependant si rien ne paraissait, il faut employer le forceps pour le retirer. Il est avantageux de donner un purgatif doux, aussitôt que les signes du part se présentent ; et lorsque la délivrance paraît retarder beaucoup, il sera prudent, dans tous les cas, de faire prendre un bain chaud, de donner quelque chose de nutritif, comme du jus, du bouillon ; et dans le cas où l'on craindrait des convulsions, on administrera des potions avec le laudanum et l'éther. La patience des chiennes dans le travail est extrême, leur angoisse est pénible à voir et leur regard est touchant.

Le désir de les soulager m'a engagé à faire plusieurs fois l'opération césarienne ; mais je n'ai réussi dans aucune occasion. J'attribue ce défaut de réussite principalement au délai que l'humanité réclame, et non à la nature de l'opération en elle-même, qui cependant est très-dangereuse. Lorsque le part se prolonge considérablement, les petits meurent ordinairement, et dans les cas où les petits sont déjà morts dans le ventre de la mère, c'est une cause d'un accouchement long et difficile. Les petits morts sortent par morceaux, quelquefois plusieurs jours après l'époque naturelle, et donnent lieu à un écoulement fétide, jusqu'au rétablissement des parties.

Quelques personnes, désirant élever beaucoup de chiens, laissent une trop grande quantité de petits à la mère, et souvent perdent la mère et les petits. Une chienne, dans cette circonstance, peut soutenir cette nourriture forcée une, deux ou trois semaines, et puis elle est tout à coup prise de convulsions, qui se succèdent rapidement et finissent par terminer son existence. Une chienne ne pourra toujours nourrir que la quantité de petits que ses forces lui permettront. Il est difficile d'en indiquer au juste le nombre, quelques chiennes pouvant en élever plus facilement six que d'autres seulement trois. On peut laisser aux chiennes d'une forte santé, et qui ont déjà porté, quatre ou cinq petits; trois seront assez pour celles qui sont délicates, enfin il en est qui n'en peuvent conserver que deux.

Lorsqu'il survient des convulsions à une chienne qui nourrit, il faut de suite lui ôter ses petits, et lui en donner un ou deux pendant une demi-heure, matin et soir; dans le cas où elle témoignerait beaucoup de peine de leur perte, et qu'elle aurait beaucoup de lait, on peut lui en laisser un; toutefois, on ne parviendra à sauver la chienne qu'en lui retirant la plus grande partie de ses petits. On peut employer comme remède interne le suivant :

Ether sulfurique........................... 1 dragme.
Teinture d'opium (*laudanum*)............ 1 dragme.
Bière forte................................. 2 onces.
Mélangez.

Donnez-en depuis deux cuillerées à café jusqu'à deux cuillerées à bouche, selon la taille et la force de la malade, en répétant la dose toutes les deux ou trois heures. Il faut faire prendre aussi quelque nourriture solide ou liquide, et aussitôt que l'animal pourra manger, il faut lui choisir ce qu'il y a de meilleur et en quantité suffisante. Dans cette circonstance on a fait aussi un emploi avantageux des bains chauds.

Des Pierres ou Calculs.   *Stone.*

Cette maladie, quoique rare, se rencontre pourtant quelquefois. Je n'ai pas moins de quarante ou cinquante calculs que j'ai retiré d'un chien de Terre-Neuve ; ils formaient obstacle à la sortie de l'urine. Il est probable que si j'avais été appelé à temps, j'aurais sauvé la vie à cet animal en l'opérant. J'ai également, dans de semblables occasions, trouvé des pierres dans les reins et la vessie. Quand l'urèthre est obstrué par un petit calcul, si ce calcul peut être touché, il faut inciser l'urèthre à cette place et le retirer ; ou bien on peut introduire une sonde dans le canal, et repousser la pierre dans la vessie.

L'introduction de la sonde n'est pas une chose facile, et doit être faite par un homme de l'art, ainsi que l'opération pour extraire les calculs de la vessie.

Poisons.

Le mot de *Poison* est, à quelques égards, un terme vague et indéfini ; car les substances qui sont les plus nuisibles à certaines espèces d'animaux, ne font souvent aucun mal à d'autres. La jusquiame *(hyoscyamus niger*, Linn.), qui est mangée impunément par les chevaux, les bœufs, les chèvres et le cochon, est un poison pour les chiens. Ceux-ci au contraire peuvent prendre une assez grande quantité d'opium, sans résultat fâcheux, tandis qu'il est rare que l'homme n'en éprouve pas des effets funestes. Le phellandrium aquaticum tue les chevaux, et les bœufs le mange sans danger. On peut donc diviser les poisons en ceux qui sont propres à chaque classe d'animaux, et en ceux qui sont nuisibles à tous, comme plusieurs espèces d'oxides de mercure, d'arsenic et de cuivre, les acides concentrés, etc., etc.

Les chiens sont assez fréquemment empoisonnés, soit par accident, soit à dessein. Comme on reconnaît souvent à temps l'empoisonnement, il est nécessaire de connaître les substances à employer comme *contre-poisons*, et encore même lorsque l'on ne peut obtenir de succès, si l'on soupçonne que l'animal ait été empoisonné méchamment, il faut être à même, pour éclairer la justice, de reconnaître les effets du poison et l'espèce de substance vénéneuse administrée.

On divise les poisons en minéraux, végétaux et animaux.

Poisons minéraux.

Le *sublimé corrosif*, ou muriate suroxigéné de mercure, est un des poisons des plus mortels pour le chien, même à petite dose, comme celle de cinq à six grains. Ses effets se dénotent presqu'aussitôt après son introduction, par les souffrances de l'animal, par ses efforts pour vomir, sa soif insatiable, sa respiration accélérée, et l'ardeur avec laquelle il recherche un endroit frais: la bouche se tuméfie, et si la dose du poison a été forte, elle s'ulcère et exhale une odeur fétide, ce qui, en même temps, est un signe d'empoisonnement, et un caractère de l'espèce du poison. A mesure que les symptômes font des progrès, les matières vomies sont teintes de sang, ainsi que les déjections, le pouls est petit et accéléré, les extrémités sont froides, un tremblement violent, la paralysie ou des convulsions se montrent et la mort vient bientôt délivrer le malade. A l'ouverture du corps, tout le canal alimentaire, à commencer par la bouche, porte des marques de la nature corrosive de la substance mortelle. Dans l'estomac, la membrane muqueuse est très-enflammée, et présente des taches gangréneuses, et l'on observe souvent, entre cette membrane et la musculaire, du mucus teint de sang, circonstances qui n'ont jamais lieu que par l'introduction d'un poison très-âcre. Les intestins paraissent aussi dans un grand état d'inflammation, surtout à leur face interne, qui présente des taches gangréneuses, et un mucus sanglant. Telles sont les altérations que l'on trouve; mais pour être plus sûr de l'empoisonnement et de la nature du poison, il faut conserver des matières que le chien rend avant la mort et de celles que l'on trouve après la mort, pour en faire une analyse chimique. Lorsque c'est du sublimé corrosif qui a été donné, de la potasse ajoutée au liquide, donnera un précipité jaunâtre (1); un chimiste emploiera encore d'autres réactifs.

Le traitement indiqué dans ce cas est de chercher à neutraliser le poison ou à l'envelopper. On remplira ce dernier but par des fluides glaireux, et les blancs d'œufs battus dans quelques liquides remplissent très-bien cette indication. Si l'on en a pas sous la main, on emploiera le lait; on doit

____

(1) Un moyen sûr, mais cruel, de reconnaître la présence du poison, est de donner à manger à de la volaille, à des oiseaux ou à d'autres petits animaux, ce que l'animal empoisonné a rejeté, et ce que l'on trouve dans son corps.

donner aussi des lavemens adoucissans. Lorsque l'on reconnait du mieux, on donnera une petite dose d'opium et d'huile de castor. On a recommandé, comme contre-poison et capable de remplir le premier but, une forte dose de savon dissoute dans le lait, et on peut l'essayer dans le cas où l'on ne trouverait pas d'œufs.

Arsenic. — On empoisonne souvent les chiens avec ce puissant oxide, et très-souvent encore ces animaux le trouvent mélangé avec d'autres substances, comme dans la mort-aux-rats. Les effets de l'arsenic sont les mêmes que ceux produits par le sublimé corrosif; mais ils ne paraissent pas aussi graves, quoique également pernicieux : la bouche n'est pas autant tuméfiée; l'ouverture fait voir à peu près les mêmes altérations, surtout si la dose du poison a été forte. Cependant les taches gangréneuses font bien reconnaitre la présence d'une substance corrosive. En soumettant les matières contenues dans l'estomac et les intestins à l'action du sulfate ammoniacale bleu de cuivre, on obtiendra un précipité vert. En jetant sur un fer rouge ces matières, il s'en exhalera une odeur d'ail, et la fumée reçue sur une pièce de cuivre décapée, la blanchira.

On donnera en grande quantité, dans cet empoisonnement, du sucre dissous dans du lait, jusqu'à ce que l'on puisse supposer que tout le poison est sorti de l'estomac; alors on suivra le traitement indiqué précédemment.

Vert-de-gris (carbonate de cuivre.) — Les chiens avalent souvent la crasse du cuivre en mangeant les restes d'alimens laissés dans les vaisseaux de ce métal. Les effets sont à peu près les mêmes que les précédens, mais bien moins violens. Les ouvertures des corps font voir les mêmes résultats. La présence du cuivre peut être reconnue par le prussiate de potasse, qui donne un précipité rougeâtre avec les matières recueillies dans l'estomac et les intestins.

Le traitement est le même que celui employé dans les empoisonnemens mercuriels.

Plomb. — J'ai souvent vu des chiens empoisonnés, et mourir pour avoir bu de l'eau dans des vases ayant une couverte de plomb ; et pareillement pour s'être léché des taches de peintures au plomb, qu'ils s'étaient faites en s'étant frottés contre ; et on observera que dans ce cas, la plus petite quantité de plomb devient plus dangereuse que l'on ne peut le supposer. Les symptômes qui surviennent sont le vertige, de violentes coliques, le vomissement et quelquefois la diarrhée, d'autres fois la constipation ; le mal se termine d'une manière fatale par la paralysie et des convulsions. L'ouverture présente rarement des lésions de la membrane muqueuse et des intestins. Il y a cependant une inflammation palpable et l'on trouve quelquefois des invaginations.

On commencera le traitement par un purgatif actif, comme le sulfate de magnésie *(sel d'epsom)*. S'il est rejeté, on donnera en pilules le calomélas et l'aloès, autant de temps qu'il paraîtra nécessaire pour vider les intestins ; on maintiendra le corps libre par l'huile de castor ; car j'ai toujours remarqué une disposition à la constipation à la suite de l'empoisonnement par le plomb.

Mercure. — Lorsque l'on fait des frictions d'onguent mercuriel sur les chiens, sans avoir la précaution de les museler ou de les couvrir, il arrive souvent qu'ils se lèchent et qu'ils s'empoisonnent. Dans ces cas, l'estomac est ordinairement peu affecté, mais il survient une forte diarrhée, les excrémens sont teints de sang, les intestins sont ulcérés. On commencera le traitement par l'administration d'un mélange d'huile de castor et de blancs d'œufs à parties égales ; lorsqu'un mieux se fera apercevoir, on aura recours aux opiacés et aux astringens. *Voyez* Diarrhée.

Par les détails que l'on vient de donner sur les poisons minéraux les plus actifs, il ne doit pas être difficile de reconnaitre le caractère des inflammations qui en sont les suites. Lorsque des acides ou des sels caustiques minéraux ont été donnés à l'intérieur, les symptômes maladifs qui en résultent sont très-prompts dans leur marche, et les souffrances sont bien plus grandes que dans les inflammations ordinaires. La fétidité de l'haleine, le sang mélangé avec les matières vomies ou rendues par les selles, sont des signes caractéristiques de la présence du poison. La mort est le résultat de l'extrême inflammation et de la gangrène du canal alimentaire, et plus particulièrement encore de l'ulcération de l'estomac (1) et des intestins, et de la tendance de toutes les parties du corps à la putridité. La fétidité qui en résulte est toute particulière, et je l'ai reconnue trois mois après une ouverture, sur les instrumens dont on s'était servi.

Poisons végétaux.

Opium. — Dans la première édition de cet ouvrage, j'ai avancé que l'opium, ingéré dans l'estomac des chiens, n'était pas délétère : car si on le donnait à forte dose, sous forme solide, il était invariablement rejeté par le vomissement, et qu'à petites doses, il ne produisait que de légers dérangemens dans le système. Cependant Orfila, dont l'expérience est bien gagnée par le sacrifice d'une infinité de chiens,

---

(1) Il n'est pas sans exemple que le pouvoir dissolvant des sucs gastriques corrode quelquefois la membrane muqueuse de l'estomac; mais alors les érosions se trouvent toujours à la partie qu'occupe le suc gastrique par son propre poids, et non ailleurs.

affirme que l'opium leur est mortel , quoiqu'il reconnaisse (et ceci donne de la force à mes remarques) que ses effets sont incertains , et qu'il l'a souvent donné à des doses considérables sans effets fàcheux pour l'animal. Lorsque son action est fatale , il survient des efforts convulsifs de toutes les parties musculaires , suivis de fortes déjections et d'une paralysie générale. A l'ouverture, on remarque peu d'inflammation dans les organes digestifs , les poumons sont plus affectés. Orfila observe pareillement (ce qui s'accorde avec mes expériences) que les effets narcotiques de l'opium ne sont pas apparens , quelle qu'en soit la dose ; mais c'est un effet curieux , qu'introduit par injection dans les vaisseaux sanguins , ou donné en lavement , il exerce avec force ses qualités narcotiques.

Noix vomique (strychnos nux vomica. Linn. *)* — Ce fruit vient des Indes-Orientales , et est un violent poison narcotique pour beaucoup d'animaux , moins dangereux pour quelques-uns , mais toujours nuisible pour tous ; il possède une grande puissance , mais il est inégal dans ses effets , nonseulement sur les différens animaux , mais même sur le même animal , selon le temps et les circonstances. Il existe un préjugé commun et erroné , lequel est de croire que la noix vomique est seulement un poison pour les chiens qui sont nés aveugles : c'est une substance mortelle , non-seulement pour toute l'espèce du chien et du chat , mais aussi pour les lièvres , les lapins , les chevaux , les ânes , et beaucoup d'oiseaux. Son action est irrégulière sur l'homme ; quinze grains ont donné la mort dans une circonstance, et une noix toute entière n'a produit aucun effet fàcheux dans une autre. Leuriero rapporte qu'un cheval est mort au bout de quatre heures pour en avoir pris seulement une drague. Cinq ou six grains suffisent pour tuer un lièvre ou un lapin. J'ai fait périr en cinq minutes et demie, un très-fort chien de Terre-Neuve, qui était enragé, par une dragme de noix vomique, donnée dans du beurre. Un autre chien, de moyenne taille, mourut en vingt-huit minutes pour une demi-dragme, et douze grains suffisent pour tuer un plus petit en vingt-cinq minutes ; les effets de l'extrait aqueux de noix vomique sont plus prompts et plus certains donnés en dissolution ; quelques grains seulement donnent la mort en quelques minutes. Cependant, comme l'action de ce poison n'est pas toujours régulière, je ne le recommanderai pas dans les cas où il est nécessaire de faire périr un de ses bons animaux ; l'humanité exigeant toujours que l'on agisse alors promptement, et que les souffrances soient aussi courtes que possible. Cependant, le poison est assez pernicieux pour que des personnes l'emploient souvent méchamment, en pouvant se le procurer facilement sous le prétexte de détruire les animaux nuisibles. Comme l'opium, la noix vomique, ne produit pas d'effets narcotiques sur les chiens, mais elle donne lieu à de violentes convulsions tétaniques, à une respiration laborieuse et à un engourdissement général (1), et devient mortelle en détruisant l'action des nerfs, et cela si rapidement, que sa présence ne peut être aisément appréciée par les symptômes morbides : rien ne peut en arrêter les funestes effets, à moins que l'on ne s'y prenne de suite : un émétique donné une minute ou deux après la prise du poison, suivie de l'administration d'une forte cuillerée à café de moutarde, ont quelques chances de succès.

---

(1) Une soif très-grande est un des signes caractéristiques de l'empoisonnement par la noix vomique. (N. D. T.)

Angustura speudo ferruginœa. Angusture ferrugineuse. —
Une fausse espèce d'angusture a été introduite dans la bou-
tique de beaucoup de droguistes, et a causé beaucoup d'accidens, il y a quelques années. J'ai malheureusement tué
un chien favori , en lui donnant comme tonique cette substance trompeuse, qui m'avait été fournie par un dro-
guiste comme *l'angusture vraie*; malgré que Humboldt
ait annoncé que cette substance n'appartenait pas à la
classe de l'angusture, cependant elle a été généralement
répandue et mise en usage , comme pouvant remplacer la
véritable écorce. Voyez *le mémoire de M. Planche , phar-
macien français , sur les angustures du commerce.*

Acide prussique. — Cet acide, fortement concentré (ce
qui heureusement est fort difficile d'obtenir et encore plus
de conserver) est si actif, qu'une et tout au plus deux gouttes
appliquées sur l'œil, le nez ou la langue, suffisent pour
anéantir la vie dans une ou deux minutes. C'est à la présence
de cet acide que beaucoup de substances végétales, telles que
les amandes amères, doivent leur propriété vénéneuse. Le
laurier-cerise, employé dans les cuisines comme le laurier-
sauce, donne à la distillation une eau qui empoisonne les
chiens. L'huile essentielle de laurier-cerise et celle d'a-
mandes amères contiennent tellement de l'acide prussique ,
que quelques gouttes données au plus fort chien , lui deviennent immédiatement fatales (1). L'extrait de ces substances

---

(1) Très-souvent on cherche comment on pourra tuer un chien,
sans le faire souffrir et sans causer trop de chagrin à son maître. Quoiqu'un coup de feu ou la strangulation ne donnent pas une mort douloureuse, cependant la violence, employé dans ce cas, est révoltante,
et il est en même temps imprudent de familiariser les domestiques avec
ces actions. Quoiqu'il en soit, il survient une infinité de circonstances
où il y a de l'humanité à faire périr un chien plutôt que de prolonger

est mortel à petite dose. Les effets de ces différens poisons sont à peu près les mêmes : ingérés dans l'estomac, ils agissent en paralysant subitement tout le système nerveux. Introduits immédiatement dans les vaisseaux sanguins, ils deviennent narcotiques et ne sont pas moins pernicieux. Le traitement qui présente les chances les plus favorables consiste dans la prompte administration de l'émétique, suivie de stimulans actifs, tels que la moutarde, le poivre, etc., mêlés avec le vinaigre.

Le *woovara*, le *lamas*, le *ticunas*, la *fève de Saint-Ignace*, l'*upas antiar* et l'*upas tieuté* sont des poisons végétaux indigènes aux climats orientaux et occidentaux, et beaucoup plus actifs et plus mortels que les précédens. Préparés avec beaucoup de soin et d'art, leurs extraits conserve très-long-temps leur qualité vénéneuse, et la plus petite piqûre, faite avec l'instrument le plus fin, ou avec une épine ou une flèche trempée dans la teinture d'un de ces poisons, devient mortelle, même dans l'espace d'une minute. M. BRODIE a donné la relation de quelques expériences qu'il a faites sur les chiens avec ces poisons ; et qui prouvent leur activité. Les expériences faites à Paris par M. DE LA CONDAMINE, sont la peinture terrible de la puissance de ces poisons.

POISONS ANIMAUX.

Le *virus rabiéique* est le plus terrible de nos poisons

---

ses souffrances, et alors, au lieu d'employer des moyens violens, on pourra appliquer sur la langue quelques gouttes d'huile essentielle, ou donner une petite pilule faite avec l'extrait, alors la vie s'éteindra promptement et sans douleurs.

animaux, et des centaines de chiens périssent tous les ans par ses effets. *Voyez l'article* RAGE.

Morsure de vipère. — Dans tout le globe, l'Europe exceptée, les chiens sont exposés aux morsures de serpens, qui deviennent de suite mortelles. La vipère est le seul reptile, dans l'Angleterre, capable de faire une plaie dont les suites peuvent être très-sérieuses, et à laquelle les chiens sont exposés dans les chasses. Dans ces cas, la partie mordue enfle prodigieusement, et l'animal témoigne de grandes angoisses ; il finit par être engourdi, et quelquefois la mort arrive précédée de convulsions. Mais il est rare que ces morsures deviennent mortelles, surtout lorsque l'on a employé promptement les remèdes convenables. Ces remèdes consistent dans des lotions d'alkali volatil, ou d'esprit de corne de cerf, mélangé avec de l'huile, sur la partie mordue ; on fera prendre en même temps intérieurement cinq, six ou huit gouttes d'alkali volatil, ou vingt gouttes d'esprit de corne de cerf, avec une ou deux cuillerées à café d'huile douce, et l'on continuera jusqu'à ce que l'on remarque de l'amélioration.

Les piqûres vénéneuses des cousins, des guêpes et des abeilles, sont promptement guéries en appliquant dessus le bleu végétal employé pour colorer le linge. Le laudanum, le vinaigre ou l'eau-de-vie détruisent promptement l'inflammation et la douleur.

Des Plaies. *Wounds.*

Les chiens peuvent être blessés, et en général on ne porte pas beaucoup de soins à leurs plaies, par la persuasion que l'on a que la *langue* de l'animal est le meilleur baume, ce qui est réellement fort douteux ; et je suis persuadé que, dans quelques circonstances, rien ne peut être plus nuisible à un chien blessé que l'action de se lécher. Il est sûr qu'un chien ayant une affection sporique se fera beaucoup de mal en se léchant.

Dans les plaies étendues et déchirées, il faut en rapprocher les bords par un ou deux points de suture, et comme promptement la peau se couperait à ces points, il faut, pour assurer, placer dessus la plaie un emplâtre agglutinatif. Une plaie récente doit être nétoyée, et ensuite recouverte. Lorsque la suppuration s'établit, il faut la panser avec quelqu'onguent doux. Dans les plaies faites par des corps aigus et fragiles, il faut examiner attentivement s'il n'est pas resté quelques corps étrangers qui s'opposeraient à leur entière guérison. Les plaies les plus communes sont le résultat des morsures des chiens. Dans ce cas, si l'on a quelques craintes sur l'état de l'animal qui a mordu, il faut se conduire comme il est indiqué à l'article *Rage*. Ces sortes de plaies se guérissent, le plus souvent, sans traitement particulier ; si cependant elles étaient plus graves, il serait nécessaire de les bassiner avec du baume de Friar, pour prévenir la gangrène.

Les plaies fistuleuses des parties glanduleuses sont souvent très-longues. On cherchera alors à parvenir jusqu'au fond de la plaie, pour y déterminer une inflammation nécessaire. On peut obtenir cette inflammation en injectant quelques stimulans, ou en passant un séton dans la plaie. Quelques plaies fistuleuses, telles que celles du pied, des articulations ne guérissent pas, parce que des os ou des ligamens articulaires sont attaqués ; il faut alors débrider ces plaies, et les stimuler avec l'essence de térébenthine, ou la teinture de cantharides, jusqu'à ce que les portions d'os ou de ligamens affectés, soient détachées, alors les plaies marcheront promptement à la guérison.

Des Puces.   *Fleas.*

De toutes les incommodités auxquelles la race canine est sujette, aucune ne les tourmente autant, et n'est plus désagréable en même temps pour les maîtres, que les puces. C'est pourquoi on demande fréquemment les moyens capables de les détruire, et ceux qui peuvent en garantir. Les meilleurs moyens sont de laver le chien avec de l'eau de savon, et de le peigner ensuite avec un peigne à dents serrées, mais il faut faire attention que le lavage ne sert qu'à faciliter l'emploi du peigne, l'eau ne faisant pas périr les puces, qui ont la vie très-dure, et qui reprennent promptement leurs forces lorsqu'elles sont séchées ; mais comme le lavage est quelquefois nuisible, il faut chercher quelqu'autre moyen pour détruire ces insectes.

On a recommandé des lotions avec la décotion de tabac, mais l'effet en est momentané, et elles peuvent aussi produire de graves accidens. *Voyez* GALE. J'ai essayé une infinité d'autres moyens pour détruire les puces, mais ce qui seul m'a paru le mieux réussir, est de faire coucher le chien sur des copeaux fins et frais de sapin jaune ; il faut changer ces copeaux toutes les semaines ; lorsqu'on ne peut s'en procurer, on pourra frotter une ou deux fois par semaine la peau avec de la résine très-fine. Les puces ne sont pas seulement incommodes ; et, par l'irritation que produit leur grand nombre, il peut en résulter la gale.

Rage.   Rabies canina.   Madness.

Le nom de *rage*, si long-temps reçu et si populaire,
cède maintenant au mot plus classique de *rabies* (1). Cette

---

(1) Il est à peine nécessaire de remarquer que le mot *rabies*,
loin d'être un nouveau terme, est de bien plus ancienne date que
celui de *rage*, tel qu'il est appliqué à cette maladie commune dans les
chiens. On trouve dans PLINE, *rabidus canis* ; et dans HORACE, *canis
rabiosa*, ainsi que dans plusieurs autres auteurs. Mais si le terme de
rage est improprement appliqué à la maladie en question, parce qu'un
délire furieux, la rage et la férocité sont loin de l'accompagner constamment, et sont rarement présens ; il est de même évident que le
terme latin *rabies* l'est également, puisqu'il signifie rage et fureur
(*Iracunde et rabiose facere aliquid*, CICERO). Cette maladie est encore entièrement mal désignée quand on l'appelle hydrophobie, parce
que, dans les animaux, il n'y a pas la moindre horreur de l'eau, appliquée
soit extérieurement, soit intérieurement. Le docteur PARRY dit à ce
sujet : « Pour éviter la confusion qui a lieu en se servant du terme abs-
» trait, qui renferme plusieurs variétés de phénomènes provenant
» d'autant de causes différentes, il serait bien de rejeter entièrement
» le terme hydrophobie (dans l'homme et dans la brute) comme dési-
» gnation d'une maladie particulière, et d'appeler la maladie *rabies*.
» Puisqu'aussi cette maladie n'est ni particulière aux chiens, ni com-
» municable par eux seulement, on peut, avec raison, trouver à re-
» dire à l'usage de l'adjonctif *canina*. Ce fut d'après ces raisonnemens
» que je proposai, il y a près de quarante ans, dans un traité main-
» tenant oublié à juste titre, de désigner la maladie par le nom de
» *rabies contagiosa* ; conservant ainsi le vieux terme générique, et
» y ajoutant un autre qui exprime la manière dont se produit cette
» maladie. »—PARRY. *Rabies contagiosa*. pag. 119. —On peut ré-
pondre à cela que l'histoire affligeante de tous les faits d'hydrophobie
démontrera que le terme *rabies* est également mal appliqué à l'espèce
humaine. Un léger délire peut, par momens, confondre l'ordre des
idées dans l'homme et dans les animaux ; mais qu'il est rare, dans l'un

maladie est indubitablement de bien ancienne date, car
nous en avons des rapports authentiques qui remontent
à plus de 2000 ans. Elle est décrite avec quelque exactitude
par Aristote et Dioscoride. D'autres auteurs anciens en
parlent aussi (1). L'histoire a continué à nous en indiquer
de nombreuses traces, surtout en Europe, où elle paraît
avoir quelquefois régné avec une fureur épidémique, pendant que dans d'autres momens elle n'y paraît avoir été
que peu connue (2). L'Espagne en fut ravagée en 1500.
Elle fut très-commune à Paris en 1604 (3) ; et cent ans
après, l'Allemagne devint le théâtre de ce terrible fléau

---

ou dans les autres, surtout chez le premier, de voir la rage ou la
férocité? et on peut douter que le terme contagieux puisse s'appliquer
avec plus de raison à une maladie, laquelle quoique reçue, ne peut, à
ce que nous croyons, être recommuniquée par l'homme. Nous avons
donc encore à chercher un terme correct pour cette maladie anomale.
Les Français désignent quelquefois la maladie de rage par le terme
cynolisson, ou *cynolysson*; et nous avons trouvé *cynoly'ssa* comme
mot anglais, ayant la même signification ; de même *cynode'ctos* pour
quelqu'un mordu par un chien enragé; mais si *lyssa* peut se rendre,
comme on le fait quelquefois, par *tourment*, de la morsure de tout
animal venimeux, il paraîtrait alors que cynoly'ssa est un terme plus
exact que ceux dont on se sert ordinairement. « La classification de la
» rage a quelque chose de défectueux dans toutes les nosologies. »—
Trolliet. sur la rage, pag. 575.

(1) Il paraît exister des doutes si Hippocrate, dans ses *Coacæ præ-
notiones*, a voulu décrire la rage en disant « *phrenetici parum biben-
» tes strepitum valdè percipientes, tremuli ant convulsi* ».

(2) Je ne crois pas cependant que la rage provienne jamais spontanément; mais l'inoculation en a lieu dans des circonstances particulièrement favorables à ses progrès et à sa propagation, comme il sera
expliqué ci-après.

(3) *Journal de Henri IV*, tom. 3, pag. 221.

parmi ses loups ainsi que parmi ses chiens. Les naturalistes, les historiens et les médecins de chaque siècle, nous ont laissé des récits courts mais effroyables de ses terribles visites : et des faits périodiques ont montré que l'on ne l'a jamais entièrement perdue de vue. Quelques ouvrages importans, écrits par des auteurs espagnols, italiens, allemands et français, en ont aussi rapporté les ravages ; mais ce qu'ils en disent est tellement mêlé des erreurs alors en vogue, que l'on ne peut en tirer que peu de connaissances. L'illustre BOERHAAVE peut être regardé comme le premier qui, par des observations suivies, ait donné quelques renseignemens sur la *rage* dans les chiens. Ils n'avait rien paru sur ce sujet en Angleterre, digne de l'attention, jusqu'à la notice de M. MEYNELL. Ce célèbre chasseur publia son mémoire dans le dixième volume des *Commentaires médicaux ;* et si sa description de la rage ne répond pas exactement à d'autres tableaux qui ont été faits d'après des observations plus étendues, elle caractérise néanmoins la maladie avec beaucoup de précision, et elle aida, dans le temps qu'elle fut publiée, à faire beaucoup de bien, en bannissant des opinions dangereuses et erronées sur ce mal.

La rage, dans les chiens, devint très-commune en Angleterre en 1806, et s'étendit jusqu'aux environs de Londres, où l'année suivante elle augmenta à un tel point que rarement il se passait un jour sans que je fusse consulté pour un ou plusieurs chiens enragés : j'en ai vu trois, quatre ou cinq par jour. Les deux années suivantes elle régna avec une fureur presque semblable ; et il est remarquable que depuis ce temps-là jusqu'à l'année précédente 1823, elle n'a jamais disparu de Londres : depuis ces deux dernières années, la fréquence en est plutôt augmentée que diminuée ; dans les sept dernières années, il y a eu à peu près la même proportion dans le nombre des animaux affectés de cette maladie, dans les provinces. Vers la fin de 1807, je donnai au public, dans *un Traité domestique sur les chevaux et les chiens*, le précis des remarques suivantes sur la rage, et bientôt après je publiai sur ce sujet un mémoire plus particulier, lequel (avec bien d'autres matières *accréditées* (1) sur les chiens) fut inséré dans la *Cyclopédie* de Rees; et je crois, sans craindre d'être contredit et j'espère sans le reproche d'une vanité mal placée, pouvoir avancer que, parmi les nombreux ouvrages auxquels les ravages de l'hydrophobie et de la rage donnèrent lieu ensuite, à peine il y en a-t-il eu un seul qui n'ait emprunté quelque chose de l'une ou de l'autre de ces sources. Quelques-uns ont eu la candeur de le reconnaître; d'autres, moins généreux, se sont contentés d'adopter et de donner comme étant d'eux, ce qu'il leur en a convenu. Un ou deux individus, encore moins généreux et voulant favoriser leurs propres vues sur ce sujet, ont cherché à ternir l'ensemble en affectant de révoquer en doute l'exactitude de ce que j'avançais, ou la force des conséquences à en tirer. Le rapport suivant de la rage dans les chiens est le résultat d'une attention assidue pendant plusieurs années, jointe à des occasions de faire des observations si nombreuses et si étendues, que peut-être personne n'eut jamais aucune de ces occasions ; l'importance du sujet et l'attention générale occupée de cette

---

(1) J'ai dit *accréditées*, parce que l'ingénieux rédacteur, le docteur Rees, non content de ce que j'avais fourni, jugea à propos d'ajouter les erreurs vulgaires et les niaiseries traditionnelles de chasseurs et de palfreniers, que l'on ne pouvait *accréditer* que quand l'erreur et le préjugé dominaient.

maladie pendant les années qu'elle régna , imprimèrent sur mon esprit un intérêt plus qu'ordinaire. Les sujets qui venaient journellement sous ma direction , furent donc veillés attentivement pendant qu'ils vivaient , et les différentes variations marquées avec soin. Tous les remèdes en vogue furent essayés , et plusieurs autres , lesquels par analogie semblaient applicables au cas qui était présent ; et lorsque la mort suivait , un examen attentif des lésions internes avait lieu toutes les fois que l'on pouvait supposer en tirer quelques lumières.

La nécessité d'une connaissance claire et précise de cette terrible maladie ne peut qu'être évidente , quand on considère son existence constante et combien jusqu'à présent elle a été mal connue. Quoique pendant plusieurs siècles , la peste même a causé à peine plus de terreur , cependant , dans ce pays-ci comme dans d'autres , peut-être qu'aucun sujet populaire n'offre un tissu complet d'erreurs comme celui-ci. J'ai déjà eu occasion de faire remarquer que le terme même de *rage* , par lequel la maladie a été si long-temps et si généralement connue, en donne , pour l'ordinaire , une idée fort éloignée de la vérité. Par le mot *enragé* , on suppose naturellement qu'un chien affecté de la rage doit nécessairement être farouche et furieux ; et dans tous les tableaux que l'on en a faits elle est ainsi décrite ; mais bien loin que ce soit le fait , à peine ai-je trouvé un seul chien adulte qui ait eu une aliénation totale ; pendant qu'au contraire , dans le plus grand nombre , les facultés mentales n'ont même été que peu dérangées : les malheureuses victimes de cette maladie reconnaissent ordinairement la voix de leur maître et y obéissent , et cela souvent jusqu'au dernier moment de leur existence.

Il faut cependant reconnaître que le terme est plus propre,

appliqué à d'autres animaux. Les loups paraissent féroces et furieux, mais non sans sentiment. Les cochons éprouvent le délire ; même le paisible mouton a, dans cette maladie, non seulement le délire, mais il devient féroce. Le cheval enragé est épouvantable, j'en ai vu un qui, pendant sa frénésie, a démoli tout ce qui se trouvait dans une écurie à six chevaux, rateliers, mangeoires et poteaux ; tout ce qui était autour de lui a été mis en ruines, excepté les murs.

Mais si le mot de rage est prouvé être un terme incorrect, celui d'*hydrophobie*, par lequel la rage, dans la brute, est quelquefois désignée, est encore plus éloigné de toute exactidude scrupuleuse, et en effet y est aussi peu applicable qu'à la coqueluche (1) ou à la petite vérole dans l'homme.

---

(1) Ce terme impropre est cependant la moindre partie du mal ; car malheureusement la crainte de l'eau a été considérée par plusieurs personnes comme le signe caractéristique général de la maladie, et au moyen duquel on peut infailliblement la connaître, tant dans la brute que dans l'homme ; mais cette opinion est tellement contraire à la vérité, que les chiens enragés, au lieu de montrer aucune horreur de l'eau, dans la plupart des cas, la cherchent avidement et la boivent sans cesse. Le mal qu'a produit ce préjugé universel est incalculable. Si un chien, à cause d'une affection quelconque, ne peut avaler, il est sur-le-champ prononcé être enragé, et on le tue sans remords ; cependant l'épouvante règne dans l'esprit de chacun de ceux qui avaient été à sa portée, et les malheureux individus qui avaient été mordus par ce chien plusieurs mois ou plusieurs années auparavant, ne sont pas exempts de craintes ; car entre autres erreurs qui existent, on croit que si un chien devient enragé, toute personne qui aurait été mordue autrefois par l'animal, quoique en santé, est autant en danger que si cela fut arrivé lorsque l'animal était réellement affecté.

D'un autre côté, si un chien malade peut boire, il est jugé être hors de danger de toute rage ; et cette opinion a été si générale, que le

Un autre préjugé populaire, également absurde, quoique un peu moins dangereux que le précédent, mais aussi généralement reçu, est que de retirer un ver imaginaire de dessous la langue, pendant le bas âge du chien, l'empêchera ou de devenir enragé à l'avenir ou s'il le devenait de pouvoir mordre. (Voyez *Everration.*) J'ai vu aussi des suites sérieuses provenir d'une opinion assez généralement répandue, que les chiens évitent par instinct ceux qui sont enragés. Rien ne peut être plus faux : j'ai souvent vu des chiens enragés vivre avec d'autres qui ne paraissaient pas avoir la moindre crainte ; et les chiens en santé ne montrent aucune crainte dans leurs rencontres avec ceux qui sont enragés, ni ne cherchent à les éviter. Le sang ou la chair d'un chien enragé, lorsqu'il est mort, ne leur produit aucune horreur.

Il est nécessaire de rechercher dans une histoire de la rage, quelle est son origine, dans quels animaux on peut supposer qu'elle s'est premièrement montrée, et quels autres animaux sont reconnus comme pouvant la recevoir d'eux. Nous sommes certains que cette maladie a une origine spontanée ; les contagions humaines, la syphilis, la petite vérole, la

---

docteur H., célèbre médecin, et à présent en grande réputation à Londres, étant consulté par quelqu'un de mordu, demanda sur-le-champ si le chien qui avait blessé la personne pouvait boire, et quand on lui eut dit que oui, il prononça absolument qu'il n'y avait aucun danger de rage, et conseilla que l'on ne prît aucune précaution. Ce médecin fut coupable d'une présomption et d'une ignorance indignes de son rang et de son état ; et son conseil, s'il eût été suivi, aurait pu causer la mort de trois personnes. Heureusement pour elles, on n'eut pas égard à son avis, et je scarifiai les parties blessées de chacune d'elles. Cinq semaines après, un pauvre chat qui avait également, qui avait été mordu par ce même chien, devint enragé, ainsi qu'un cheval qui le devint au bout de trois semaines, en ayant été mordu pareillement.

rougeole, etc., etc., se montrèrent d'abord de cette manière. Mais comme à présent on les considère comme ne venant jamais spontanément, sommes nous autorisés, d'après l'analogie seulement, à conclure que la rage doit, dans tous les cas, son origine à la contagion? Les opinions sur ce sujet sont diverses, et comme le poids de l'autorité est considérable de part et d'autre, il serait prudent de suspendre notre jugement, et de ne pas décider trop précipitamment, ni sans de bonnes données. Cependant, ce que m'enseigne mon expérience, et d'après ce que j'ai pu retirer d'une observation assidue, je n'hésite point de donner comme mon opinion que la maladie, à présent, n'a jamais d'origine spontanée. Parmi les occasions, presque sans bornes, d'observer ce sujet, je n'ai jamais vu un seul exemple de rage dans un chien entièrement séparé des autres. Je sais qu'il y a de ces exemples cités (1), mais j'ai si souvent été témoin de la facilité avec

---

(1) Deux cas se présentent à mon souvenir, qui feront voir combien il faut de précaution en basant une opinion sur des circonstances concluantes selon toute apparence. Je fus prié par un monsieur, demeurant dans *Wimpole street*, d'examiner un chien, que je prononçai tout de suite être enragé, sur quoi ce Monsieur me dit, que si le chien l'était, il l'était certainement devenu sans infection (ce qu'il savait être directement contraire à mon opinion); car ce chien, qui était un grand favori, n'était jamais, depuis plusieurs mois, sorti seul, ni même en aucun temps, n'avait été perdu de vue par lui ou son valet, qui était aussi fort attaché au chien et qui en avait un soin particulier lorsque le monsieur était absent. Comme ni l'un ni l'autre ne s'était jamais aperçu que le chien eut été mordu, ils tenaient ferme sur ce sujet. Voulant arriver à la vérité d'un fait aussi important, je commençai à questionner de près les autres domestiques, et l'un d'eux se rappela enfin qu'un matin, son maître ayant sonné, et le valet étant absent, ce chien le suivit à la porte de la rue, et qu'il se rappelait qu'occupé à parler à quelqu'un, le chien passa le seuil de la porte, et fut tout à-coup attaqué par un autre chien qui passait et semblait n'avoir pas de

```
( 249 )
```

laquelle on peut être trompé là-dessus, outre la grande masse
de preuves directement contraires à l'origine spontanée, que
je suis disposé à attribuer l'impression qu'en avaient les
écrivains, au défaut des renseignemens nécessaires, ou à de
fausses informations données par d'autres personnes. Je
crois que M. YOUATT, dont les moyens de faire des observations ont été presque aussi étendus que les miens, est décidément de la même opinion, ainsi que le sont la plupart de
nos plus célèbres médecins (1); et quoique l'on ne puisse nier

---

maître avec lui. Telle fut l'explication de cette difficulté : il ne peut y
avoir de doute que le chien qui passait était enragé, et suivait le penchant ordinaire de faire le mal.

L'autre cas fut celui d'un chien de Terre-Neuve, constamment à
l'attache pendant le jour, et n'étant lâché que la nuit dans une
grande cour fermée. Ce chien devint enragé, et comme l'on ne croyait pas
qu'aucun autre chien put avoir accès dans la cour, le maître se persuada
que son chien avait acquis la maladie spontanément. Je suivis encore
cette affaire avec beaucoup de persévérance pour en tirer la vérité.
Enfin, j'appris du jardinier qu'il se rappelait qu'une nuit, étant
couché, il entendit un bruit extraordinaire, comme si le chien de
Terre-Neuve se disputait avec un autre chien, mais le sachant ainsi
renfermé, il crut cela impossible, et n'y fit plus attention. Il se rappela aussi que, vers ce temps-là, il avait vu les traces d'un chien dans
son jardin, ce qui le surprit fort, à cause de la hauteur des murs; il
se rappela encore que l'on avait vu du poil sur le mur qui séparait le
jardin de la cour où était renfermé le chien, mais que ces circonstances
n'avaient excité l'attention qu'au moment où l'on faisait une si stricte
enquête. A la même époque, le voisinage, à ce qu'il paraît, avait été
alarmé par la disparition d'un gros chien appartenant à un des habitans, lequel s'était échappé pendant la nuit, ayant tous les symptômes de la maladie : voilà encore la solution d'une difficulté.

(1) Parmi ceux-ci on peut nommer les docteurs Vaughan, Hunter
et Houlston. Le docteur Bardsley aussi, qui a examiné ce sujet attentivement, déclare dans ses rapports, sa pleine conviction que la rage,

qu'il y en a qui soutiennent une opinion contraire, cependant, tout en reconnaissant la finesse des raisonnemens sur lesquels s'appuient principalement leurs opinions, on verra que des faits palpables ou des expériences bien conduites n'ont pas été les moyens dont ils se soient servis pour les soutenir (1). Les partisans de la rage spontanée ont aussi décrit les causes éloignées ou premières qui concourent à la produire, parmi lesquelles la *chaleur* a long-temps été considérée comme la plus puissante. Mais cette opinion n'est pas tenable, puisque l'on sait plusieurs pays, sous la Zone torride, qui sont entièrement exempts de la rage canine (1). Nous avons l'autorité de Burrows pour dire qu'elle est presque ou même entièrement inconnue dans le vaste continent de l'Amérique méridionale. Elle est aussi étrangère à plusieurs des îles Açores (2); et Volney dit qu'il n'en a jamais entendu parler en Egypte; Larrey, Brown et d'autres, nous disent qu'elle n'a jamais visité le climat brûlant de la Syrie; elle ne domine pas plus dans les climats froids; et quoiqu'elle visite quelquefois les contrées septentrionales, elle ne leur donne pas la préférence, et l'on assure

---

aujourd'hui, ne doit jamais son origine à une cause spontanée, ni à l'influence du climat, ni à des alimens corrompus, ni à l'excès ou à la privation de nourriture ou d'eau, ni au manque de transpiration, ni au ver sous la langue, ni à aucun autre agent que celui de l'infection.

(1) On ne peut cependant nier que la chaleur n'accélère son développement, surtout lorsqu'elle est ajoutée à une grande excitation du corps; de cette manière, un chien qui aurait été mordu et en qui la maladie ne se déclarerait probablement que plusieurs semaines après, est presque certain d'en être attaqué le lendemain, en prenant un exercice long et fort, pendant qu'il fait excessivement chaud. C'est ce que j'ai vu plusieurs fois, mais jamais que dans des chiens que je pouvais reconnaître directement avoir été mordus.

(2) *Bibliothèque raisonnée*, 442, avril, mai, juin, 1750.

qu'elle est absolument inconnue dans le Groënland. C'est au contraire dans les climats tempérés qu'elle règne davantage, non pas peut-être à cause de leur situation hors les tropiques, mais seulement parce que dans ces climats se trouvent situés les pays les plus peuplés, et que dans des matières si intéressantes, il est plus naturel qu'on y fasse attention; elle est assez fréquente aux États-Unis de l'Amérique (1), et nous ne la connaissons que trop bien dans toute l'Europe.

On a allégué les saisons comme cause probable de la rage dans les chiens; et quoique ce soit une erreur absolument vulgaire, cependant plusieurs croient que la canicule prend son nom du règne de cette maladie pendant les chaleurs du solstice d'été. Mais l'expérience et un examen plus étendu ont assez fait voir que la rage n'est pas plus fréquente dans une saison que dans une autre (1).

---

(1) *Trans. Méd. Philadelp.* vol. 1. — *Inquis. Méd.* Philadelp. 1798.

(2) Il n'est point vrai que cette maladie soit plus commune pendant les froids rigoureux de l'hiver, ou les chaleurs excessives de l'été, qu'au printemps et en automne. — *Trolliet*, 575.

La table suivante, tirée des Mémoires de la Société Royale de Paris, montre la proportion des cas de rage pendant les différentes parties d'une année, en France, et fait voir combien peu la saison influe sur la maladie :

	Loups.	Chats.	Chiens.
Janvier	1	1	3
Février	4	1	12
Mars	6	»	5
Avril	6	1	8
Mai	»	»	16
Juin	2	»	8
Juillet	2	2	13
Août	1	1	8

On a avancé que des particularités dans la nourriture, soit pour la quantité ou la qualité, peuvent l'occasionner. Dans des chiens qui ont été accidentellement assujettis à une privation presque totale d'alimens, jamais il n'a paru des symptômes de rage ; l'embonpoint ne l'a jamais occasionné, quoiqu'il soit la source de plusieurs affections inflammatoires. Des alimens en putréfaction ne doivent pas l'occasionner dans les animaux de proie, dont les estomacs sont formés par la nature à subsister de matières dans différens degrés de décomposition. A Constantinople et dans d'autres villes de l'Orient, les chiens y sont les seuls boueurs ; et BARROW nous dit qu'au Cap de Bonne-Espérance, les Caffres nourrissent leurs chiens entièrement de chair en putréfaction, et que cette maladie ne se voit pas chez eux. La privation d'eau est une cause supposée ancienne et populaire de la rage. Mais aux Indes, où plusieurs animaux périssent à la suite du dessèchement des citernes, on ne voit pas la rage en résulter ; et même, dans la manie de faire des expériences, des chiens ont été soumis exprès à toutes ces causes supposées, sans que cette maladie ait été produite une seule

	Loups.		Chats.		Chiens.
Septembre......	1	....	1	....	14
Octobre	»	....	2	....	10
Novembre.......	»	....	»	....	8
Décembre.......	3	....	»	....	9
	26		9		114

Il est assez remarquable que, malgré les occasions que l'on a dans les différens pays de faire des observations, l'opinion que la rage existe davantage en été soit généralement reçue. Ainsi s'explique Somerville :

« Lorsque Sirius règne, et que les rayons brûlans du soleil dessè-
» chent la surface entr'ouverte de la terre, visite soir et matin, d'un
» œil attentif, la meute hâletante. Si triste et morne, etc., etc. »

fois (1). Il n'est pas nécessaire de combattre l'opinion du docteur MÉAD et d'autres, que l'état âcre du sang, par le défaut de transpiration, est une cause éloignée de la rage, et nous n'avons pas plus de preuves qu'aucun état particulier de l'atmosphère puisse en être cause, quoique l'étendue et l'activité de la contagion puissent en être favorisées.

Mais si aucune de ces causes n'engendre la rage, pouvons-nous attribuer les grandes variations de son apparition à un temps plutôt qu'à un autre, ses visites dans un canton et son absence presque totale de ceux circonvoisins? Pouvons-nous expliquer cela par le seul principe de la contagion? Je réponds hardiment que cela se peut, parce que je crois qu'il y a peu de doute que, dans de certaines situations, ou pendant de certaines saisons, il peut arriver des circonstances plus particulièrement favorables au développement du virus de la rage. De cette manière, cent chiens peuvent être inoculés à la fois, et le poison n'en infecte que peu, pendant que dans un autre temps, une grande majorité en pourrait devenir enragée. Les mêmes circonstances peuvent aussi occasionner un plus prompt développement de la maladie (comme je l'ai déjà prouvé à l'égard de la chaleur et de l'excitation), et ainsi en augmenter l'influence. Elle peut aussi être annoncée par une idiosyncrasie occasionelle ou particulière, dans les corps des animaux même, ce qui est strictement en analogie avec ce que nous voyons tous les jours dans d'autres maladies contagieuses.

Si donc la maladie a une première origine spontanée ; quels sont les animaux dans lesquels on peut la supposer avoir ainsi pris son origine spontanée? L'expérience de tous les siècles fait foi que cette maladie appartient plus particulièrement aux branches des espèces *canis* et *félis* , mais nous

---

(1) *Dissertation sur la rage*, par M. BLEYNIER. — Paris.

ne savons pas encore si elle affecte toutes les branches de chaque espèce. Nous avons des preuves suffisantes que le loup (1), le chien et le renard (2) sont affectés de ce mal, et peuvent le communiquer, mais nous ne savons pas si aucune autre branche de l'espèce féline, excepté le chat (3), prend la rage contagieuse. Nous n'avons aussi que des conjectures pour nous instruire, si d'abord la maladie a pris son origine dans une de ces espèces, et a été communiquée aux autres, ou si toutes furent originairement assujetties à l'origine spontanée de ce mal. Comme ces animaux sont les seuls dans lesquels l'aptitude à l'origine spontanée de la rage, soit propre, de

---

(1) Heureusement que les ravages du loup enragé nous sont inconnus; mais en France, en Espagne et en Allemagne, ils ne sont que trop communs. Son naturel sauvage le rend, lorsqu'il est excité par cette maladie inflammatoire, très-féroce, et il cherche toutes sortes d'objets sur lesquels il puisse propager ses souffrances; et comme sa taille le lui permet, il mord ordinairement le visage, et en assure ainsi plus certainement le résultat fatal. On obtiendra des renseignemens sur quelques-uns de ces ravages, dans Astruc, Mém. Montpellier, 1819; d'Arluc, Recueil périodique, tom. 4; Baudot, Mém. de la Soc. Roy. de Méd; Gazette de santé, du 11 sept. 1813; Journal de Méd., tom. 39; Histoire des ravages causés par une louve enragée, dans le département de l'Isère en 1817; Trolliet.

(2) Quoique nous ayons assez de preuves que le renard devient parfois enragé, cependant, soit que son aptitude inhérente à ce mal soit moindre que celle du chien, ou que ses habitudes solitaires l'excluent de l'attaque; il est certain que la rage vulpine est fort rare.

(3) Il est certain aussi qu'il existe dans le chat très-peu d'aptitude à recevoir ce mal; car les chiens enragés, cherchant ces animaux avec une aversion bien marquée, conséquemment un grand nombre doit en être mordu; cependant il est comparativement rare de voir un chat enragé. Quand la rage se déclare dans le chat, elle se voit avec beaucoup de gravité.

même il paraît, d'après le témoignage réuni de l'expérience et de l'observation, qu'eux seuls peuvent *communiquer* cette maladie. Dans tous les autres, l'aptitude inhérente à cette génération spontanée, ainsi que le pouvoir de la communiquer manquent, et sont limités à une disposition à la recevoir par l'inoculation (1). Notre prochain objet

---

(1) Les opinions varient cependant sur ce point, et l'on cite des faits contradictoires qui tendent à augmenter la difficulté d'arriver à la vérité, et quoique mon opinion penche décidément à l'incapacité de communiquer la rage par aucun animal, excepté par ceux des branches des espèces canine et féline, cependant la bonne foi exige que l'on rapporte tout ce qui peut paraître favorable à chaque opinion. Il a existé long-temps cette croyance populaire et pénible, que la morsure d'une personne enragée ou l'application de la salive sur une surface écorchée, pouvait produire la maladie dans une autre. Il est remarqué par plus d'un auteur, qu'une mère a continué à embrasser son enfant hydrophobe, sans qu'il lui vînt du mal, et comme nous savons que la salive est alors jaillie avec force, certainement elle n'aurait pas pu échapper au danger, si la salive de l'homme était contagieuse. L'analogie et une expérience plus étendue nous ont enseigné par degrés à penser autrement. Les docteurs Vaughan et Babington soumirent le fait à une suite d'expériences exactes; mais quoiqu'ils inoculèrent des chiens et d'autres animaux avec toutes les précautions nécessaires pour rendre les expériences complettes; cependant ils ne réussirent, ni l'un ni l'autre, à reproduire la rage. Un résultat semblable a suivi les mêmes expériences du docteur Zinke et d'autres, qui les étendirent à des chevaux, à des ânes, à des vaches, à des moutons et à des cochons, mais lesquels en sortirent tous saufs. Si nous devons cependant en croire le témoignage de MM. Magendie et Brasslet, tel qu'il est détaillée dans le *London Méd. Repos.* vol. IV p. 35, il y aurait possibilité de reproduire cette maladie dans les quadrupèdes par l'inoculation avec du virus sécrété dans le système de l'homme. Le rapport suivant est tiré d'une autre source. — « A l'Hôtel-Dieu de » Paris, le 19 juillet 1813, MM. Magendie et Brasset, prirent de » la salive, avant la mort du nommé Sarlu dans les veines duquel » M. Dupuytren injecta d'abord deux grains d'opium, puis quatre,

est donc de rechercher quels sont les animaux ainsi capables de *recevoir* la rage par la communication. Notre propre expérience et des relations bien authentiques nous apprennent que l'homme, le cheval, le mulet, l'âne, les bœufs ou les vaches, le mouton, la chèvre, l'ours, les autres branches de l'espèce féline, les lièvres et les lapins y sont tous assujettis. On a quelquefois fait mention d'autres animaux, et d'après l'analogie, nous ne sommes pas en droit de conclure que les relations sont fausses (1). Il y a long-temps

---

» ensuite huit grains dissous dans de l'eau distillée); ils transportèrent » cette salive à vingt pas de son lit, à l'aide d'un morceau de linge, » et en inoculèrent deux chiens bien portans. L'un d'eux devint en- » ragé le 17 juillet, et en mordit deux autres, dont l'un était en pleine » rage le 26 août, ce qui porte à croire que l'homme peut transmettre » cette terrible maladie. » *Dissertation* de M. Ch. Busnout, Paris, 1814, p. 27.) Mais quand on considère que cette expérience est en contradiction directe à tant d'autres, faites avec un soin égal, cette preuve ne peut être vue que dans un jour douteux.

Quant à la capacité d'autres animaux de communiquer la rage, on doit attacher moins de poids à cette supposition, quoiqu'elle ait aussi ses partisans. Si nous devions ajouter foi aux rapports vagues qui nous ont été transmis par des personnes qui ne se sont pas donné la peine d'en examiner la véracité, nous pourrions croire M. Baccius, qui fait mention d'un jardinier qui est mort hydrophobe de la morsure d'un coq enragé, ou le rapport de M. Duplanil d'un semblable événe- ment occasionné par un cheval enragé. Il est aussi rapporté que la loutre a communiqué cette maladie; mais il est plus que probable que ces relations et de semblables sont toutes fondées sur des erreurs, et nous pouvons leur opposer l'autorité du célèbre Huzard, qui s'est donné une peine infinie pour arriver à la vérité. Il assure que les animaux herbivores ne communiquent pas cette maladie, et qu'il n'y a que les carnivores qui le puissent, et que toutes les expériences faites par lui, ou qui lui ont été communiquées, avaient manqué de résultats.

(1) Boerhaave fait mention d'un singe à qui cela est arrivé. (Apho- rismes, 1132.)

que l'on croit que les oiseaux sont capables de la recevoir, et des expériences faites dernièrement semblent confirmer cette opinion (1).

Ayant cherché à reconnaître quels sont les animaux capables de *communiquer* la rage et quels sont ceux qui peuvent la *recevoir* seulement, nous allons nous informer comment cette communication morbifique s'effectue entre eux. Nous avons des preuves abondantes que cette maladie se produit par l'insertion d'un poison dissous dans la salive (2) de certains animaux attaqués de la rage, et laquelle insertion est généralement effectuée au moyen d'une morsure. Nous avons lieu de croire que la salive est la seule sécrétion capable de produire cet effet, non seulement d'après une masse immense de témoignages semblables, provenant de nos propres observations et de celles d'autres personnes ; mais

----

(1) Le docteur Zinke, d'*Iéna*, produisit la rage dans un coq, en l'inoculant avec de la salive d'un chien enragé. — Valentin, Lettre sur la rage, *Journ. de Méd.*, vol. 3o.

(2) Dans un ouvrage volumineux, écrit par M. Trolliet, on cherche à prouver que le virus de la rage n'est pas formé dans les glandes salivaires, et que la salive n'est pas le véhicule de la contagion ; qu'au contraire, la bave écumeuse fournie par les surfaces bronchiales la contient, elle seule ; mais comme c'est une nouvelle vue du sujet, et répandue par un auteur à talent, j'en donne le texte : « *Propositions apho-* » *ristiques.* — 1°. La salive n'est point le véhicule du virus de la rage. » 2°. Les glandes salivaires ne présentent ni douleur, dans le cours de » la maladie, ni traces d'altérations après la mort. 3°. La bave écu- » meuse est étrangère à la salive ; elle vient des voies aériennes. 4°. la » membrane muqueuse des bronches est le siège d'une inflammation » spécifique ; elle produit le virus de la rage, comme la membrane » muqueuse de l'urèthre enflammée produit le virus de la blénorrhagie » syphilitique. » — *Nouveau traité de la rage*, p. 6o3.

aussi par la preuve, encore plus concluante, des expériences innombrables faites avec les autres fluides du corps, dans ce pays-ci et dans d'autres, lesquelles ont toutes failli à produire la maladie, et nous n'avons pas lieu de supposer que les solides deviennent plus affectés des matières morbifiques que les fluides (1). Nous sommes cependant forcés d'admettre qu'il y a des auteurs estimables, parmi lesquels se sont le plus remarqués les docteurs HAMILTON et BARDSLEY, qui, au contraire, soutiennent que différens autres moyens, outre la salive, peuvent produire la maladie. Ces messieurs pensent que l'infection peut se recevoir dans un état de vapeur, soit par les pores de la peau, soit par la respiration ou par ces deux moyens. D'autres croient qu'il est possible qu'elle pénètre dans le système au moyen d'une surface muqueuse telle que les narines, les lèvres ou les paupières (2) ; et avec encore moins de probabilité ou de faits pour soutenir leur théorie, il y en a qui supposent que toute la surface de la peau est susceptible d'être pénétrée du poison, en l'appliquant simplement à une surface non écorchée. Fort peu de personnes ont été entraînées dans l'opinion qu'il était possible que le virus de la rage pénétrât dans la circulation par les substances entrées dans l'estomac (3) ; mais quelque puissans que soient les

---

(1) La chair, le sang, le lait et les humeurs de l'animal enragé ne communiquent point la rage. — TROLLIET, p. 576.

(2) Le docteur BARDSLEY, sur l'autorité du docteur PERCEVAL, nous cite un homme qui fut, pendant qu'il dormait par terre, léché autour de la bouche par un chien infecté, mais qui ne le mordit pas. Il fut saisi de l'hydrophobie et en mourut. Mais il faut se rappeler que ce fait a toujours été regardé comme douteux.

(3) PALMERIUS raconte qu'il fut témoin oculaire de la mort de

raisonnemens dont on se sert pour soutenir ces théories, et quelque plausibles que soient en apparence quelques faits isolés en leur faveur, lorsqu'on les balance contre la masse des preuves et les nombreuses expériences recueillies d'autorités les plus irrécusables, ils ne sont d'aucun poids contre la conviction que la salive d'un animal enragé, et la salive seule, est capable de produire l'hydrophobie dans l'homme, ou ce que l'on appelle la rage dans d'autres animaux.

Ayant ainsi tracé le poison de la rage depuis son commencement et son origine, jusqu'à son insertion dans le corps animal, procédons maintenant à nous informer quelles sont les chances qui le rendront nuisible et quel temps se passe ordinairement entre son insertion et ses opérations actives; et en agissant, quels sont les symptômes qu'il produit et quelle est sa manière supposée d'agir.

Il est heureux que, sur le grand nombre mordu par un animal enragé, plusieurs échappent sans être infectés. Différentes circonstances peuvent tendre à ce résultat favorable, parmi lesquelles on peut compter l'interposition de quelque substance entre celui qui mord et celui qui est mordu, telle que la laine du mouton et le gros poil de quelques chiens (1). Une autre cause peut,

---

plusieurs chevaux et de plusieurs vaches qui avaient mangé de la litière sur laquelle des cochons enragés avaient couché.

(1) Dans l'homme, il y a raison de croire que l'habillement interposé essuie la salive des dents, et sauve plusieurs qui, sans cela, seraient fatalement inoculés. Mais indépendamment de cela, il semble qu'il y a moins de tendance organique dans l'homme que dans la brute, à recevoir la contagion de la rage. Sur vingt personnes mordues par un seul chien, M. Hunter nous apprend qu'une seule devint hydrophobe,

selon moi , s'opposer quelquefois fortement à ce que la contagion ait lieu , c'est une certaine inaptitude , dans le corps animal , à recevoir le poison de la rage dans de certains temps plus que dans d'autres , ce qui dépend probablement d'une idiosyncrasie organique générée intérieurement , ou formée par l'influence de circonstances extérieures , telles qu'une situation particulière , des changemens dans la température , la qualité des alimens , etc. Non seulement les faits correspondent à cette opinion , mais il est impossible d'expliquer autrement le caractère d'épidémie ainsi que d'endémie que prend quelquefois la maladie de la rage.

Le temps qui se passe entre l'inoculation par la morsure et la présence de la maladie est très-variable. Les effets se montrent dans la plupart des exemples entre la troisième et la septième semaine. Il arrive néanmoins

---

quoique aucun prophylactique ne fut employé. Le docteur Vaughan raconte que vingt à trente personnes furent mordues par un autre chien, et sur ce nombre il n'y en eut qu'une d'infectée. S'il était cependant possible de donner croyance aux rapports que l'on donne des ravages des loups, il faudrait croire que la contagion est plus imminente lorsqu'elle est reçue de ces animaux. M. Trolliet raconte, que de vingt-trois personnes mordues par un loup, treize furent infectées de la maladie. Dans *les Mémoires de la Soc. Roy. de Méd.*, p. 122, on fait mention de deux personnes , de plusieurs chevaux et de plusieurs vaches mordus par un loup enragé, en septembre 1772, et que tous enragèrent. Baudot raconte aussi que des bœufs, des vaches, des chevaux, des chiens, etc., au nombre de quarante, pour le moins, furent mordus dans le mois de juin 1765, dont la plupart moururent. On peut admettre que le loup attaque ordinairement le visage, qui non-seulement est à découvert, mais qui est probablement affecté avec plus de certitude et plus promptement que les autres parties du corps; de cette manière il peut y avoir plus de danger d'un loup enragé que d'un chien enragé.

des cas où ils n'ont paru que trois, quatre ou même un plus grand nombre de mois après. Quoiqu'il ne faille donc pas cesser de prendre des précautions, même après que huit semaines se seront écoulées, on peut cependant regarder le danger comme peu considérable après ce laps de temps. Une semaine a été le plus court espace que j'ai rencontré entre la morsure et l'apparition de la rage.

Je suis bien persuadé que des circonstances accidentelles influent aussi à déterminer le temps de l'invasion, l'ayant vu plusieurs fois suivre après une grande excitation, comme de voyager, surtout dans des temps secs et chauds. La chaleur des chiennes en favorise l'approche, et en effet, tout ce qui tend à beaucoup accélérer la circulation parait produire un développement plus prompt de la maladie. La *certitude* de l'attaque est aussi, j'ai lieu de croire, fort *augmentée*, ainsi que *hâtée*, selon la partie mordue. J'ai rarement vu un animal y échapper lorsqu'il avait été mordu à la tête ou à la face; et j'ai observé dans presque tous ces cas qu'il se passait moins de temps que lorsque un animal avait été mordu autre part. Ce fait est aussi confirmé par l'expérience des auteurs français et anglais.

Symptômes de la rage. — Je vais à présent décrire les signes *pathognomoniques* et *accidentels* de la rage, en prévenant que les variétés des uns et des autres, mais surtout de ceux-ci, sont si nombreuses qu'à peine deux cas se présentent sous un aspect absolument le même. Il est cependant certain qu'au moyen des symptômes pathognomoniques, on peut toujours découvrir la maladie sans craindre de se tromper. L'étendue des premiers et le besoin d'une notice distincte de toutes les variétés des derniers, rendent fort difficile un tableau clair de la maladie.

La rage commence ordinairement par quelques singularités dans les manières, quelque écart des habitudes ordinaires. Souvent, mais plus particulièrement dans les petites espèces et dans celles de chiens qui sont fort privés, cette singularité consiste dans une tendance à ramasser des pailles, du fil, du papier ou d'autres petits objets (1). Dans d'autres, le premier symptôme que l'on remarque est un désir ardent et continuel de lécher l'anus et les parties de la génération d'un autre chien (2). Un symptôme ordinaire de la rage, et qui se montre des premiers, est lorsque les chiens lappent leur urine, et l'on doit s'en informer particulièrement, car, lorsqu'il existe, je n'en connais pas que l'on puisse regarder plus fortement comme caractéristique de la rage. Il y a des chiens qui montrent de bonne heure une disposition à lécher tout ce qui est près d'eux de froid, comme du fer, de la pierre, etc. Ces particularités et d'autres se font souvent voir dans des chiens, un, deux ou même trois jours avant les symptômes plus décisifs et plus actifs. Les yeux, dans ce premier état, sont dans de certains cas un peu plus clairs, plus vifs et plus rouges qu'à l'ordinaire ; mais au contraire, dans d'autres et plus particulièrement quand la maladie doit prendre la forme bénigne, appelé rage muette, ils

---

(1) J'ai souvent vu des chiens, lesquels avant que l'on les soupçonnât d'être enragés, s'étaient, pendant un jour ou deux auparavant, occupés ainsi fort habilement, de manière qu'il ne restait pas sur le plancher le moindre objet épars, à la grande surprise des maîtres.

(2) Je prédis une fois l'approche de la maladie par l'attachement extraordinaire d'un petit roquet à un petit chat, qu'il léchait continuellement, ainsi que le nez froid d'un autre roquet qui était avec lui.

sont souvent ternes et affectés d'un écoulement purulent. Dans la rage féroce ou furieuse, les yeux et le nez rendent quelquefois aussi une humidité purulente, qui a fait prendre parfois ces cas-là pour *la maladie*. On appuie beaucoup sur le caractère morne et le désir de se cacher ou d'éviter d'être observés, que présentent de certains chiens, comme des premiers signes caractéristiques de la rage ; et ces signes sont certainement assez ordinaires dans les lévriers et les chiens de chenil, mais on les observe moins fréquemment dans les petites espèces ou dans celles qui restent dans les maisons et qui sont plus immédiatement près de nous (1). La constipation n'est

---

(1) Je suis très-persuadé que toutes ces contradictions que l'on trouve dans les différentes descriptions que l'on fait de la rage, proviennent du défaut d'observations assez suivies. L'un donne un détail de la rage telle qu'elle a paru dans un ou deux cas isolés qui sont venus par hazard sous ses yeux ; un autre la décrit telle qu'on la trouve dans les lévriers, les chiens d'arrêt ou d'autres gros chiens seulement ; et un troisième en fait le tableau telle qu'elle s'est développée dans des chiens de petite race, ou dans des chiens réclus et fort privés ; et chacun cependant (sans considérer que le caractère et l'habitude ajoutent une variation dans une maladie déjà fort variable) croit que tous les exemples à venir répondront exactement à son propre rapport, et qu'ils le soutiendront. Dans les grandes races de chiens, et surtout dans ceux de chenil, tels que les lévriers, etc., qu'une domesticité intime n'a pas entièrement privés de leur férocité naturelle, la rage peut se montrer et se montre effectivement avec tout ce caractère féroce et dangereux qui lui a acquis son nom. La rage du loup et du renard, quoique presque de même espèce que celle du chien et du chat mi-privé, est toujours marquée d'une férocité différente de celle qui arrive ordinairement dans des races plus petites et plus privées dans lesquelles l'éducation a causé un tel changement de leur naturel, que même les apparences symptomatiques de la maladie en sont changées jusqu'à un certain point.

pas rare dans le commencement : vers la fin elle est encore plus fréquente. Une envie de vomir et le vomissement paraissent souvent de bonne heure, mais quoique des efforts inutiles de vomir continuent, le vomissement réel n'accompagne pas souvent la maladie dans ses progrès : l'inflammation particulière de l'estomac tend plutôt à y retenir le contenu. Cette circonstance même forme une des plus fortes preuves de l'existence de cette maladie, comme on le fera voir ci-après.

Un des premiers symptômes assez fréquent est celui de lécher continuellement ou de gratter avec violence quelque partie du corps. En examinant de près cette partie, on découvrira souvent une cicatrice, ou le reste de quelque blessure par où le poison aura été reçu, et quand on ne peut pas trouver ainsi cette première blessure, si l'on peut savoir la vérité, on verra toujours que l'inoculation a été reçue par cette partie ainsi égratignée ou léchée, et j'ai lieu de croire que cette sympathie morbifique dans la partie mordue, existe plus ou moins dans tous les cas (1).

L'appétit n'est pas toujours dérangé dans les premiers momens de la rage ou dans la suite ; au contraire, non seulement l'animal prend de la nourriture pendant les premiers momens, mais il la digère aussi, et il y en a qui mangent jusqu'aux derniers momens, mais alors les alimens se

---

(1) J'ai vu un chien que l'on savait avoir été mordu à la patte, commencer quelques semaines après à lécher cette partie d'abord légèrement, puis avec violence, gémissant continuellement dessus, comme s'il connaissait la cause de sa douleur, jusqu'à ce qu'enfin il se mit à se la ronger. J'ai vu arriver la même chose à d'autres parties, telles qu'aux lèvres et aux oreilles, que les malheureux chiens frottaient ou grattaient depuis le commencement jusqu'à la fin de la maladie, lorsque les morsures de la rage y avaient été reçues.

digèrent rarement. Il ne faut qu'une attention ordinaire pour
reconnaître qu'il n'existe pas d'aversion pour les liquides.
Depuis le premier jusqu'au dernier moment, jamais on
n'observe d'aversion pour l'eau. Dans les premiers momens,
l'animal prend des liquides comme à l'ordinaire, et il y en a
qui continuent à les prendre pendant toute la maladie ;
d'autres ne peuvent, à cause de la tuméfaction et de la
paralysie des parties de l'arrière-bouche, avaler si facilement lorsque la maladie est avancée ; mais dans ceux-là,
l'effort ne cause aucun spasme ni aucune douleur ou crainte ;
au contraire, à cause de la chaleur et de la soif occasionnées
par la fièvre, l'animal cherche de l'eau et, dans la plupart
des cas, il témoigne en avoir le plus grand désir (1). Je

---

(1) Peut-être n'existe-t-il point de plus grande preuve d'opiniâtreté
que celle avec laquelle le docteur PARRY traite les différens témoignages relatifs à ce fait. Quoique ces témoignages soient fondés sur
des autorités qui valent bien la sienne, et qu'ils soient rendus par des
personnes dont les occasions d'observer et l'habitude d'en profiter,
les rendent dignes d'une confiance sans bornes ; cependant, pour établir
une théorie visionnaire et de courte durée, et évidemment sans un seul
fait authentique pour la soutenir, il a, de la manière la plus déloyale,
cherché à détruire la foi que l'on doit leur donner, et par des raisonnemens les plus faibles et les plus futiles, il a cherché à prouver
que nécessairement le chien devait aussi être hydrophobe, parce que
l'homme le devient. Il croit que son jugement seul suffira pour ren-
verser tous les faits réunis qui prouvent directement le contraire : et
l'ensemble de cette production, qui, du reste est fort ingénieuse, est
une preuve lamentable, à quoi les grands esprits mêmes s'abaissent
pour établir un point systématique.

M. MEYNELL dit expressément que les chiens enragés n'ont aucune
horreur ou crainte de l'eau, et qu'ils la boivent la veille même de leur
mort. Il parle aussi de la paralysie, qui souvent rend inutile l'effort
qu'ils font pour en boire.

Le docteur JOHN HUNTER, qui n'avait pas l'habitude d'avancer des
faits sans les avoir examinés, dit que les chiens enragés peuvent avaler

répète encore que l'expérience de plus de vingt ans ne m'a jamais produit un seul exemple où il y eut la moindre chose semblable à un spasme du gosier, et où il ait conséquemment paru une crainte d'avaler.

Il se présente ordinairement de bonne heure un changement sensible de caractère, et cela assez généralement pour former un trait distinctif de la maladie. Il y a certainement des exemples dans les races des chiens d'appartemens où il ne paraît aucun changement de caractère, mais ces cas-là appartiennent à cette variété de la maladie que l'on appelle *rage muette*. Dans tous les autres, on observe ordinairement une différence de caractère, de bonne heure

---

» des solides et des liquides pendant toute la maladie. » *Trans. d'une Soc. pour l'amél. des connaissances médicales*, p. 296.

Le docteur HAMILTON dit aussi : « Un chien enragé n'évite jamais » l'eau, et il lappe toute nourriture liquide que l'on met devant lui » long-temps. après que le poison peut être communiqué par sa » morsure. »—*Rem. sur l'hydrophobie*, vol. 1, p. 12-16.

Dans un cas de rage rapporté par M. YOUATT, il dit : « Le qua-» trième jour, non-seulement il *lappa* du lait et de l'eau, mais il l'avala » *facilement.* »—*Journal de Méd. et de Phys.*, vol. 31, p. 231.— Dans un autre exemple, il observe : « Le troisième jour, quoiqu'il eût » une soif excessive, et qu'il se plongeât toute la face dans l'eau, il ne » pût pas cependant avaler; mais il n'en était pas empêché par le » spasme, la cause en était purement machinale. » Un autre exemple dit « que le chien mangea et but copieusement avant sa mort. »— Voyez le *Journal de Méd. de Londres*, et le *London rep.*, cas. 2, 3, et 5.

« Cette chienne avait bu et mangé après avoir mordu. »—*Journal de Méd.*, vol. 39.

« Le loup mangeait tranquillement une chèvre, et celui de Fréjus » traversa plusieurs grandes rivières à la nage. »—*Voyez* DARLUC, *Recueil périodique*, vol 4.

« Il est donc dangereux de conclure de ce qu'un animal *boit* et » *mange*, et *traverse une rivière*, qu'il n'est point atteint de la rage. »—TROLLIET, *Nouv. Traité de la Rage*, p. 276.

dans la maladie, laquelle consiste d'abord plutôt dans une irritabilité maussade, que dans aucune tendance déterminée à la méchanceté; et à peu d'exceptions près, il se manifeste une impatience particulière de contrainte. Les premiers symptômes offensifs se dirigent souvent contre les chats, pendant que les autres chiens ne se trouvent point molestés. Ensuite, cependant, les chiens, surtout les étrangers, sont attaqués, mais ceux qui sont de connaissance sont encore respectés; et à mesure que la maladie fait des progrès, ceux-ci même ne sont plus épargnés.

A mesure que la maladie avance, elle prend un caractère plus marqué. Si elle se communique au sensorium et aux organes de la respiration, elle produit ou une excitation marquée dans les habitudes, la vivacité et l'irritabilité; ou si elle borne son inflammation spécifique plus particulièrement aux intestins, elle paraît sous un aspect plus doux. Ces deux variations dominantes dans la maladie, ont donné lieu aux distinctions connues parmi les chasseurs, de *rage furieuse* et de rage *muette*. Mais en donnant de l'attention au tableau suivant, on verra que les symptômes que l'on pourra supposer être particuliers à l'une, sont si souvent unis à l'autre, qu'il est impossible de les séparer avec une justesse nosologique. Cependant, afin de pouvoir marquer plus commodément ces signes qui, dans plusieurs cas, vont de pair, je vais prendre chaque variété séparément; mais en remarquant encore que la distinction est plutôt de convenance que de fait, puisque chaque caractère que l'on observe paraître dans l'une des variétés, se voit aussi parfois dans l'autre.

La rage furieuse (1), comme on l'appelle, est cet état

---

(1) C'est un fait aussi vrai qu'il est curieux, que la rage des chiens fort jeunes est toujours de cette espèce. Je n'ai jamais vu un jeune

d'excitation et d'irritabilité qui commence souvent à se montrer immédiatement après les symptômes précurseurs. Quelquefois on ne fait pas attention à ces symptômes précurseurs, et l'on croit ensuite que l'animal est attaqué tout d'un coup des symptômes suivans. Il est cependant bien rare que ceux-ci se présentent de suite d'une manière très-grave. Ceux que l'on a déjà décrits paraissent ordinairement comme avant-coureurs, et diminuent conséquemment de beaucoup le danger que présentent les chiens enragés. Cette variété de la rage, appelée *furieuse*, se montre par une vivacité générale dans les mouvemens, des tressaillemens subits, une grande insomnie et une tendance à être affecté par des impressions soudaines, telles que des bruits inattendus, la présence d'un étranger, etc. Cette insomnie cependant cède souvent à une stupeur momentanée et au penchant de sommeiller. Le chien a la respiration précipitée; quelquefois il halete excessivement, et quand on peut examiner le pouls, on le trouve invariablement dur et fort accéléré. L'irritabilité est alors marquée par une grande impatience de toute contrainte, et même, lorsqu'il ne paraît point d'inclination d'attaquer ou d'agir offensivement envers ceux qui se trouvent près, cependant il se montre ordinairement une disposition à ressentir toute offense; si l'on montre un bâton à ce chien (1), on est sûr

---

chien enragé, qui ne donnât des signes d'un grand délire et d'une grande méchanceté envers tout ce qui se trouvait en vie près de lui. Cette affection du gosier, et cette paralysie des parties de la déglutition produisant la *rage muette*, je ne les ai jamais trouvées que dans des chiens adultes.

(1) Cette disposition à s'irriter de la moindre offense, est je crois un signe caractéristique très-fort et presque *invariable* de la maladie, et elle

d'exciter sa colère, même envers ceux qu'il aime le plus, et il le prendra et le secouera avec violence ; il en fera de même si on lui montre le pied. Outre cette résistance qu'il fait voir, une disposition particulièrement traître, à laquelle on a déjà fait allusion, est un trait commun de cette variété de la maladie, et est souvent aussi présente dans l'autre. Sans aucun avertissement et souvent au milieu de caresses reçues avec plaisir, il se tournera tout d'un coup sur la personne qui le caresse et la mordra ; ou il viendra volontiers quand on l'appelle, paraîtra avoir toute la douceur possible, remuera sa queue et aura l'air content, lorsque soudainement il semblera recevoir une autre impression, et il mordra promptement la personne qui l'aura appelé. Cette époque est aussi marquée, surtout dans les grands chiens, par un entier mépris de tout danger et de toute menace. Il se soumet à contre-cœur à toute contrainte ; il secoue sa chaîne avec une violence extrême, et s'il est enfermé sans être attaché, il cherche à s'ouvrir un chemin avec ses dents. Il casse ou renverse les vases que l'on met devant lui.

Dans toute les variétés de la rage, il y a disposition à s'échapper, mais comme dans les espèces muettes, la paralysie, la stupeur et l'abattement des forces y sont des empêchemens

---

accompagne non-seulement celle-ci, mais la plupart du temps la rage muette. Je ne puis pas dire n'avoir jamais vu d'exemples sans cette irritation : quelquefois, la paralysie, la stupeur et la faiblesse engourdissent tellement les facultés, que même cette démonstration de résistance manque ; mais ces exemples sont comparativement si rares auprès des autres, que je ne puis persuader trop fortement ceux qui y ont intérêt que, quand un chien qui, dans d'autres momens, est doux et tranquille, saute après un bâton qu'on lui montre, surtout si c'est quelqu'un qu'il connaît, on peut, sans hésitation, le juger enragé.

elle est plus particulièrement apparente dans l'espèce furieuse. Cette disposition ne se montre pas par aucun effort de s'échapper entièrement, et elle ne paraît pas être une affection de délire ; au contraire, le chien y déploie beaucoup de méthode, ce qui la fait paraître plutôt une disposition instinctive à tous, de propager la maladie. Dans les commencemens de la maladie, avant que les forces soient affaiblies, les chiens parcoureront des distances immenses. Un tel chien va son chemin, et cherche fort attentivement tous ceux qui sont à sa portée ou qu'il peut apercevoir. Quand il en découvre un, petit ou grand, il va d'abord le flairer, comme font les chiens ordinairement, et puis il tombe immédiatement sur lui, ne lui donnant ordinairement qu'un coup, après quoi il s'en va encore à la recherche d'un nouvel objet. La promptitude avec laquelle cette attaque se fait, surprend tant le chien mordu, qu'il ne s'en ressent pas sur-le-champ ; mais rien de plus erroné que la supposition qu'un chien en santé connaît par instinct un chien enragé. J'ai plusieurs fois observé ces attaques, et j'ai vu le chien enragé roulé à plusieurs reprises, sans la moindre hésitation, par les chiens qu'il avait attaqués.

Les chiens enragés se détournent rarement dans leur course pour mordre des personnes qui passent, et ils attaquent rarement les chevaux ou d'autres animaux, excepté ceux de leur espèce. Quelquefois même ils ne se détourneront pas de leur chemin pour attaquer ceux-ci, mais allant tout droit, ils ne mordent que ceux qui se trouvent immédiatement sous leurs pas. Dans d'autres cas, cependant, lorsque le naturel est colère et féroce, tel que dans les dogues, les chiens de fermiers, etc., chiens qui sont habitués à tourmenter d'autres animaux, on remarque souvent une disposition offensive, et ceux-là alors attaquent, sans distinction, chevaux, vaches, moutons, cochons et même les personnes.

Quand un chien enragé a erré pendant un temps indéterminé, comme dix ou même vingt heures, il reviendra
tranquillement à la maison, s'il n'est pas découvert et détruit
en chemin : ce qui arrive rarement dans les grandes villes ;
mais il en est différemment à la campagne, et conséquemment cette particularité ne peut pas s'y développer ; car le
malheureux animal y est bientôt reconnu par la singularité de ses allures, et immédiatement l'on court dessus.
S'il n'est pas attrapé, il est trop effarouché pour s'en retourner, et avant qu'il ait le temps de revenir de sa frayeur,
on le retrouve dans quelque autre lieu, et il est sacrifié à la
colère de ses poursuivans. Cette poursuite lui fait nécessairement ce qu'elle ferait à un autre chien : elle excite la
fureur, sans cela il y aurait bien rarement beaucoup de férocité apparente, et la plupart du temps, un tel chien s'en
reviendrait à la maison lorsqu'il serait entièrement fatigué.

La *voix* aussi forme ordinairement, dans toutes les variétés de la rage, un grand signe caractéristique de la maladie.
Dans la variété furieuse, le changement est d'abord observé
par une manière d'aboyer plus prompte et plus précipitée,
avec quelque différence aussi dans les tons ordinaires de
l'aboiement ; par degrés, un hurlement se mêle parfois à l'aboiement, ou le remplace entièrement (1). Ce hurlement qui

---

(1) Il est évident qu'il n'est pas facile de décrire aucune singularité
de la voix, mais le hurlement enragé peut assez être comparé aux
tons provenant des chiens qui *donnent de la voix* en suivant un lièvre :
il paraît composé de quelque chose entre l'aboiement et le hurlement,
formé de tons plus longs que l'un et plus courts que l'autre. Il est
cependant si singulier, que lorsqu'on l'a entendu une fois seulement,
on ne peut jamais l'oublier, et tellement caractéristique, que l'on
peut y compter. J'ai plusieurs fois été attiré par le seul son, à des
maisons où il y avait des chiens enfermés, et j'ai pu avertir à temps
les hôtes du danger où ils étaient.

est commun aux deux variétés de la maladie, est d'un genre si particulier, que l'on peut dire que l'on ne l'entend dans aucune autre circonstance que dans la rage. Il consiste ordinairement dans un seul hurlement, répété à des intervalles irréguliers, le chien ayant la tête levée (1).

La rage muette forme l'autre variété et est la plus fréquente dans les chiens adultes, ce qui paraît dépendre d'un moindre degré d'excitation du sensorium, mais d'une plus grande affection des intestins. Les symptômes sont : une physionomie triste, abattue et souffrante ; et à mesure que la maladie fait des progrès, la bouche paraît ne pouvoir se tenir fermée. Comme le pharynx et le larynx deviennent tuméfiés, les muscles de la langue et ceux de la mâchoire inférieure, sont paralysés ; par ce moyen la mâchoire tombe et la langue pend hors de la bouche. La congestion du sang est la conséquence nécessaire de la tuméfaction des parties et la langue, d'après cette cause, paraît ordinairement, dans ces cas-là, livide ou presque noire, surtout vers la pointe : quelquefois une ligne noire s'étend dans toute sa longueur. L'affection paralytique des muscles s'étendant à l'œsophage occasionne une difficulté et quelquefois une impossibité totale d'avaler, soit des liquides, soit des solides. Cependant cette difficulté est principalement bornée aux liquides, lesquels alors sont rendus aussitôt qu'ils sont lappés, à cause de l'incapacité du pharynx de les retenir. Mais dans aucun cas les efforts pour avaler ne paraissent exciter de la crainte ou donner de la douleur. La bouche même paraît parfois desséchée et d'autres fois elle est humide et une

____

(1) Boerhaave paraît avoir en vue ce hurlement, quand il dit : « muti quoad latratum, murmurantes tamen. »

salive visqueuse en découle continuellement. La tuméfaction du larynx occasionne une espèce de bruit étouffé , dont le son paraît sortir du fond de la glotte. Dans la variété muette, une affection spasmodique et paralytique s'étend souvent aussi aux autres parties : il y a des cas où tout le corps en est affecté. Quelques chiens ne l'ont que dans les reins et les extrémités postérieures. Lorsque l'affection morbifique agit très-fortement sur les intestins , elle rapproche souvent, par une espèce de spasme tétanique, les parties du derrière vers celle du devant , de manière que le malheureux animal est courbé en cercle ; quelquefois elle fixe l'animal droit sur son derrière. On observe aussi assez fréquemment, dans d'autres cas , des tiraillemens convulsifs comme dans la danse de Saint-Gui.

Un symptôme ordinaire dans cette variété, et qui n'est pas extraordinaire dans l'autre , est une disposition de prendre de la paille ou autre chose que le chien peut porter dans sa bouche, pour en faire son lit, la changeant souvent , la défaisant et la portant encore autre part. On les voit très-souvent ramasser leur litière sous eux avec leurs pattes de devant, non pas comme quand ils font leur lit, mais évidemment pour presser la paille ou litière contre leur ventre. Cette singularité paraît provenir de quelque sympathie particulière avec les intestins, que l'on remarque après la mort être dans ces cas-là fort enflammés. On remarque aussi , dans ces mêmes cas, une disposition à ramasser et à avaler, lorsqu'ils n'en sont pas empêchés par l'affection du gosier, des substances indigestes et contre nature , prises de tout ce qui les environne , et que la constipation, ordinairement habituelle, tend à retenir dans le corps. Il paraît que c'est ce mouvement aussi qui entraîne les chiens enragés à ronger les planches ou tout ce qui est à leur portée ; et l'on peut regarder cette manie comme appartenant à toutes les variétés de la maladie , excepté quand la tuméfaction et la paralysie du gosier sont si grandes , qu'elles les en empêche entièrement.

L'état d'irritation qui accompagne la rage muette est sujet à beaucoup de variation. Il est quelquefois extrême et déploie parfois toute la fureur qui caractérise la rage furieuse , mais lorsque le caractère muet est fortement marqué , il n'y a pas alors beaucoup d'irritation ou de délire apparens ; au contraire, dans plusieurs cas , il se manifeste une disposition paisible qui ne paraît pas dépendre de l'impossibilité de mordre, mais réellement du manque total du désir de le faire. Même , dans plusieurs cas pareils , la docilité et la bonté du caractère ont paru être augmentées par la maladie à un point qu'un étranger ne pourrait croire possible que la rage existe. Tout le monde serait fort affecté en voyant le regard pitoyable que j'ai souvent observé dans ces malheureux chiens pendant qu'ils souffraient de cette terrible maladie. Ils témoignaient l'attachement le plus sensible envers ceux qui étaient à l'entour d'eux , même dans leurs plus grandes souffrances , léchant avec plus d'amitié qu'à l'ordinaire, avec cette langue desséchée dont j'ai déjà parlé , les mains et les pieds de ceux qui les caressaient. Cette disposition a continué dans plusieurs cas jusqu'au dernier soupir , sans la moindre démonstration de vouloir mordre ou de faire le moindre mal. Je l'ai surtout observé dans les roquets ainsi que dans les autres chiens d'appartement.

La *fin* de la maladie est invariablement funeste , mais le temps qu'elle prend pour produire ce résultat est incertain ; il y en a peu qui meurent avant le troisième jour , et fort peu qui survivent passé le septième. Le nombre moyen meurt le quatrième et le cinquième jour.

Dans les autres quadrupèdes enragés, leur existence se prolonge un pareil temps (1).

L'anatomie pathologique du chien enragé forme un trait fort important dans un tableau de la maladie, mais elle a été jusqu'à présent négligée d'une manière que l'on ne peut concevoir (2). Il arrive fort souvent que ce n'est qu'après que le chien est mort qu'on le soupçonne d'avoir été enragé, quoiqu'il ait peut-être mordu plusieurs personnes. Il est donc évident, d'après cette circonstance, qu'il est de la dernière importance de pouvoir décider, en examinant seulement le corps mort, si la maladie existait ou non. Heureusement que cela n'est pas difficile pour ceux qui connaissent les lésions morbides particulières à ces cas. D'après le grand nombre que j'ai examiné, les marques distinctives de l'existence de la maladie me sont devenues si familières, que rarement je chercherais ou désirerais d'autre guide pour en décider (3).

---

(1) M. Meynell accorde dix jours, comme durée fréquente de la rage; mais pour un chien qui atteint le dixième jour, il y en a cent qui ne vont qu'au huitième.

(2) Dans un célèbre ouvrage français, qui paraît avoir été écrit expressément pour recueillir tout ce que l'on connaissait en France sur la rage, jusqu'en 1822, on ne cherche nullement à y décrire l'anatomie pathologique, et même on cite comme un effort un peu extraordinaire de recherches, que M. Portal eût ouvert un chien enragé. — *Trolliet*, p. 108

(3) Si le docteur Parry se fût rendu familière l'anatomie pathologique du chien enragé, sa pertinacité à vouloir soutenir la stricte analogie entre la rage de l'homme et celle du chien, aurait cédé aux preuves palpables. Dans l'homme, il ne se présente que très-peu de lésions morbides, quelquefois aucunes, et elles sont toujours légères. Au contraire, dans le chien et dans les animaux de la même espèce,

En examinant la tête avec soin, on verra que le cerveau et ses membranes auront dû souffrir plus ou moins de l'attaque. Quelquefois l'appareil vasculaire n'est que légèrement augmenté, mais d'autre fois, on trouve les vaisseaux gonflés de sang, surtout ceux de la pie-mère. Je n'ai pas observé que les membranes fussent épaissies comme dans la frénésie idiopathique. Les apparences inflammatoires dans la cavité cérébrale, sont ordinairement moins considérables dans les cas appelés rage muette (1). Il disparaît, après la mort, une grande partie de cette tuméfaction qui existait pendant la vie dans toute la bouche, excepté à la base de la langue, qui reste souvent fort épaissie. Il y a cependant toujours présent des marques inflammatoires : quelquefois cette teinte inflammatoire règne dans l'ensemble. Il est cependant plus ordinaire de trouver des pustules inflammatoires distinctes dans le

---

les ravages les plus évidens se font voir, enveloppant dans une seule inflammation spécifique des parties qui, dans aucune autre maladie, ne sont affectées ensemble. Le docteur PARRY dit expressément : « Il » ne peut y avoir une plus grande erreur que de supposer que la fièvre » de l'hydrophobie soit inflammatoire, ou que son symptôme parti- » culier provienne d'inflammation locale du gosier, du cœur, etc., etc. » — *Traité sur l'hydroph.*, p. 89). Or, s'il n'est pas clair, d'après l'anatomie pathologique, que la rage des chiens est entièrement une affection inflammatoire (quoiqu'elle ne soit pas spécifique), tous nos signes pathognomoniques de l'inflammation, reçus jusqu'à présent, sont absolument erronés, et il n'est pas moins clair que tous les symptômes de la rage, dans les chiens, peuvent s'appliquer immédiatement à l'état des organes enflammés.

(1) J'ai trouvé aussi des marques évidentes d'inflammation viscérale, et d'une grande congestion dans la tête du cochon, du mouton et du cheval ; mais l'arrière-bouche et le gosier n'étaient pas affectés dans aucuns de ceux que j'ai eu sous mon observation.

pharynx et s'étendant souvent aux amygdales, au gosier et à la glotte ; mais une tache distincte et inflammatoire vers l'angle du larynx , derrière l'ouverture de la glotte, se présente si invariablement, qu'elle doit être considérée comme le caractère d'un des signes distinctifs de la maladie. L'épiglotte et l'ouverture de la glotte sont ordinairement enveloppées d'une teinte inflammatoire, laquelle de temps en temps s'étend un peu dans la trachée , mais l'œsophage en est moins fréquemment affecté. En avançant on rencontre invariablement une extension de l'inflammation morbifique aux viscères thorachiques et abdominaux ; mais bien certainement ces cavités ne sont pas toujours affectées à un point égal ; au contraire , dans les exemples où il y a eu une plus grande tendance à la rage furieuse , les viscères thorachiques sont ordinairement plus enflammés que les intestins ou l'estomac. Non seulement les poumons mêmes, dans ces cas-là , se trouvent fort enflammés et souvent gangréneux , mais la plevre costale et le diaphragme sont aussi affectés. Quelquefois une des cavités thorachiques se trouve beaucoup plus enflammée que l'autre, et parfois, le péricarde, le médiastin et même le cœur se trouvent fort enflammés dans des cas fort graves (1).

---

(1) Il est cependant bon de remarquer que le degré des lésions apparentes inflammatoires, soit dans le pharynx, les poumons, l'estomac, ou les intestins, n'est pas toujours en exacte proportion à l'intensité de l'affection déployée dans les symptômes pendant la vie. Il est encore nécessaire d'observer que la même variation a lieu dans les lésions morbides comme dans les symptômes. On ne peut rien avancer là-dessus comme étant invariable et certain ; il doit être évident que, quand un chien est tué au commencement de la maladie, les lésions morbides ne seront pas les mêmes que quand on le laisse mourir par la violence de la maladie.

Quand on examine les viscères abdominaux, ils présentent presqu'invariablement des marques de leur participation à l'affection. Si le chien a été tué au commencement de la maladie, elles peuvent ne pas être fort considérables, et l'on peut trouver quelquefois des cas où les lésions ne soient pas bien fortes, même quand on a laissé l'animal mourir de la maladie, mais de tels exemples sont fort rares. Le degré d'inflammation dans l'estomac et dans les intestins, surtout dans ceux-ci, se trouve ordinairement en proportion du caractère plus ou moins prononcé de la rage muette, mais on trouve toujours quelques lésions pathologiques dans l'estomac, dans chaque variété de la maladie.

En dirigeant l'attention à l'estomac, on est d'abord frappé de sa distension, et en l'ouvrant, on voit que la cause en est dans une accumulation d'une masse considérable, même souvent immense, de substances indigestes, telles que du foin, de la paille, du bois, du charbon, des cendres, des morceaux de nattes, en un mot de toutes substances assez petites pour que la déglutition ait pu avoir lieu. Cette disposition à prendre ces substances extraordinaires, existe dans chaque variété de la maladie ; et comme l'envie de vomir et le vomissement, quoique commun dans les commencemens, n'existent que rarement vers les derniers temps, ainsi les substances avalées, quoique de nature indigestes, restent nécessairement dans l'estomac jusqu'à la mort. Il y a peu de raison de douter qu'une sympathie morbifique dans cet organe est la cause de cette singularité, et que la présence de ces corps durs, donne probablement quelque soulagement par la distension qu'ils occasionnent. Il est certain que la présence dans l'estomac de cette matière indigeste est si ordinaire, qu'elle devient un signe pathognomonique de la première importance, et qu'il faut le chercher toutes les fois qu'il existe des doutes (1).

Quand l'estomac est vidé, il présente ordinairement les traces d'une grande inflammation. Si le chien a été tué tout-à-fait au commencement de la maladie, les apparences inflammatoires peuvent ne pas être fort considérables, mais dans tous les cas que j'ai observés, elles y étaient encore plus ou moins présentes; pendant que

---

(1) En décrivant les signes de la maladie, j'ai évité exprès de m'étendre sur cette particularité, afin de pouvoir le faire ici plus amplement, et de décrire en même temps et la cause et l'effet : il faut donc à présent que j'observe que, de toutes les marques caractéristiques de cette maladie, je regarde celle-ci comme la plus vraie et comme la moins assujettie à aucunes variations. Je ne dirai pas que je n'ai jamais vu, après la mort d'un animal enragé, l'estomac sans *cette masse crue et indigeste*: mais après en avoir examiné plus de deux cents, je ne me rappelle n'en avoir pas trouvé plus de deux ou trois qui ne l'avaient pas: et l'on pourrait peut-être en attribuer l'absence à quelque dégoût accidentel. Ce vrai *signe caractéristique* ne peut donc s'imprimer trop fortement dans l'esprit, puisqu'il peut-être vérifié par tout individu, par le plus ignorant comme par l'amateur et l'homme de l'art. Il est d'autant plus important, qu'on peut le trouver long-temps après la mort, quand même les autres signes sont confondus dans la décomposition générale du corps. Je ne puis mieux prouver ce fait qu'en racontant une circonstance qui m'est arrivé. Je fus mandé bien loin à la campagne, pour examiner un chien sur lequel on avait des soupçons, et qui était déjà enterré depuis trois semaines, mais que l'on déterra pour mon inspection. Tous les renseignemens que donne l'anatomie pathologique avaient naturellement disparu, et je serais resté dans le doute (car le chien était venu de loin, et ayant mordu un enfant qui le caressait, avait été tué sur-le-champ, conséquemment l'on ne savait rien de son histoire), si ce n'eût été ce signe infaillible, que je trouvai, dans ce cas-là, dans toute son étendue, et d'après lequel je pus, sans craindre de me tromper, décider que le chien avait été enragé.

les cas où l'on avait laissé mourir ces animaux de la maladie, je ne me rappelle pas d'un seul exemple où les
lésions n'étaient pas considérables. La surface intérieure, ou
membrane muqueuse de l'estomac, est souvent livide et
parsemée de pustules : il n'est pas extraordinaire aussi qu'elle
présente des taches gangréneuses et ulcérées. J'ai même
vu une ouverture à travers ses membranes, provenant de
la mortification. La surface extérieure est rarement aussi
sans traces d'inflammation, que l'on remarque le long de
la grande courbure.

Les vaisseaux veineux sont communément gorgés d'un
sang noir, qui est quelquefois extravasé entre les membranes. Il y a rarement beaucoup de fluide dans l'estomac,
la masse de ce qui est avalé absorbe celui qui peut s'y
trouver ; mais lorsqu'il n'en est pas ainsi, et que l'on y
trouve des fluides, ils ont une couleur foncée, ressem-
blant assez à du marc de café.

Le tube intestinal se trouve ordinairement avoir des
altérations fort semblables à celles de l'estomac. L'inflammation est en général répandue et d'une grande étendue,
elle est cependant rarement continue, mais plutôt par
taches contiguës, affectant principalement l'un et quelquefois l'autre des intestins. La surface villeuse est fréquemment gangrénée et la membrane péritonéale se trouve
souvent adhérente à d'autres portions. Quelquefois il existe
des invaginations. Le tube est parfois entièrement vuide,
mais on le trouve plus fréquemment distendu partiellement
par des matières fécales durcies. Le degré d'inflammation
de l'estomac et des intestins n'est pas toujours le même ;
au contraire, quand l'un a été fort enflammé, il n'est pas
extraordinaire de trouver l'autre l'être moins ; mais les variations dans les lésions de l'estomac sont moins fréquentes
que celles dans les intestins. J'ai toujours observé, lorsque

l'intensité de l'inflammation avait été continuelle, que l'animal, pendant la vie, avait montré de l'assoupissement, une physionomie abattue, une affection des parties de la déglutition, un ramas de paille autour du ventre, la paralysie et tous les signes caractéristiques qui appartiennent plus immédiatement à ce que les chasseurs appellent *rage muette*. Au contraire, quand les intestins n'ont été que peu enflammés, et que l'estomac aussi n'a pas été fort affecté, pendant que les poumons l'ont été beaucoup, de pareils cas, durant la vie, ont été caractérisés par une grande irritation, le désir d'errer, et toutes les apparences de la rage furieuse (1).

Les autres viscères abdominaux participent souvent à l'affection. On trouve quelquefois le mésentère garni de taches grumeleuses, et il se forme des adhésions entre les parties par la lymphe coagulante qui a été répandue. Le foie, le pancréas, la rate et l'épiploon, mais surtout les premiers, sont souvent enflammés. Les reins y échappent en général, ainsi que la vessie, mais l'urine qu'elle contient est souvent fortement teinte de la bile provenant de l'affection hépatique.

Les corps des chiens qui meurent de cette maladie, sont bientôt en putréfaction, mais il n'y a aucune odeur particulière qui les accompagne ; et ils ne sont pas aussi fétides que j'en ai souvent vu dans d'autres cas de l'inflammation du bas-ventre, surtout dans celle occasionnée par des poisons minéraux. J'ai souvent présenté à des chiens en santé, différentes parties des corps de chiens enragés, mais je n'ai

---

(1) Les viscères thorachiques du cheval, de la vache, du cochon et du mouton, quant à ce que m'indique mon expérience, paraissent plus fortement enflammés, dans la rage, que l'estomac ou les intestins.

jamais observé qu'ils en témoignassent aucune crainte ou aucun dégoût. Je suis donc bien persuadé que, morts ou vivans, il n'y a rien dans l'odeur qui caractérise la rage, comme on l'a si souvent avancé avec d'autres erreurs vulgaires.

Ayant ainsi décrit les symptômes et l'anatomie pathologique de la rage, il est bien de rechercher si d'autres maladies présentent des apparences semblables? quelles sont ces maladies, et comment on peut les distinguer? Il est certainement possible que ceux qui ne connaissent point du tout la pathologie canine, puissent confondre *la maladie*, le tétanos, ou même la colique du plomb, avec la rage. Dans quelques cas de *la maladie*, l'attaque épileptique continuera long-temps, pendant laquelle le délire et la fureur qu'elle occasionne, peuvent se prendre pour la rage (1). Mais même, dans ces cas-là, la durée de l'attaque est déterminée, et le chien revient à ses anciennes habitudes paisibles aussitôt qu'elle est passée, à moins, à la vérité, que sa violence ne le fasse périr de suite ; et même, dans ce cas-là, il ne peut pas s'élever de difficulté que l'on ne surmonte facilement par l'ouverture du corps. Pendant toutes les autres périodes de *la maladie*, excepté celle-ci, aucune irritation, ni aucun changement d'habitude ou de manière, si ordinaire à la rage, n'est présent. Les tiraillemens spasmodiques et l'humeur des yeux, dans la rage, peuvent à peine être confondus avec *la maladie*, même par les moins experts ; parce que

---

(1) Si *la maladie* se méprend jamais pour la rage, les auteurs, par leurs tableaux confus et surchargés, en sont cause. La description du docteur JENNER, loin de mériter les louanges que son grand nom y a attirées, ne peut qu'induire en erreur ; et ses lecteurs pourraient supposer qu'il décrivait exprès la rage, et non *la maladie*. — *Trans. Médico. Chirurg.*, vol. 1, p. 243. Je pourrais citer plusieurs exemples semblables d'autres auteurs.

comme cette dernière indisposition accompagne les jeunes chiens, ainsi la rage est toujours caractérisée en eux par une grande précipitation d'allure, une irritation *constante* et une disposition inquiète et constante à vouloir s'échapper ; et qu'aucune de ces apparences ne se présente ordinairement dans *la maladie*. L'attaque lente, l'amaigrissement et la toux dure, sèche et continuelle, serviront aussi à distinguer *la maladie* de la rage. L'extrême rareté du tétanos, chez les chiens, fait qu'il n'est pas très-probable qu'on le confonde avec la rage ; et quand même il existe, aucune irritation mentale n'est présente, et il n'y a point de tuméfaction du gosier ou de paralysie de la mâchoire. Le spasme tétanique revient aussi à des intervalles incertains. Quand le tétanos a lieu, il peut ordinairement être attribué à quelque mal local ; et quand on ne le peut pas, dès que l'animal souffrant est soulagé par la mort, on découvre la différence en examinant le corps. La colique provenant de l'action du plomb, produit une douleur excessive, étrangère à la rage ; la douleur revient aussi à des intervalles incertains, et quoique ses gémissemens plaintifs se font souvent entendre, il n'y a jamais ni aboiement, ni hurlement ; le naturel n'est jamais affecté, mais l'animal est plus patient qu'à l'ordinaire, et les mâchoires ne sont point non plus paralysées. Une forte purgation le soulage, mais elle est absolument inerte dans l'autre.

Ayant déjà cherché à démontrer que le poison de la rage n'est reçu dans le système qu'au moyen d'une surface écorchée, il faut reconnaître à présent sa manière d'agir. Ce sujet a occasionné une grande diversité d'opinions : l'idée la plus générale que l'on en a, est que le virus de la rage est tout d'un coup mêlé avec le sang par l'absorption des vaisseaux lymphatiques, et qu'ensuite il exerce son effet morbifique, principalement sur le système nerveux, et par sympathie sur les autres parties. Une opinion moins générale, mais qui gagne tous les jours, est celle qui considère l'infection comme restant stationnaire dans la partie blessée, jusqu'à ce qu'elle soit mise en action par quelque irritation de cette partie, d'où elle est conduite le long de la fibre sensible et susceptible d'irritation, pour exercer une action particulière et morbifique sur de certains organes.

L'opinion que j'ai long-temps eu sur ce sujet, diffère sous quelques rapports de ces deux-là, mais elle s'accorde davantage avec la seconde. Je crois que le poison de la rage entre bientôt dans la circulation, probablement dès qu'il est reçu, exactement de même que les poisons des reptiles venimeux.

Il paraît cependant que quelque sympathie se continue avec la partie mordue, et que, sans son effet, le virus ne pourrait jamais se développer si fatalement. C'est pourquoi la blessure, dans son principe, n'étant pas sous l'action *immédiate* de la matière morbifique, se ferme comme les blessures ordinaires; mais après une période incertaine, une inflammation *secondaire* a lieu dans la partie, et un nouveau composé morbifique se forme, et toutes les apparences symptomatiques qui suivent, proviennent de l'absorption de ce poison nouvellement généré.

Cette opinion paraît être soutenue par l'analogie ainsi que par le fait. L'action de ce virus ressemble exactement à l'action de quelques autres poisons animaux (1), et le fait, maintenant établi, que l'excision de la partie mordue, longtemps après que la blessure s'est fermée, même en tout temps, avant que cette inflammation secondaire n'ait lieu,

---

(1) Les expériences de Fontana, sur le poison de la vipère, tendent à prouver que l'excision de la partie blessée, affaiblit ou empêche entièrement les mauvais effets qui pourraient en provenir.

en empêche les conséquences, fortifie beaucoup cette opinion.

Le traitement médical de la rage, dans les brutes, a jusqu'à présent échoué dans tous les cas, et celui de l'hydrophobie, dans l'homme, n'a pas eu un meilleur succès. Le peu de cas que l'on rapporte avoir eu un résultat heureux, se trouvent enveloppés dans un voile obscur, qui diminue notre confiance, et il ne nous reste que l'espoir qu'avec le temps nous trouverons un remède à ce terrible fléau. L'étendue à laquelle cette recherche a déjà été portée, donnant un détail circonstancié des différens agens médicinaux, dont on s'est servi dans la rage, je ne les parcourrai que légèrement ; me réservant pour ceux qui, heureusement pour l'homme et pour la brute, se trouvent être des préservatifs contre de pareilles attaques.

Le plus ancien remède connu pour la rage, est *le bain froid* dont on se servait jusqu'à une suffocation momentanée ; mais quoique l'on rapporte qu'il réussissait parfois, on ne compte plus sur ses effets (1). Je l'ai essayé sur deux chiens enragés, presque jusqu'à extinction, et il suspendit certainement les progrès de la maladie pendant quelques heures ; ce que je n'attribue pas à aucune vertu spécifique du bain même, mais à la violence faite à la constitution corporelle ; car il est remarquable que tous moyens violens employés (2)

---

(1) Celses le recommande, et rapporte plusieurs exemples où il fut appliqué avec succès. Euripide est un de ceux que l'on dit avoir été guéris par ce moyen.

(2) Pendant les courses d'un chien enragé, il faut s'attendre à ce qu'il soit bien mal-traité des autres chiens, et assez souvent il reçoit les plus mauvais traitemens de plusieurs personnes, dont il peut cependant enfin échapper quoiqu'à moitié tué. J'ai eu plusieurs occasions d'observer de tels chiens après leur retour, et j'ai toujours trouvé que

pendant le progrès de la maladie, surtout dans ses premiers momens, paraît toujours arrêter, pour un temps, le progrès de la rage, et suspend ses symptômes les plus actifs pendant une période plus ou moins courte, ordinairement en proportion de la violence employée. Le poison morbifique, cependant, reprend bientôt son ascendant, et le résultat fatal est seulement différé, mais on ne l'empêche jamais.

Les bains chauds ont été aussi bien essayés, dans les temps anciens et modernes, mais sans un meilleur succès. La saignée copieuse est un ancien remède que les modernes ont fait revivre ; et sur l'autorité de quelques cas de réussite, mais auxquels on n'ajoute plus foi à présent, je fus engagé à en faire l'essai dans toute son étendue *(ad deliquium)* sur deux ou trois chiens enragés. M. Youatt, à ce que je crois, en a fait autant (1), mais sans aucun avantage permanent, quoique dans ces cas-là, comme dans tous ceux où la constitution avait souffert de grandes violences, l'action morbifique a été suspendue. Je n'ai pas d'expérience de l'électricité et du galvanisme appliqués pour la guérison de la rage : l'essai en a été fait sur l'homme, mais sans succès. Le vinaigre, que l'on disait en Allemagne avoir arrêté la maladie dans l'homme, a manqué toutes les fois que l'on en a fait usage sur les chiens. J'ai essayé aussi le mercure dans la plupart de ses formes, mais sans avantage. Le camphre et l'opium, tant par la bouche que par l'anus, se sont

---

l'absence des signes les plus actifs de la maladie suivait pour deux ou trois jours, et quelquefois à un tel degré, que ceux qui observaient, commençaient à regarder la guérison de l'animal comme certaine, mais la maladie revenait ensuite par degré avec toute sa violence.

(1) M. Gohier, professeur de l'Ecole vétérinaire de Lyon, a aussi mis en usage la saignée *(ad deliquium)* sur trois chiens, sans succès

trouvés également inactifs dans ces cas-là (1). Je n'ai pas mieux réussi avec la belladonna ; et M. Youatt a pareillement échoué avec l'alisma plantago, ou plantain d'eau. L'usage intérieur et extérieur de l'alkali volatil n'a pas été plus heureux, quoique l'analogie de ses bons effets, dans les cas d'empoisonnemens par la morsure du *cobra de capello*, avait fait espérer qu'il l'eût été encore dans celui-ci (2). Les cautérisations, les scarifications, les vésicatoires, etc., ont été appliqués aux parties mordues de l'homme, après l'attaque, mais sans réussite. Sur la propriété connue qu'a l'arsenic de diminuer le spasme de l'épilepsie, on en avait espéré quelque chose dans le spasme hydrophobique de l'homme, mais il n'a pas répondu à l'attente que l'on s'en était formé. Je l'ai souvent essayé sur des chiens enragés, et par la suspension des symptômes à chaque essai, je fus pour un temps engagé à en espérer beaucoup; mais des expériences répétées ont prouvé que les avantages n'en sont pas permanens (3), et qu'ils agissent comme d'autres moyens violens. On avait dit que la chlore avait calmé les symptômes; mais des essais subséquens ont fait voir la fausseté de cette assertion. Il en est arrivé de même de l'acide sulfurique, avec lequel

---

(1) Le professeur Dupuytren a injecté de l'opium en solution, dans les veines de deux chiens enragés, mais sans aucun adoucissement des symptômes. — *Dissert.* de Ch. Besnout, Paris. 1814.

(2) Tissot recommande fortement l'eau de Luce, et dit : « elle » calma l'agitation, occasionna une sueur abondante, et fit disparaître » les symptômes. » — *Avis au peuple*, tom. 1, p. 179, in-8º. Paris.

(3) Je l'ai donné, dans ces cas-là, en très-grandes doses, telles que cinq, six et même un plus grand nombre de grains, et j'ai été surpris de voir combien peu d'effets il paraissait avoir, probablement parce que l'estomac était déjà affecté d'une inflammation spécifique, ce qui le rendait moins susceptible d'impression.

un certain docteur SKUDERI, prétend avoir effectué plusieurs cures de l'hydrophobie, en l'administrant intérieurement et extérieurement. Il y a donc lieu de croire que nous n'avons point d'exemple bien authentique que la maladie de la rage ait cédé à aucun traitement, soit dans l'homme, soit dans les animaux, après qu'elle est réellement déclarée.

Traitement préservatif. — Heureusement, pour le genre humain, qu'ici nous sommes sur un terrain avantageux, puisque nous pouvons toujours assurer l'*empéchement* des conséquences nuisibles de la morsure rabienne. Les prophylactiques que l'intérêt et l'ignorance ont loués et mis en vogue sont innombrables; très-peu ont cependant mérité la moindre confiance; au contraire, ils ont attiré dans une sécurité fatale ceux qui s'y sont fiés.

Le plus ancien prophylactique que nous connaissions, est la *succion*. Nous avons de très-anciennes histoires de son usage, et si nous pouvons croire ces légendes, une certaine famille jouissait de ce privilége, et se dévouait à ce procédé de sucer, par l'application de la bouche à la blessure, le poison inséré par des animaux venimeux (1).

---

(1) CELSES recommande fortement cette pratique et met en avant la famille des Psylles, pour prouver combien elle est exempte de danger. « Non gustu, sed vulnere nocent. » — « Ergo quisquis exemplum Phylli « secutus, id vulnus exsuxerit et ipse tutus erit, et tutum hominem » proestabit. » — *De Médecin.* lib. 4, chap. 2, sect. 12. — FOTHERGILL, HEISTER et VAUGHAN ont parlé favorablement de la succion comme préservatif, et il y a lieu de supposer que l'on pourrait l'employer dans quelques cas avec la probabilité d'un résultat heureux. Si l'on craignait qu'il y eut à craindre qu'en suçant, quelques petits vaisseaux des lèvres se rompissent, on pourrait interposer entre les lèvres et la plaie, un morceau de vessie bien mince, ou bien le sucement peut se faire avec encore plus de sûreté au moyen de l'embouchure d'une pipe

Les bains froids, mais surtout *les bains de mer*, comme préservatifs, sont aussi en usage dès la plus grande antiquité, et même à présent, les personnes peu instruites y ont une très-grande confiance ; leur inefficacité avait cependant été depuis long-temps remarquée, et PALMERIUS, AMBROISE, PARÉ. DESSAULT et d'autres, s'étaient donnés bien de la peine pour décrier cette pratique. Les bains chauds et froids ont cependant eu long-temps de puissans partisans. CELSE nous dit que c'était l'usage de son temps de plonger dans un bain chaud (2, ceux qui avaient été blessés par un animal enragé, pour exciter la transpiration, et en le quittant, de leur donner à boire une grande quantité de vin. HOFFMAN préférait le bain tiède au bain chaud ; BOERHAAVE et MEAD de même ; mais selon l'opinion de BOERHAAVE, il était indifférent que l'eau fût douce ou salée. Quelque célèbres que soient les partisans du bain, la triste expérience de plusieurs qui s'y sont fiés. même en le prenant, comme dit VAN SWIETEN, *ad suffocationem usque*, ne prouve que trop son inefficacité. Les personnes instruites, à présent, n'y ajoutent donc aucune foi.

On s'est long-temps servi du *mercure* comme prophylactique : en 1732, DESSAULT recommandait fortement l'usage

---

à fumer. Quand on peut se procurer une ventouse, on doit s'en servir au lieu de la bouche.

(2) « Protinus in balneum amittunt, eumque ibi desudare, dum » vires corporis sinant, vulnere aperto quo magis ex es quoque virus » distillet. » — *De Medicina*, lib. 5, c. 47.

TILPIUS n'est pas moins enthousiaste en parlant des bains de mer : « Neque vidi hactenus quemquam (licet viderim plurimos) cui tem- » pestive in mare projecto quid quamsinistre postmodum evenerit. sed » salutari hoc remedio vel flocci facto. vel tardé ac timide adhibito, des frictions mercurielles (1); SAUVAGES en était très-partisan (2); DARLUC, BAUDOT et TISSOT recommandent également avec chaleur ce traitement. L'usage interne du mercure comme préservatif a même eu un grand nombre de partisans. Le fameux remède tonquin, du Chevalier G. COBB, tant loué par Claude DUCHOISÉE, dans les Indes (3), se composait des cinabres natif et factice avec du musc. Le turbith minéral, qui est un sous-sulfate de ce métal, fut très-vanté par TISSOT (4), et l'on s'en est servi généralement pour les chiens, dans ce pays-ci. On pourrait encore citer plusieurs autres célèbres auteurs tels que les docteurs Thomas REID, JAMES, etc, etc., qui ont loué l'efficacité préservative du mercure; les uns préférant une certaine préparation, les autres, une autre : mais tous s'en sont servis jusqu'à la salivation, raisonnant sur l'analogie de son efficacité préservative et curative dans la syphilis. Le temps qu'il a été en

---

» dedère multi irreparabiles supinæ suæ incuriæ pœnas. » — *Obs. Méd.*, lib. 7, c. 20.

(1) « Tous ceux en qui je l'ai employé, dit cet auteur, ont été préservés de la rage. » — *(Journal de Méd.)*

(2) « J'ignore que ce remède ait encore manqué. » — *Ch. d'OEuv.*, p. 148. *Nosologia*, tom. 2.

(3) « Hommes, femmes, enfans, Indiens, Portugais, Français, etc., etc., » plus de trois cents personnes, sans qu'une seule ait été affligée du plus » petit symptôme de la rage. » — *Nouv. Méth. pour le Trait. de la » rage*, p. 21.

(4) *Avis au peuple*, tom. 1, p. 156. Un célèbre chasseur dit : « Pendant vingt-et-un ans que j'ai eu des lévriers, jamais il ne m'a » manqué. » — *Traité sur les lévriers*, 2e. éd., p. 88. — C'était aussi le remède favori de M. BECKFORD. On a cependant eu tant d'exemples depuis où il a échoué, qu'il n'est plus maintenant en réputation.

vogue, et le poids des autorités en sa faveur, nous mène-
raient à croire qu'il aurait réellement quelque efficacité préservative (1), si l'on n'avait pas de nombreux exemples qu'il
a entièrement échoué dans l'homme et dans les animaux,
quoique présentant beaucoup de facilité dans son administration : ainsi l'on n'y compte plus comme étant seul suffisant
pour préserver de la contagion (2).

L'arsenic. — Ce puissant minéral a plusieurs vertus mé-
dicinales, et la connaissance que l'on avait de sa tendance à
réprimer les contractions spasmodiques de l'épilepsie, avait
donné l'espoir qu'il pourrait agir favorablement dans les
contractions violentes de la rage; mais quoiqu'il n'ait pas
jusqu'à présent arrêté le torrent fatal, cependant, d'après
son action évidente sur cette maladie, et d'après les propriétés que l'on rapporte qu'il a d'agir contre les morsures
d'autres animaux venimeux, la nécessité de l'essayer comme
prophylactique, paraît évidente. On trouvera un rapport
favorable de ses vertus dans le mémoire de M. IRELAND,
Trans. Méd. et Chirurg., p. 393, et dans une citation donnée
dans la *Rev. Méd. de Londres,* pour mars et avril 1793.
J'aurai occasion, dans la suite, de parler de son usage
extérieur.

La poudre contre la rage, du docteur MEAD, a entièrement perdu sa réputation, quoique pendant sa pratique, il

---

(1) Le Docteur MOSELEY paraît avoir été un des derniers partisans
de l'usage du mercure jusqu'à une légère salivation; mais il recommande lui-même l'usage du caustique, en même temps, à la partie
blessée.

(2) LEROUX, OUDOT, RAYMOND, LAFOND, MAJAULT, ÉSAUX,
CHAUSSIER et MORVEAU, sont des auteurs voisins qui ont nié l'effica-
cité du mercure dans ces cas-là; et chez nous, les docteurs FOTHER-
GILL et VACCHAS ont suivi la même marche.

témoigna le désir de connaître un remède aussi certain pour toute autre maladie (1).

Le remède d'Ormskirk est une preuve frappante comme il est facile de se faire une réputation sans la mériter. Nous avons des exemples palpables et souvent répétés où il a échoué, et cependant, il n'y a que peu de temps que l'on y avait une grande confiance ; et même encore on s'y fie parfois dans le voisinage où on le prépare (2).

Le *Plantain d'eau* (alisma plantago) a été prouvé être un de ces malheureux remèdes mis en réputation , et qui ne servent qu'à donner des espérances qu'ils ne peuvent jamais réaliser. Comme il était recommandé par un conseiller d'état Russe , M. Jaloowsky , sous la direction expresse de son gouvernement, on l'accueillit bien volontiers en Angleterre, et l'on y en fit ainsi qu'ailleurs, un essai très-scrupuleux ; mais je crois qu'on l'a toujours trouvé sans efficacité. Il faut cependant rapporter que, dans les essais qu'en a fait M. Youatt sur des chiens enragés, il paraissait certainement arrêter le progrès de la maladie pendant quelque temps , de la même manière que quelques autres plans de traitement, mais l'usage du plantain n'a pas pu empêcher la fin fatale , plus que ceux-là.

Ce serait une tâche interminable que de vouloir énumérer toutes les autres matières , surtout du règne végétal que l'on a regardées , à quelques époques , comme prophylactiques. Parmi les plus populaires, nous citerons l'églantier , ou rose

---

(1) Cette poudre se composait d'hépatique, couleur cendrée *(lichen cinereus)* , et de poivre noir.

(2) Il y a tout lieu de croire que le remède d'Ormskirk, de M. Hill, n'est autre chose que de la craie en poudre.

sauvage (*rosa sylvestris*. Linn.) (1); le mouron rouge
(*anagallis*) (2), la morelle (*atropa belladonna*) (3), la
rhue (*ruta*) (4), l'ail (*allium sativum*), la sauge (*salvia*),
la marguerite (*bellis*), la verveine (*subena*), la fougère
(*pollypodium*), l'absinthe (*artemisia arborescens*), l'ar-
moise (*artemisia vulgaris*), la bétoine (*betonica*), le buis
(*buxus*) (5). Mon opinion, quant à l'efficacité de cette plante,

---

(1) La rose sauvage paraît avoir été un remède en grande réputation
dans un temps. (*Baudot, Mém. de la Soc. Roy.*, 1783.) M. Provost,
dans une communication à la Société Royale de Médecine de Paris,
détaille les vertus de l'écorce intérieure. Et parmi les Siciliens, ses
excroissances spongieuses (*bedaguar*), sont regardées comme un puissant
antidote de la rage. (*Museo di piante rare* del P. Boconi.)

(2) On peut en voir les vertus supposées contre la rage, en consul-
tant l'*Hist. de la Méd.*, Sprengel: *OEuv.* de Bourgelat; *Réflex.
sur la rage.* Voyez *Journal d'Agricult.*, p. 109.

(3) Dès le temps de Pline, la morelle était en usage comme remède
contre la rage. Apulei en parle aussi: ainsi que Mesen dans les
derniers temps: *Hist. de la Soc. Roy. de Méd.*, 1783, 2e. partie; à
présent on n'y a aucune confiance.

(4) La rhue était un très-ancien prophylactique favori, et elle entre
encore dans plusieurs des remèdes et des boissons de la campagne
contre la rage. Elle formait aussi un des ingrédiens dans la fameuse
poudre de Palmerius. Voyez *le Rapport d'Andry sur les célèbres remèdes.*

(5) Le buis est un des plus anciens préservatifs dont on se soit
servi. Hippocrate en parle dans ses écrits, ainsi que Galien et Celse.
On a continué à s'en servir jusqu'à présent, et il forme le principe
actif dans la célèbre boisson d'Hertfordshire ou de Webb. La rhue,
que l'on y met en proportion, ne me donne pas la même confiance. Le
buxus, ou buis, a long-temps été connu dans les Indes, comme préservatif contre la rage: mais c'est le buis nain dont on s'y sert, et il
est ordinairement mêlé avec une décoction des cornes du rhinocéros.
Il y avait quelques années que je savais qu'un paysan, nommé Webb,

comme préservative , est déjà connue du public , et quoique

---

demeurait près de *Watford*, et donnait ce que l'on appelle communément une *boisson*, comme remède contre la rage en général. Les nombreux témoignages que j'avais recueillis de différentes personnes quant à son efficacité, soutenus par des faits qui paraissaient authentiques et concluans, me donnèrent lieu de croire qu'elle avait réellement des propriétés préservatives ; mais ce ne fut qu'en 1807 que j'ai eu occasion d'en mettre les qualités à l'épreuve. Vers ce temps-là, la rage faisant beaucoup de ravages, et la curiosité publique étant fort excitée, mon attention fut dirigée à essayer un tel préservatif.

Afin donc de connaître sur quoi était basé la réputation de ce remède, je me rendis à Watford, et poussai mes recherches avec tant de succès, que j'obtins d'un des deux frères qui l'administraient, la recette originale ; l'ayant fait affirmé sur serment devant un juge de paix. Je présentai sur-le-champ ce composé au public, avec tout ce que j'en avais appris, ce qui fut publié dans la *Revue Médicale*, pour décembre 1807, où l'on peut voir détaillé la recette originale et la manière de la préparer. La méthode suivante de la composer est supérieure à la formule originale :

Prenez des feuilles fraîches de buis...................... 2 onces.

—— des feuilles fraîches de rhue...................... 2 onces.

—— de la sauge .... 1/2 once.

Hachez-les bien fin, et après les avoir fait bouillir dans une pinte d'eau réduite à demi-pinte, passez et exprimez le jus de cette tisane ; pilez les feuilles dans un mortier, ou les pressez bien fort, et faites-les rebouillir dans une pinte de lait nouvellement trait ; réduisez à demi-pinte, et passez comme auparavant. Ensuite, mêlez les deux liquides, ce qui formera *trois doses* pour un homme. *Double*, cette quantité formera trois doses pour un cheval ou une vache ; *deux tiers* suffiront pour un gros chien, un veau, un mouton ou un cochon ; *la moitié* suffit pour un chien de moyenne grosseur ; et *un tiers* pour un petit. Il est dit que ces trois doses suffisent en en prenant une tous les matins à jeun. L'homme et les animaux se traitent de même, selon les proportions marquées.

Je n'ai jamais trouvé que ce remède produisit aucun effet, excepté je ne voudrais nullement recommander que l'on s'y fiât.

---

un vomissement momentané causé par le dégoût. Pour empêcher que ce dégoût n'opère désavantageusement, l'ancienne formule conseille que la personne prenne la dose deux ou trois heures avant de se lever ; que par ce moyen il est moins probable qu'on la rende, quoique si grande et si dégoûtante. Je n'ai jamais vu non plus que ce remède produisît aucun effet violent dans aucun animal, excepté dans le chien. J'ai souvent vu produire dans les chiens le vomissement, une grande palpitation et un abattement ; même deux ou trois fois il a été funeste. Il est toujours prudent de commencer à une moindre dose que celle qui est ordonnée, et d'en augmenter la quantité à chaque fois qu'il est administré, jusqu'à ce qu'il déploie son activité par le mal d'estomac, la palpitation et un mal-aise évident.

Cette préparation de buis et de rhue a été administrée, sous ma direction, entre les années 1807 et 1817, à près de trois cents animaux de différentes espèces : chevaux, vaches, moutons, cochons et chiens (*), mais à bien plus en proportion ces derniers. Il est naturel de présumer que quelquefois la crainte n'était pas fondée, et qu'on le donnait à des animaux dont le danger n'était qu'imaginaire. On peut supposer aussi que quelques-uns des autres seraient restés sains, quand même on ne leur eût rien fait. A d'autres, on ajoute au remède du buis, des bains, des cautérisations, etc. ; il a dû cependant en rester toujours un nombre considérable exposé à la seule vertu préservative de cette préparation, et sur ce nombre, il n'est arrivé que neuf ou dix exemples où elle ait manqué. Il est raisonnable de supposer que, dans quelques-uns de ceux-ci, la tisane ne fut pas toute avalée, ou qu'elle a été rendue ; mais cinq ou six furent des exemples palpables où elle manqua, la médecine ayant été avalée et retenue. Il est remarquable que, dans la plupart de ces cas, la majorité avait été blessée à la tête. Un cheval avait été mordu à la lèvre, ce qui se rapporte à ce que

(*) J'ai administré, dans le cours de ma pratique, ce remède à plus de cinquante personnes aussi ; mais comme la plupart joignaient à ce traitement l'excision ou la cautérisation de la partie blessée, et que dans d'autres, le virus de la rage n'aurait probablement pas eu d'effet ; je n'appuie de ne que peu sur les preuves de son efficacité, quelque trois ou quatre personnes s'y fièrent entièrement. Son efficacité réelle paraît indubitablement établie par les nombreux exemples de préservation qui en ont suivi l'usage.

quand on peut employer d'autres moyens, tels que la destruction de la partie mordue; cependant, si comme je le crois, on trouve qu'elle ait de grandes vertus préservatives, l'importance en sera évidente, car il arrive souvent des circonstances qui rendent impraticables les moyens extérieurs d'excision ou de cautérisation, à cause de la difficulté de découvrir la partie blessée dans des animaux couverts de poil. J'ai cherché avec le plus grand soin, pendant plus d'une heure, sans découvrir de blessure, et le chien est cependant ensuite devenu enragé. Quand même on a trouvé une ou deux blessures, il peut encore en rester d'autres. J'ai vu cela arriver si souvent, qu'un remède préservatif, quoiqu'il n'ait qu'un léger degré d'efficacité, est de la dernière importance. Les avantages d'un tel remède prophylactique ne serait pas, non plus, perdu pour l'homme, lorsqu'à cause d'une lacération fort étendue, l'extirpation complète de la partie mordue devient douteuse, ou lorsque la crainte de l'opération, ou la situation du malade, ou même de la partie blessée, rend l'extirpation imprudente. Il y en a assez de dit pour rendre cette matière digne d'une nouvelle recherche. Quatorze ou quinze ans d'expérience n'ont servi qu'à me rendre la conviction plus intime que les qualités du buis, comme préservatif contre la rage, méritent une grande attention du public.

Les règnes minéral et végétal ont donné des prophylactiques d'une renommée éphémère; le règne animal a aussi été fouillé par l'intérêt, l'ignorance ou la crédulité. Les scarabées,

---

j'ai déjà observé, que l'inoculation s'effectue plus certainement, et que la maladie fait son invasion plus promptement, lorsqu'elle est reçue à la tête.

ou classe des escarbots, surtout le hanneton *(scarabœus melolontha)*, la cantharide (1) *(meloe vesicatorius)*, et différens testacées (2) sont de ce genre. Le foie de l'animal qui a mordu la personne est un remède aussi ancien que PLINE, qui, lui-même, parle de son efficacité. On sait aussi que PALMERIUS forçait ses malades, qui avaient été mordus par un loup enragé, de prendre le sang desséché de l'animal.

Mais, comme *la destruction de la partie mordue*, effectuée judicieusement, s'est toujours trouvé empêcher tout autre développement de la maladie, cette pratique l'a presque emporté sur tous les autres préservatifs; mais il y a toujours eu une grande diversité d'opinion quant aux procédés, pour détruire les surfaces blessées. Celui que l'on a généralement pratiqué est, soit le cautère actuel, le cautère potentiel par des escharotiques ou caustiques, ou l'excision de la partie par l'instrument tranchant.

Le cautère actuel a été employé par les anciens, qui brûlaient les parties avec un fer chaud, quelquefois avec du cuivre, de l'argent ou de l'or (3). Quelques-uns des modernes

______

(1) AVICENNE et MATHIOLUS écrivirent expressément sur les vertus de ce méloe, comme remède infaillible pour la maladie de la rage. WERTHOF et ANDRY en parlent aussi.

(2) Comme les testacées, surtout les crabes calcinés, étaient en usage, même du temps de GALIEN, et ont été recommandés par SENNERT, il paraîtrait que l'on eut confiance de bonne heure dans les absorbans. Ce fut probablement cette confiance qui fit naître la médecine d'ORMSKIRK, qui ne paraît qu'être des absorbans terreux colorés.

(3) PORTAL nous apprend que GALIEN, DIASCORIDE, ELIUS, RUFUS, et tous les médecins grecs, regardaient le cautère actuel, appliqué à la partie mordue, comme le moyen le plus puissant de prévenir la maladie

en ont aussi favorisé l'usage ; et comme c'est le remède le plus à portée , il n'est pas à être rejeté , surtout si la crainte des conséquences futures , d'une absorption immédiate se fixe dans l'imagination , et encore lorsqu'on n'a pas d'autres secours prêts. Quand aussi la blessure est d'une forme déterminée et d'une étendue superficielle, le cautère actuel est , à cause de la promptitude de l'opération , un moyen fort commode, surtout quant aux chevaux , aux vaches , et aux autres gros animaux que l'on ne retient pas facilement. Alors, ce que les maréchaux appellent *un cautère à pointe* , est un instrument fort commode , ou même un gros fourgon de cuisine , ou tout autre fer dont la surface peut s'adapter à la forme de la blessure , et être rougie , ayant bien soin en l'appliquant, que la partie soit suffisamment brûlée , sans cependant endommager trop profondément les parties environnantes.

Les caustiques, ou *le cautère potentiel*, peut s'appliquer sous différentes formes. *La potasse caustique*, ou *pierre à cautère*, est un escharotique très-puissant, et c'est une excellente préparation, lorsqu'une surface étendue, ne se trouvant pas près des parties très-importantes, doit être détruite; mais il faut se rappeler qu'elle se dissout promptement, et qu'alors, lorsqu'il faut une grande exactitude, et qu'une action lente est préférable, comme sur la tête ou près de vaisseaux et de nerfs importans , elle ne doit pas être choisie. Le *nitrate d'argent*, appelé ordinairement *pierre infernale*, se dissout moins promptement, et est également puissant, pourvu qu'on lui donne plus de temps pour agir. On

---

de la rage ; et selon Matthiolus, on discutait de son temps si l'or ou l'argent ne formerait pas un meilleur cautère que le fer. On proposa le cuivre du temps de Van-Helmont.

recommande dans quelques cas, de le réduire en poudre, et d'en répandre sur une surface, ou de l'insérer en dedans d'une blessure plus profonde, y mêlant une partie égale de quelqu'autre matière pour en diminuer la force, et ensuite d'appliquer par dessus un emplâtre adhérant, pour en borner les effets. On ne peut conseiller cette méthode pour les animaux, que lorsqu'il existe une lacération fort étendue, avec de nombreuses sinuosités et des bords dentelés, surtout près de ces parties importantes où l'on ne peut pas entièrement se servir du bistouri. J'ai adopté pendant une longue pratique, l'usage de cette forme de caustique, comme le plus facile à diriger et le plus effectif de tous les escharotiques. On peut lui donner telle forme que l'on veut, et une longue habitude m'a mis à même de rendre à volonté l'eschare épais ou mince, profond ou superficiel. En un mot, il est lent, mais il est certain. *Le muriate d'antimoine*, appelé *beurre d'anti-moine*, est une application escharotique, considérée de quelques personnes de l'art, surtout des Français (1); on l'applique au moyen d'un morceau de linge ou de charpie attaché à une sonde, à un petit morceau de bois : la surface de la blessure en est alors enduite. Comme son action commence immédiatement et, après quelques minutes, est bornée aux parties où on l'applique, il est évident que c'est un topique préférable au nitrate d'argent en poudre, pour des plaies étendues, et pour des blessures d'une pro-fondeur incertaine. On se sert quelquefois de la potasse et de la chaux comme escharotiques. Les acides minéraux, ainsi que les préparations de mercure, telles que le muriate oxigéné et

---

(1) « *Le beurre d'antimoine* (hydrochlorate d'antimoine) est pré-féré à tous les caustiques que nous avons cités, par Leroux qui l'a proposé, par Serreau, par Pouteau et par Lassus et Chaussier, parce que son action est prompte. » — *Vaillet*, p. 541.

le nitrate rouge de mercure, s'emploient aussi de cette manière.

On a objecté, à l'usage des caustiques, qu'ils n'effectuaient pas suffisamment la destruction des parties, la formation de l'eschare empêchant le progrès de l'agent caustique, mais je suis persuadé que cette objection n'est pas fondée. Si le nitrate d'argent est taillé en point, et que l'on entretienne une friction modérée sur l'eschare, les portions décomposées sont retirés par le frottement, et la cautérisation avance à telle profondeur ou à telle étendue que l'on veut. Dans les blessures pénétrantes, faites par les dents canines, la sonde ayant trouvé la direction de la blessure, on peut employer le bistouri pour la dilater, et la rendre accessible au caustique : ainsi, l'on remplit une double indication avec moins de perte de substance.

L'excision de la partie, après la morsure, est pratiquée par plusieurs de nos célèbres chirurgiens du jour, préféremment à la cautérisation ; mais comme chacun de ces moyens d'opérer a quelques avantages l'un sur l'autre, de même aussi chacun à quelques désavantages. Un habile chirurgien ne s'en tiendra donc ni aux uns ni aux autres, mais il se servira de l'un ou de l'autre selon le besoin, ou même il les réunira souvent dans le même cas. Les partisans de l'usage de l'instrument tranchant s'appuient sur ce que l'opération de l'excision est plus prompte ; il est certain qu'où il y a beaucoup à faire on doit alors agir plus promptement ; mais quand cela est fait, à moins qu'une parfaite ablution n'ait ôté tout le virus circonvoisin, ne se pourrait-il pas que l'instrument même qui doit assurer la vie, ne répande la mort en formant une nouvelle inoculation morbifique à chaque section ? Pour obvier à ce danger, lorsque l'excision est absolument nécessaire, il est prudent, après chaque coup de bistouri d'essuyer soigneusement la lame. Pour les animaux, surtout ceux de la grande espèce, où il faut de la promptitude et où l'on ne craint pas la difformité, et ou la destruction des parties n'est pas d'une grande conséquence, l'excision peut être considérée comme préférable. Il est évident qu'il faut se servir du bistouri avec beaucoup de précaution quand on est près de grands vaisseaux sanguins, des nerfs, etc., pendant que l'on peut appliquer librement le caustique avec bien moins de craintes, puisque l'eschare qui se forme, protège les parties inférieures, et les met à même de se réintégrer, si elles étaient légèrement endommagées.

L'écoulement du sang, pendant l'excision, empêche souvent de voir clairement l'étendue du mal, et il en résulte une conséquence, dont j'ai souvent été témoin, pour les chirurgiens qui faisaient des opérations sur des personnes (1), c'est d'ôter une bien plus grande portion qu'il n'est nécessaire. Rien de cela n'arrive avec le caustique : en travaillant prudemment, on opère successivement chaque portion de la surface blessée, jusqu'à ce que l'on ait passé sur le tout.

Manière d'opérer pour la morsure de la rage. Quand

---

(1) Je ne puis m'empêcher de croire que les chirurgiens, dans la crainte des résultats futurs, peut-être envers eux-mêmes, ainsi qu'envers leurs malades, font souvent un dégât inutile de parties. J'ai vu la morsure du bout du doigt, et l'écorchure de la peau du même doigt, traités non-seulement par l'excision de toute la phalange, mais aussi de l'os métacarpien. Je fus aussi présent, lorsqu'un célèbre chirurgien, pour une légère piqûre de la lèvre, par une dent seulement, enleva entièrement, d'outre en outre, toutes les portions environnantes, comme dans l'opération du bec de lièvre. Une difformité semblable resta donc toute la vie à la personne. J'ai eu encore plusieurs occasions de regretter cet excès de précaution et ce libre usage du bistouri.

un chien, ou tout autre animal, a été attaqué par un autre qui est enragé, il est évident qu'il se présente une difficulté qui n'existe pas dans une personne dans la même situation. L'incapacité de l'animal d'indiquer les blessures qu'il a reçues et que le poil peut empêcher d'être observées, fait qu'il est nécessaire d'examiner très-minutieusement toutes les parties du corps, en rebroussant tout le poil fort soigneusement (1); après quoi, afin de retirer la salive de la rage qui pourrait être attachée au poil, il faudrait laver tout le corps de l'animal, d'abord simplement avec de l'eau chaude, et ensuite avec une eau dans laquelle il y aurait en dissolution une quantité suffisante de potasse ou de soude, pour en faire une légère lessive ; en s'en servant il faut bien prendre garde aux yeux de l'animal. En lavant, la seconde fois, il faut presser les blessures afin d'exciter un nouvel écoulement de sang. Ayant fini cette opération, qui préservera le chien ou tout autre animal, du virus qui pourrait s'être attaché à lui, on augmenterait la sureté de l'opération, si on lavait les blessures avec une solution d'arsenic, faite en fondant un gros d'arsenic blanc dans quatre onces d'eau. Dans plusieurs cas, cette lotion des blessures avec une solution d'arsenic de deux ou trois fois la dose marquée ici, est le seul préservatif dont on se serve ; et sans doute d'après les expériences qui ont été faites, il a été suivi d'un succès constant. Après que l'on a pris ces précautions, on procède à l'enlèvement actuel de la partie mordue, par un des moyens

---

(1) Il est extrêmement difficile de découvrir toutes les petites blessures qu'un chien peut avoir reçues, ce qui rend indispensable de leur laver tout le corps avec quelqu'eau active ; peut-être que la meilleure dont on pourrait se servir, serait une solution d'arsenic modérément forte, comme d'un gros d'arsenic dans un litre d'eau.

déja décrits. J'ai déjà annoncé que, dans ma pratique ,
je me suis servi principalement *des applications caustiques*
pour cet enlèvement, me servant parfois de mon bistouri
pour élargir une ouverture, pour ôter les bords dentelés ,
ou pour enlever entièrement les parties saillantes ; mais
dans l'un ou l'autre procédé, surtout dans celui du caustique, lorsqu'il y a une blessure déchirée ou d'une pro-
fondeur considérable, il est prudent, en retirant les chairs
mortes, de retoucher encore les surfaces. Il est inutile, du
moins dans l'animal, d'entretenir pendant quelque temps ,
la suppuration des plaies.

Quoiqu'aussi régulièrement instruit à la pratique de la
médecine humaine qu'aucune des célèbres personnes qui
m'environnent, cependant, il est probable que l'on croira
que je *m'écarte du sujet ,* en introduisant dans cet ouvrage
quelque chose traitant directement sur cette variété de
la rage, qui appartient directement à l'espèce humaine ,
caractérisée par le nom d'hydrophobie ; et si je n'étais pas
poussé par de forts motifs, je l'éviterais entièrement ; mais
la pensée que je puis , en quelque manière , dissiper ces
terreurs réelles ou imaginaires , dont je sais que plusieurs
personnes se laissent accabler , l'emporte sur toute autre
considération. Pendant les années que la maladie de la
rage a tant exercé ses ravages , il est naturel de supposer
qu'il s'est attaché quelque célébrité aux nombreuses occasions que j'avais de l'observer , et à l'attention que l'on
savait que j'y avais donnée. La confiance qui en résulta ,
fut souvent cause qu'étant d'abord consulté sur le chien
enragé, je l'étais ensuite sur la personne qui en avait
été blessée : cet enchaînement de circonstances mit sous
mon observation immédiate un plus grand nombre de
personnes mordues, qu'il n'est peut être jamais arrivé à
qui que ce soit d'avoir. Il est même arrivé, que des

circonstances particulières ont été cause que nombre considérable de cas , dans la pratique d'autres chirurgiens , ont
été soumis à mon jugement. J'ai la satisfaction de savoir
que , sur plus de cinquante personnes qui se sont confiées
volontairement à ma direction, il n'y en a pas une seule, qui
ait été affectée. L'avantage de cette expérience , ajouté à
un vif intérêt et à une grande application à ce sujet , m'a
mis à même de m'éclaircir sur quelques points en dispute,
d'une très-grande importance à la sûreté et à la tranquillité d'esprit de ceux qui pourraient dorénavant se trouver
en danger.

On regarde fort généralement la destruction de la partie
mordue comme le préservatif le plus sûr contre l'hydrophobie , mais on ne croit que faiblement qu'il n'est d'aucune conséquence que l'excision ou la cautérisation de la
partie blessée s'effectue *immédiatement*, cependant je crois
fermement , et je suis soutenu dans mon opinion par des
faits innombrables et des expériences bien dirigées , que
l'opération peut se faire , avec égale certitude de succès ,
en *tout temps*, mais avant *l'inflammation secondaire* de la
partie mordue, aussi bien que si on l'avait faite aussitôt
après l'accident.

Cependant , comme il est toujours incertain à quelle
époque peut avoir lieu cette inflammation secondaire, il
est toujours prudent de faire l'excision ou la cautérisation
dès qu'on le peut commodément : mais il est souvent d'une
grande importance à la tranquillité de ceux qui malheureusement se trouvent ainsi blessés, de savoir que,
lorsqu'une cause accidentelle a fait différer l'opération, elle
peut se faire avec autant de sûreté au bout d'une , deux ou
de trois semaines, qu'au premier moment de l'accident. J'ai
souvent excisé les parties mordues , plusieurs jours après
que la première blessure avait été cicatrisée , et l'opération

a toujours eu un plein succès. Je fonde cette opinion
sur la pleine conviction que la *sûreté* de l'opération ne consiste pas à *empêcher l'absorption immédiate ;* au contraire,
je suis fermement persuadé que le *poison de la rage* est
absorbé de suite, ou bientôt après que la blessure a été
faite, et que de là il est sur-le-champ porté dans la circulation.
Je suis néanmoins persuadé que, dans ce premier état de
sa circulation, le virus ne peut jamais produire la rage
dans les animaux ou l'hydrophobie dans l'homme. Il est au
contraire absolument nécessaire, avant qu'il exerce son
influence funeste, qu'il subisse quelqu'autre changement.
*Il faut qu'il retourne à la partie par où il fut d'abord
reçu, et qu'il y occasionne une nouvelle inflammation spécifique, dont la conséquence est la production de quelque
nouveau composé morbifique, engendré par cette inflammation secondaire ; et c'est l'absorption de ce composé qui
est seul capable de produire la rage ou l'hydrophobie.*
Conséquemment, lorsque la partie, d'abord mordue, a été
enlevée, soit par la cautérisation ou par l'excision, aucune
inflammation secondaire ne peut avoir lieu. Le premier
virus reçu reste inactif, car il ne peut agir que sur la
première blessure.

J'espère que ce fait étant pleinement établi, il tendra
beaucoup à dissiper les craintes et les inquiétudes que l'on
pourrait avoir quant au temps qui se peut passer entre la
morsure et l'enlèvement de la partie mordue. Je le répète,
il n'importe pas à quelle époque cela s'effectue, ou combien
de temps peut s'être écoulé après que la blessure a été reçue,
pourvu qu'on le fasse avant qu'aucune inflammation secondaire de la partie n'ait eu lieu, ou que l'on y ressente une sen-
sation de mal aise.

Je ne puis m'empêcher de manifester un extrême désir
d'établir ce fait important dans l'esprit du public, seulement

dans l'idée de détruire ces fausses impressions qui ont empoisonné, pendant plusieurs mois, et même des années, l'existence de tant de membres utiles à la société. Je suis entré plus en détail sur ce sujet intéressant de la rage que sur tout autre, d'après la conviction de son importance pour la tranquillité du genre humain en général. Non-seulement plusieurs millions de personnes deviennent malheureuses par les fausses impressions que l'on en a, mais toute l'espèce des chiens est crainte et détestée par plusieurs individus, seulement sous ce rapport ; d'autres encore, quoiqu'aimant naturellement les chiens, n'osent pas cependant jouir du plaisir de leur société, à cause de l'appréhension qu'à quelque époque future, ces craintes mal fondées ne puissent se réaliser ; car certainement, ce n'est pas trop que d'appeler ces craintes mal fondées, quand on sait qu'aucun chien ne peut devenir enragé par la crainte, la douleur, ou par une maladie. Il n'y a que la *morsure* même de certains animaux dans un état de rage, qui puisse produire cette maladie ; et quand même un chien serait ainsi mordu, sans que son maître le sache, ou lorsque l'on sait qu'il est actuellement en danger, encore n'y a-t-il aucune nécessité de crainte, ou autre chose plus qu'une précaution ordinaire. Il y a si peu de danger pendant la première partie de la maladie, que je n'aurais aucune crainte de demeurer dans le même endroit avec une demi-douzaine de chiens, tous pleinement inoculés du virus de la rage. La moindre attention fera toujours apercevoir quelque singularité dans la manière du chien affecté, quelque écart de ses habitudes ordinaires ; et cela peut s'observer un jour au moins, et communément deux jours, avant que des symptômes plus actifs commencent, ou avant que les cas les plus graves se montrent sous un point de vue dangereux. Mais, dans un grand nombre de cas qui arrivent, aucune disposition dangereuse, de la part de l'animal, ne se témoigne envers les personnes pendant toute la maladie, à moins qu'elle ne soit excitée par la contrariété et la violence ; cette considération doit tendre à diminuer encore plus matériellement le danger. La crainte de cette maladie ne doit pas être peu diminuée en sachant, qu'au pis aller, lorsque malheureusement une personne a été mordue par un animal enragé, encore a-t-on à sa portée un remède prompt, simple et efficace, dont l'application est accompagée de peu d'inconvéniens, et qui présente toute la sûreté que l'on peut désirer.

Note du Traducteur. — L'auteur paraît avoir eu de nombreuses occasions de traiter cette maladie dans l'espèce canine. Ses observations l'ont porté à considérer la rage d'une manière particulière, et son opinion sur cette maladie diffère en beaucoup de points de celles de la plus grande partie des médecins. J'ai cru pouvoir, sans inconvénient, retrancher plusieurs des notes nombreuses et longues qui ne présentaient pas un but d'utilité. La rage, cette terrible maladie, contre laquelle les efforts de la médecine ont échoué jusqu'ici, offre, par l'irrégularité de sa marche et de ses symptômes, un vaste champ aux différentes hypothèses que l'on veut établir ; pour moi, je me bornerai à examiner si les idées nouvelles de M. Delabère-Blaine sont admissibles.

La rage est une maladie contagieuse, transmise d'un individu à un autre par un virus particulier, résultat de la maladie elle-même ; elle est aussi quelquefois spontanée, c'est-à-dire qu'elle se déclare sans qu'elle ait été communiquée. L'auteur convient bien que la rage a dû se montrer spontanément les premières fois, mais il pense que toutes les fois que cette terrible maladie se représente, elle est toujours actuellement le produit de la communication. Il prétend que, dans tous les cas où les propriétaires de chiens enragés paraissaient persuadés que leurs animaux n'avaient pu recevoir la contagion, il avait cependant, par des recherches exactes, acquis la preuve du contraire. Cependant, il a bien fallu que, dans le premier individu enragé, cette maladie fut spontanée, et il n'y a pas de raisons pour penser que les mêmes causes qui ont produit, la première fois, une affection quelconque, ne se reproduisent pas. S'il en était ainsi, toutes les maladies contagieuses par l'effet d'un virus particulier finiraient par s'éteindre. L'Angleterre, où M. Delabère-Blaine a eu tant d'occasions d'observer la rage, en serait elle-même exempte, puisque depuis long-temps les loups ont disparu de son sol, et c'est dans eux seuls que l'auteur admet, jusqu'à un certain point, la rage spontanée. Des médecins, dignes de foi et exempts de préjugés, citent des exemples de rage spontanée dans l'homme et différens animaux. Si la rage ne reconnaissait jamais pour cause que la communication par morsure, il serait difficile d'expliquer pourquoi, dans certaines années, elle cause autant de ravages, et pourquoi elle paraît cesser, pour se remontrer, quelque temps après, avec autant de fureur; il faut bien, pour expliquer ces faits, admettre au moins qu'il existe des causes qui en facilitent le développement. Il en est de même de quelques autres maladies contagieuses, comme la petite vérole, etc., qui sévissent beaucoup plus dans de certaines années. Tous ceux qui en sont atteints n'ont certainement pas été exposés à l'infection.

Quelques personnes ont pensé que la rage n'était pas une maladie *sui generis*; qu'elle n'était que le résultat d'une imagination effrayée, par conséquent, qu'elle ne pouvait être essentiellement contagieuse. Ce paradoxe, établi par quelques esprits forts, est détruit par les animaux mordus, chez lesquels la rage se déclare, et dont l'imagination n'a pu être impressionnée. L'auteur, ainsi que d'autres médecins, pense que tous les animaux ne peuvent communiquer la rage. L'homme aussi, selon eux, jouit de ce privilége. Il est naturel que l'homme et les animaux dont les dents ne sont point pointues, et ne peuvent faire de plaies profondes et sanglantes, n'aient pas la même aptitude à communiquer la contagion. L'homme, malgré ses horribles souffrances, conserve sa raison et résiste, autant qu'il le peut, au désir de mordre, car cette envie existe aussi chez lui. Or, il n'est pas douteux que, dans une maladie, résultat de la communication d'un virus, cette même matière ne soit reproduite avec les mêmes qualités délétères, et sans doute les résultats seraient les mêmes, si l'homme ou les animaux tels que le cheval, les ruminans, etc., inoculaient la maladie avec les circonstances qui accompagnent la morsure du chien. La morsure même du chien n'est pas toujours suivie des mêmes accidens sur les différentes personnes que l'animal a mordues. Dans les plaies faites à travers les vêtemens, le virus a été en partie arrêté, et ces morsures sont moins dangereuses. La partie mordue est aussi plus ou moins susceptible de recevoir la contagion, et il paraît que les plaies de la face sont les plus redoutables.

Le temps plus ou moins long qui s'écoule entre la morsure et l'invasion de la rage a donné lieu à bien des conjectures. L'auteur présente, à ce sujet, une hypothèse consolante, puisqu'elle ferait croire que, jusqu'au dernier moment, il est toujours temps de scarifier les plaies, de les cautériser, et par là, d'annuler le virus qui ne peut agir selon lui que lorsque la circulation l'a ramené à la partie mordue. Quelques faits infirment malheureusement cette hypothèse. On a vu plusieurs fois la rage se déclarer chez quelques personnes qui avaient oublié les morsures qu'elles avaient éprouvées, par des coups reçus sur leurs cicatrices. Il me semble que la scarification et la cautérisation occasionneraient autant de douleur que ces coups qui ont, par ce moyen, fait déclarer la rage.

On a cru long-temps que la salive, dans cette maladie, subissait une altération morbide, et devenait le virus contagieux. Des observations plus récentes font regarder comme infecté de ce virus, le liquide écumeux qui couvre la membrane muqueuse de l'arrière-bouche, du pharinx, du larynx de la trachée-artère et des bronches, ce qui est plus probable par l'état d'inflammation dans lequel se trouvent toujours ces parties après la mort, tandis que les glandes salivaires ne paraissent pas en avoir subi, ni n'ont paru être douloureuses pendant la durée de la maladie.

Notre auteur n'est pas d'accord avec les autres observateurs sur les symptômes de la rage dans le chien. Il prétend que cet animal n'est pas affecté d'hydrophobie, et qu'il boit continuellement; qu'en général, dans ses courses vagabondes, il suit le courant des rivières; qu'il les traverse même quelquefois. Je crois qu'il se trompe; les chiens, comme l'homme, ont en général horreur des liquides, et s'ils cotoyent les rivières, c'est que, comme l'homme, ils sont tourmentés d'une soif insatiable qu'ils voudraient satisfaire; et l'homme cherche à boire, il porte à sa bouche le vase qui contient l'eau et le rejette avec horreur, lorsqu'il est près de ses lèvres. Dans ce cas, est-ce le spasme du gosier qui lui fait sentir l'impossibilité de déglutir, ou le brillant du liquide qui agit par la vue sur ses sens exaltés. Il paraîtrait que l'une et l'autre de ces causes peuvent y contribuer, car on a vu des hommes, sous l'influence des accès, boire avec un chalumeau, le liquide étant caché. Les miroirs, les métaux polis, présentés aux malades, augmentent aussi la force des accès. Le chien peut présenter quelquefois des exceptions dans quelques-uns des symptômes, mais il n'en est pas moins vrai que l'horreur de l'eau accompagne la rage de cet animal. L'air et la lumière agissent aussi sur lui, et c'est pour se garantir de leur impression qu'il se cache souvent dans les renfoncemens obscurs.

Contre l'opinion de M. Delabère-Blaine, tous les auteurs ont remarqué que les chiens redoutaient l'approche du chien enragé, qui a bien réellement dans toute sa démarche quelque chose de sinistre qui glace d'effroi même les autres animaux.

On est généralement d'accord, et l'auteur aussi, sur l'emploi des cautères actuels et potentiels, comme traitement préservatif. Ce sont ces moyens qui ont été le plus souvent couronnés de succès ; mais il n'en est pas de même quant au traitement interne accessoire ou curatif de la maladie, lorsque les accès se sont déclarés.

Les différentes recettes indiquées comme accessoire au traitement préservatif, sont peu importantes, puisqu'elles réussissent toutes, quelles que soient les substances, lorsque la cautérisation a été employée. Il n'en est pas de même pour le traitement à employer lorsque la maladie s'est déclarée ; jusqu'ici on ne peut compter que quelques succès très-rares et même contestés.

Malgré la réelle existence de la rage et sa contagion, il n'en est pas moins vrai que l'imagination peut avoir une influence très-marquée sur les personnes mordues, selon que leurs sens sont plus ou moins impressionnables ; les médecins doivent donc, en employant les remèdes les plus éprouvés, inspirer à la personne mordue une grande confiance dans leur efficacité. Il est presque même nécessaire que le médecin lui-même y ait une certaine confiance, afin de la mieux faire partager. L'auteur paraît compter sur une recette particulière. J'avouerai que je regarde comme très-bon le traitement employé aux écoles vétérinaires, dans lequel l'*anagallis* ou mouron rouge était la principale substance.

Des médecins russes ont annoncé que les habitans du

district de Gadici , dans le gouvernement de Pultava , avaient découvert qu'il se manifestait vers le frein de la langue des personnes ou des animaux mordus, des pustules blanches qui s'ouvrent vers le treizième jour après la morsure ; en les perçant et les cautérisant avec un fer rouge , vers le neuvième jour , on pouvait être sans aucune inquiétude pour l'avenir. Il faut que ces pustules soient ouvertes au plus tard dans les vingt-quatre heures de leur apparition.

Depuis que cette découverte a été annoncée, différentes observations ont été faites, et il en résulte, je crois, que l'on n'a remarqué ces pustules qu'une ou deux fois.

Rhumatisme.

A l'exception de *la maladie* et de la gale , le rhumatisme est l'affection la plus commune dans les chiens.

Une des particularités les plus extraordinaire que présente le rhumatisme dans ces animaux , est que, quelque soit la partie du corps atteinte , les intestins sont, dans tous les cas, affectés d'une inflammation rhumatismale active ou lente, presque toujours accompagnée de constipation. Le rhumatisme a presque toujours les apparences du lombago de l'homme. Alors les extrémités postérieures sont ou totalement ou partiellement paralysées ; le dos surtout, vers les reins, est douloureux au toucher. Le chien se plaint si on le fait mouvoir ; son ventre est chaud , les intestins sont constipés et douloureux, le nez est chaud aussi , la bouche sèche, et le pouls très-accéléré. Quelquefois la paralysie ne se borne pas aux extrémités postérieures , les antérieures en sont aussi affectées. Le rhumatisme attaque rarement les petites articulations ; il borne son siége au tronc et aux parties supérieures des membres ; il n'est pas sujet à changer de place comme on le voit arriver dans l'homme, et se fixe aux parties d'abord affectées.

Il est très-difficile de porter un pronostic certain sur la terminaison du type aigu de cette maladie; car, dans quelques cas, elle disparaît très-promptement, et dans d'autres très-lentement; dans d'autres circonstances, la paralysie dure toute la vie, et quand elle est bornée aux membres postérieurs, l'animal se traîne au moyen des membres antérieurs. Il y a moins de chances pour la guérison, lorsque la paralysie est totale que lorsqu'elle est partielle. Il est à remarquer néanmoins que, quoique la santé paraisse rétablie, il subsiste encore une grande faiblesse dans les reins et les extrémités, et on peut regarder comme une règle générale, que les rechûtes sont communes lorsque les animaux qui ont été déjà affectés de cette maladie sont exposés au froid.

Il existe encore une autre variété du rhumatisme, qui semble unie avec une affection spasmodique, qui affecte particulièrement le cou, le rend roide, tuméfié et très-douloureux. Souvent alors les membres antérieurs, ou un des deux seulement, participent à cet état. Ces variétés du rhumatisme ne paraissent être que des affections symptomatiques; car alors les intestins sont toujours malades, et leur guérison amène ordinairement la fin des douleurs rhumatismales que présentaient le cou ou les reins. Les chiens qui vivent renfermés sont plus sujets que les autres aux rhumatismes; ils sont plus sensibles aux changemens de saisons. Le printems est celle où se présentent le plus de ces affections.

Le traitement du rhumatisme sera dirigé ainsi : dans le premier moment, l'attention doit se porter sur l'état des intestins, et rien n'est mieux indiqué que de placer d'abord l'animal dans un bain chaud, où on le tiendra un quart d'heure, pendant lequel temps on lui frictionnera les parties affectées. Sorti de l'eau, il faudra bien sécher le chien, l'envelopper dans une couverture, et le placer auprès d'un bon feu. On lui donnera alors la formule suivante :

Teinture d'opium .... 20 gouttes.
Ether sulfurique........................ 30 gouttes.
Huile de castor......................... 1 once.

Cette quantité est propre pour un chien de taille moyenne, et doit être augmentée ou diminuée suivant le besoin. Si ce remède n'opérait pas comme laxatif, il faudrait donner un lavement, et au défaut de son action, on donnerait la pilule suivante, en augmentant ou diminuant les doses selon les circonstances :

Sous-muriate de mercure *(calomélas)*...... 4 grains
Opium pulvérisé........................ ¼ de grain.
Huile essentielle de menthe .... 1 goutte.
Aloès .... 1 dragme.

Faites du tout une pilule avec du beurre ou du saindoux, que vous donnerez ; et s'il est nécessaire vous la répéterez toutes les quatre heures, jusqu'à ce que les intestins soient relâchés. Les parties affectées doivent aussi être ointes deux ou trois fois par jour avec le liniment suivant :

Essence de térébenthine................ 2 onces.
Carbonate d'antimoine liquide *(esprit de* corne de cerf)......................... 2 onces.
Teinture d'opium *(laudanum)*.......... 2 dragmes.
Huile d'olive .... 2 onces.

Ou

Huile de Cajeput..................... 1 partie.

Liniment de savon *(opodeldoc)*.......... 2 parties.
Mélangez.

Le bain chaud doit être employé d'un jour l'un ; on n'accordera que peu d'alimens ; quelquefois même on les supprimera entièrement. Le chien témoigne souvent, par l'affection sympathique de l'estomac, un appétit vorace.

Lorsque la paralysie, occasionnée par le rhumatisme, continue à priver les membres de leurs mouvemens, j'ai éprouvé quelques bons effets de l'électricité ; d'autrefois de frictions mercurielles, et, dans quelques cas, de vésicatoires sur l'épine du dos. Lorsque les membres postérieurs sont seuls paralysés, il faut appliquer un large emplâtre de poix qui couvrira les reins jusqu'à la queue et aux parties supérieures des cuisses. Les bains froids m'ont réussi dans peu de cas ; mais les bains chauds, parfaitement indiqués dans l'accès de rhumatisme, n'ont jamais produit d'amélioration pour la paralysie.

Squirrhe.

Dans l'homme, le squirrhe est considéré comme le premier état du cancer ; mais les chiens, quoique étant sujets aux squirrhes, le sont très-peu au cancer. Il est certain que les tumeurs squirrheuses s'ulcèrent fréquemment, et que ces ulcérations persistent et s'étendent, mais cependant rarement au-delà de la glande attaquée ; il est rare aussi qu'elles prennent un caractère cancéreux. Au contraire, le squirrhe a une marche bénigne, peu douloureuse, et la matière qu'il fournit n'a point de fétidité particulière : il est également remarquable que l'examen des tumeurs squirrheuses du chien offrent des apparences différentes de celles de l'homme ; au lieu des diverses couches de matières morbides, dont la plus interne est la plus condensée, ces tumeurs, dans le chien, ont l'aspect d'un amas de glandes ou d'hydatides solides, dont la coupe démontre les progrès morbides.

Les indurations squirrheuses paraissent particulièrement occasionnées par les mêmes causes qui donnent lieu à la gale, comme les sécrétions vicieuses ou surabondantes de quelques parties ; ces tumeurs affectent surtout les chiens qui sont tenus renfermés et chaudement, et qui ont une nourriture trop abondante.

Squirrhe des mamelles des chiennes. Les glandes mammaires sont souvent le siége de tumeurs squirrheuses, surtout parmi les chiennes auxquelles on n'a pas permis de porter ; l'origine de ces tumeurs peut encore dater d'une inflammation de ces parties, par la présence du lait, lorsque les petits sont morts, ou par la coagulation du lait qui se forme sympathiquement, à l'époque où les chiennes que l'on prive de porter, ressentent les besoins naturels. Le mal se montre d'abord comme un noyau ou une amende, de la grosseur d'un pois dans la glande, qui quelquefois augmente de consistance ; la tumeur prend du volume très-lentement, sans causer d'abord de douleurs, jusqu'à ce que son poids devienne très-incommode. Si, dans le principe, on ne parvient pas à résoudre cette tumeur, tôt ou tard elle s'ulcère ; l'ulcération est précédée d'une ou deux petites vésicules claires, formées à la surface, qui se déchirent et laissent échapper un fluide glaireux. Les premiers petits ulcères se ferment souvent, mais d'autres se montrent, s'ouvrent sur différens points et ne forment bientôt qu'une plaie, par l'habitude que le chien a de se lécher.

Tandis que la tumeur est dans l'état d'induration, et avant

qu'elle ne présente des plaies, elle peut encore disparaître par l'effet de forts résolutifs, comme :

Muriate d'ammoniac *(sel ammoniac)* .... 1 once.
Acide acétique *(vinaigre)*................. 4 onces.

Bassinez trois ou quatre fois par jour ; l'eau-de-vie et l'eau ou le vinaigre, ou le sel commun et l'eau sont encore de bons résolutifs.

Dans quelques cas, les applications réitérées de sangsues ou de ventouses, sont ce qu'il y a de mieux. Dans d'autres, les moyens indiqués pour la cure du bronchocèle , avec addition de salsepareille , ont été utiles. On doit, pendant tout le traitement , éloigner toutes les causes qui ont pu donner lieu à la maladie et qui l'aggraveraient.

Lorsque tous les premiers moyens ont échoué, et que l'ulcération a lieu, il faut en venir à l'extirpation de la tumeur, comme seul moyen de guérison. Cette opération , dans tous les cas , peut réussir, en y portant seulement un peu de soin. Dans une infinité de cas où je l'ai faite , j'ai toujours réussi ; il est cependant prudent de laisser croître assez la tumeur pour que, par son poids , elle se détache des muscles abdominaux , de manière à ce qu'elle puisse être disséquée plus facilement. On aura l'attention de détruire le moins possible de peau , excepté cependant la partie qui est altérée; la plaie est alors plutôt cicatrisée , et avec moins de difformité : lorsque la tumeur est enlevée , on réunira les bords de la plaie par un ou deux points de suture : on doit appliquer un bandage pour empêcher le chien de se lécher et de frotter la plaie.

Les *tumeurs squirrheuses* ne sont pas bornées aux mamelles seulement; les chiens y sont autant exposés que les chiennes, et il n'est pas de parties du corps où je n'ai eu l'occasion d'en voir.

Les *testicules* du chien sont encore quelquefois le siége d'indurations squirrheuses. Dans ces cas, une seule de ces glandes, ou les deux, deviennent dures, douloureuses, et le scrotum est luisant. Si les remèdes résolutifs, indiqués pour l'induration des mamelles des chiennes, n'ont pas de résultats avantageux, essayez l'emploi régulier de l'éponge brûlée, ainsi qu'il est indiqué à l'article *Goître*. Dans quelques cas, les frictions mercurielles ont réussi, mais il faut employer promptement la *castration* pour empêcher que le mal ne gagne le cordon spermatique.

Tumeurs.

Les chiens sont sujets à différentes espèces de tumeurs. Si nous commençons par la tête, nous verrons qu'elle est le siége d'une tuméfaction particulière, assez semblable à l'érésipèle de l'homme. Dans les chiens gros et forts, pléthoriques, ou nourris avec abondance, la tête est quelquefois tout à coup tuméfiée, chaude, douloureuse ; le pouls est accéléré, la soif est grande, et il se manifeste tous les symptômes de fièvre. Au bout d'un ou deux jours, il y a des gerçures générales, ce qui prouve que c'est une espèce de gale. Voyez *Gale. Dans la maladie*, il se forme quelquefois une tumeur sur une partie quelconque de la tête, cependant, plus fréquemment sur la joue ; cette tumeur s'ouvre promptement, et forme un ulcère de mauvaise nature. Voyez *la maladie*. La conque de l'oreille est également sujette à une forte tumeur contenant de la sérosité.

Le cou est aussi le siége de tumeurs. Les principales sont l'augmentation des glandes situées de chaque côté de la trachée-artère, et que l'on a nommé *Goître*. Voyez *cet article*. Dans le rhumatisme, le cou se gonfle souvent.

On remarque aussi des tumeurs glanduleuses sur le corps,

et il n'y a pas de places où je n'en ai vu et extirpé. Les tumeurs glanduleuses les plus fréquentes sont celles qui se
forment aux mamelles des chiennes. (Voyez *Squirrhe*.) Dans
les vieilles chiennes, et surtout dans celles qui ont été châtrées. on observe souvent, de chaque côté des reins, une
tuméfaction produite par un amas de graisse autour des
ovaires. L'exercice, une nourriture modérée et des altérans
remédient à cette affection.

Ulcères.

Les chiens sont exposés aux ulcérations des différentes parties du corps ; ces ulcérations reconnaissent des causes très-
différentes. Le cancer, qui est l'ulcère du plus mauvais caractère que nous connaissions, n'est pas très-commun dans le
chien. Au chapitre *cancer* nous avons traité des cas qui le
rapprochaient de ce caractère. Un ulcère très-mauvais se
déclare quelquefois, dans la maladie, sur les lèvres, la face
ou le cou : nous en avons parlé à cet article. Un chancre viru-
lent attaque souvent l'oreille interne et aussi l'externe, et les
progrès sont quelquefois si grand, que le chien meurt. Les
yeux sont souvent ulcérés par *la maladie*, et cette affection
persiste et fait encore des progrès, lors même que *la maladie*
est guérie.

Toutes les parties glanduleuses sont très-susceptibles d'ulcérations ; les plus communes viennent aux mamelles des
chiennes. Le vagin, la matrice sont souvent affectés d'un
ulcère, avec des excroissances fongueuses, exhalant du
sang ou un ichor sanguinolent. Cette affection est celle qui
se rapproche le plus de la nature du cancer.

La verge est également le siége d'une affection ulcéreuse,
d'où s'écoule un ichor sanguinolent ; cependant cet ulcère

ne se propage pas, il paraît plutôt tenir de la nature des verrues que de celle du cancer.

Ces excroissances fongueuses sur la verge sont souvent confondues avec des maladies des reins ou de la vessie. Quelques gouttes d'un fluide sanguinolent s'échappent quelquefois avec les urines, d'où l'on conclut que ce sont les reins, la vessie ou le canal de l'urèthre qui sont malades ; mais si on examine attentivement la verge, en la découvrant du prépuce, on verra les excroissances fongueuses qui fournissent le sang.

Le traitement consiste à enlever, avec soin, ces excroissances avec un bistouri, en ayant le soin de détruire complètement les racines, après quoi on pansera les plaies en les saupoudrant, tous les jours, avec de l'alun en poudre fine. Lorsque les excroissances ne sont que de simples verrues, ce qui est assez commun ; je les guéris en appliquant dessus, tous les jours, une poudre composée de trois parties de sabine et de deux parties de sel ammoniac.

Urines sanglantes.

Les chiennes ont rarement des maladies de reins ou de la vessie ; et lorsqu'elles rendent du sang, il provient ordinairement du vagin ou de la matrice ; quelquefois ce sont les symptômes d'un polype, ou ce qui est le plus probable d'une affection cancéreuse.

Dans les chiens, les urines sanglantes ne sont pas rares. Le col de la vessie peut être offensé, ou quelques parties du canal de l'urèthre déchirées, lorsqu'ils sont séparés par force d'une chienne ; on fera une saignée à la jugulaire, et des fomentations adoucissantes sur la partie. On donnera les pilules suivantes, qui rétabliront l'état naturel des parties malades.

Cachou, ou *terre du Japon*.............. 2 dragmes.
Gomme arabique en poudre .... 3 dragmes.
Myrrhe.............................. ½ dragme.
Benjoin .... ½ dragme.
Baume du Pérou. .... ½ dragme.

Mêlez avec du miel pour en faire douze, quinze ou vingt pilules, suivant la force du chien, et donnez-en une matin et soir.

Vers.   ## Worms.

On trouve dans les intestins du chien quatre insectes, dont trois appartiennent à la classe des vers, et le quatrième est la larve d'une mouche, peut-être de l'espèce des œstres. Par la force, la forme et la couleur, elle ressemble à la larve de la mouche à viande, ayant une tête brune, entre les palpes de laquelle est placée la bouche. J'ignore entièrement comment cette larve se change en chrysalide, ni comment elle s'introduit dans le corps. Si, comme la larve de la mouche à viande, elle est destinée à se nourrir de substance animale, elle devrait détruire le corps dans lequel elle est entrée ; et si elle n'est qu'un hôte accidentel, la température élevée du corps animal devrait la faire périr. Si cet insecte appartient à l'œstre, il est extraordinaire qu'il ait échappé à l'observation des naturalistes. Je ne crois pas qu'il soit très-dangereux ni très-commun dans les chiens.

Des espèces de vers qui vivent et se reproduisent dans le chien, le tœnia est le plus nuisible et le plus difficile à chasser (1). J'ai vu quatre et cinq cents anneaux (dont chacun était un ver) rendus par un chien, qui, réunis les uns au bout des autres, auraient pu faire plusieurs fois le tour de son corps. Quelquefois ils sont ramassés en boule, et forment ainsi une obstruction impénétrable dans les intestins, et amènent la mort.

Les strongles, ou longs vers cylindriques, ayant la forme des vers de terre, mais d'une couleur blanchâtre, sont les plus communs dans le chien, et deviennent souvent mortels pour les jeunes, par les convulsions auxquelles leur grand nombre donne lieu. Ils habitent ordinairement les intestins, mais ils se rencontrent quelquefois dans l'estomac, d'où ils sont chassés par le vomissement qu'ils provoquent.

Les *ascarides*, ou petits vers semblables à des fils, tourmentent aussi les chiens, et habitent principalement le rectum. Ils font éprouver une démangeaison insupportable qui force les chiens à se frotter le derrière contre la terre. A l'exception de cette démangeaison douloureuse, ils ne paraissent pas causer de grands accidens.

La constitution de beaucoup de chiens paraît être très-favorable au développement des vers; car, après les avoir détruits aussi souvent que possible, il en reparaît de nouveaux. Les jeunes chiens en sont attaqués pendant toute leur croissance. Dans beaucoup d'eux, la maigreur est la suite de leur ravage. Lorsque les vers sont en grand nombre, il n'est pas difficile de deviner leur existence : le chien est alors affecté

---

(1) Il est à remarquer combien cet insecte parasite est répandu. Si l'on observe nager à la surface de l'eau quelques poissons, comme des gardons, des vaudoises, etc., s'ils ont de la peine à redescendre au fond, que l'on les examine intérieurement, on trouvera que beaucoup contiennent de ces vers.

d'une toux légère, son poil est hérissé, il a un appétit vorace et n'engraisse pas ; ses déjections ont aussi un caractère particulier ; elles sont tantôt claires et visqueuses, tantôt plus dures et plus sèches que dans l'état naturel. Le ventre est ordinairement plus gros et tendu. Lorsque de très-jeunes chiens ont des vers, on remarque rarement les premiers qui sont expulsés, parce que la santé est ordinairement peu dérangée : mais à mesure que le nombre en augmente, il en est expulsé une plus grande quantité ; et l'animal, quoique conservant de la vivacité, dépérit, et les os se décharnent ; la croissance s'arrête, et souvent une ou deux convulsions emportent le malade, qui périt encore parfois dans le marasme. Dans les chiens adultes, les vers sont moins dangereux, quoiqu'ils donnent quelquefois la mort par les obstructions qu'ils forment. L'on remarque toujours dans les chiens qui en sont affectés, un poil hérissé, le bout du nez froid et une haleine fétide. Dans les jeunes chiens comme dans ceux qui sont adultes, les vers produisent souvent des attaques d'épilepsie. Il ne faut pas croire qu'un chien qui présente des symptômes vermineux, n'ait pas de vers, parce qu'il n'en rend pas par ses déjections ; car si les vers qui sont morts restent quelque temps dans les intestins, ils sont digérés comme les autres substances animales.

Le traitement à employer contre les vers du chien est le même que celui mis en usage dans l'homme, et les indications que l'on a à remplir sont : ou de faire périr les vers dans l'intérieur du corps, ou de les chasser mécaniquement par des purgatifs très-violens : mais ce dernier moyen est quelquefois pire que le mal. On a essayé beaucoup de substances dans l'espérance d'en trouver qui soient capables de faire mourir les vers dans le corps, mais il est évident que l'on n'a pu remplir parfaitement ce but important, et par conséquent obvier à l'emploi que l'on faisait autrefois des purgatifs violens.

Dans ce but, on a fait choix des substances qui présentent de petites aspérités, qui, par le frottement douloureux qu'elles exercent sur le corps des vers, peuvent effectivement les faire mourir. Chacune des formules suivantes possède ces propriétés, surtout la dernière, que je ne saurais trop recommander.

Cowhage (*dolichos pruriens*, Linn.)........ ½ dragme.
Limaille très-fine d'étain............... 2 dragmes.

Ou

Limaille très-fine de fer................ 2 dragmes.
Poudre contre *la maladie*, n°. 1.

Faites avec l'une ou l'autre de ces formules, quatre, six ou huit pilules, et donnez-en une tous les matins ; ensuite il sera utile de donner un purgatif mercuriel. J'ai eu de très-bon résultats dans certains cas graves de l'emploi journalier du sel d'epsom à petites doses (1). Les ascarides se détruisent très-bien par des lavemens contenant de la térébenthine et de l'aloès. Les purgatifs mercuriels réussissent souvent contre le tœnia, mais le remède le plus efficace contre cet hôte nuisible, est l'essence de térébenthine à la dose de deux, trois ou quatre dragmes, suivant la force, la taille et l'âge du chien, que l'on donnera pendant quelques jours dans un jaune d'œuf.

---

(1) On peut, jusqu'à un certain point, détruire l'état constitutionnel qui favorise la production des vers dans certains chiens, en mettant dans leurs alimens une certaine quantité de sel commun. Il ne faut pas continuer cependant cette administration du sel, qui finirait par produire la gale.

Vomissement.

L'estomac a quelquefois une disposition à rejeter tout ce qui y est introduit. Différentes causes peuvent y donner lieu : un violent émétique sera souvent suivi d'un vomissement pendant deux ou trois jours ; dans ce cas , on donnera après chaque vomissement quelques gouttes de laudanum dans un peu de bouillon , d'eau de gruau ou de riz. Lorsque cet accident dépend de la faiblesse de l'estomac , le *lait bouilli* n'est souvent pas rejeté. On doit employer les stomachiques amers, comme la racine de colombo, la camomille , la gentiane, en y ajoutant de petites doses d'opium.

Une indigestion , les vers, et plus fréquemment la bile , pénétrant dans l'estomac par un mouvement anti-péristaltique , peuvent donner lieu au rejet des matières contenues dans l'estomac. Dans le cas d'indigestion , l'émétique est indiqué. et il doit être suivi des stomachiques. Le même traitement convient lors de la présence des vers , et on terminera par l'administration des vermifuges. Les vomissemens dus à la bile se reconnaissent par celle qui se présente dans les matières vomies. S'il n'y a pas d'inflammation , on donnera aussi l'émétique, puis après des purgatifs mercuriels ; mais si le vomissement est continuel et douloureux, c'est une inflammation bilieuse. Voyez *cet article*. Cette affection poussée au plus haut point, dépend souvent de l'action d'un poison ou d'une inflammation essentielle de l'estomac. Voyez *ces chapitres*.

FIN.

TABLE.

FIN DE LA TABLE.

ERRATA.

Page 16, ligne 4 : *disproportionnés*, lisez *disproportionnées*.

Page 70, ligne 4 : *épilatica*, lisez *épileptica*.

Page 114, ligne 22 : *avait*, lisez *avaient*.

Page 142, ligne 22 : *remarquait*, lisez *remarquaient*.

Page 143, ligne 32 : *une*, lisez *un*.

Page 144, il faut rétablir ainsi la note dont la correction a été oubliée :

« *Est vermiculus in lingua canum, qui vocatur lytta, quo excepto,*
» *infantibus catulis, nec rabidi firent, nec fastidium sentiunt.* »
PLINII, Hist. Nat. lib. XXIX, ch. 32.

Page 204, ligne 8 : *la durée*, lisez *sa gravité*.

Page 242, ligne 28 : *ant*, lisez *aut*.